全国技工院校"十二五"系列规划教材

中国机械工业教育协会推荐教材

数控车床编程与加工
（广数系统）

主　编	王泉国	王小玲			
副主编	赵金凤	陈秋霞	钟祥爱		
参　编	张　霞	相付阳	闫庆泉	李志刚	吴兴辉
	陈　建	马和力	井新文	王振宝	吴瑞莉
	崔秀芹	王泽琪	展如新		
审　稿	袁　齐				

机械工业出版社

本书是基于GSK980T数控系统，采用"任务驱动"的教学模式编写的。本书共分为七个教学单元，主要介绍了数控车床的种类、特点、操作方法以及轴类零件、圆锥和圆弧面零件、套类零件、槽类零件、螺纹类零件、非圆曲线零件、综合零件的编程与加工。

本书可作为技工学校、职业技术院校数控技术专业教材，也可供有关技术人员、数控机床操作人员学习、参考和培训使用。

图书在版编目（CIP）数据

数控车床编程与加工：广数系统/王泉国，王小玲主编．—北京：机械工业出版社，2012.8（2025.9重印）
全国技工院校"十二五"系列规划教材
ISBN 978-7-111-38937-8

Ⅰ.①数⋯ Ⅱ.①王⋯②王⋯ Ⅲ.①数控机床－车床－程序设计－技工学校－教材②数控机床－车床－加工工艺－技工学校－教材 Ⅳ.①TG519.1

中国版本图书馆CIP数据核字（2012）第169003号

机械工业出版社（北京市百万庄大街22号　邮政编码100037）
策划编辑：王晓洁　王华庆　责任编辑：王晓洁　版式设计：霍永明
责任校对：张　媛　封面设计：张　静　责任印制：刘　媛
北京富资园科技发展有限公司印刷
2025年9月第1版第7次印刷
184mm×260mm ·15.75 印张 ·385 千字
标准书号：ISBN 978-7-111-38937-8
定价：39.80元

电话服务　　　　　　　　　网络服务
客服电话：010-88361066　　机 工 官 网：www.cmpbook.com
　　　　　010-88379833　　机 工 官 博：weibo.com/cmp1952
　　　　　010-68326294　　金 书 网：www.golden-book.com
封底无防伪标均为盗版　　机工教育服务网：www.cmpedu.com

全国技工院校"十二五"系列规划教材编审委员会

顾　问：郝广发

主　任：陈晓明　李　奇　季连海

副主任：（按姓氏笔画排序）
丁建庆　王　臣　刘启中　刘亚琴　刘治伟　李长江
李京平　李俊玲　李晓庆　李晓毅　佟　伟　沈炳生
陈建文　徐美刚　黄　志　章振周　董　宁　景平利
曾　剑　魏　葳

委　员：（按姓氏笔画排序）
于新秋　王　军　王　珂　王小波　王占林　王良优
王志珍　王栋玉　王洪章　王惠民　方　斌　孔令刚
白　鹏　乔本新　朱　泉　许红平　汤建江　刘　军
刘大力　刘永祥　刘志怀　毕晓峰　李　华　李成飞
李成延　李志刚　李国诚　吴　岭　何立辉　汪哲能
宋燕琴　陈光华　陈志军　张　迎　张卫军　张廷彩
张敬柱　林仕发　孟广斌　孟利华　荆宏智　姜方辉
贾维亮　袁　红　阎新波　展同军　黄　樱　黄锋章
董旭梅　谢蔚明　雷自南　鲍　伟　潘有崇　薛　军

总策划：李俊玲　张敬柱　荆宏智

序

"十二五"期间，加速转变生产方式，调整产业结构，将是我国国民经济和社会发展的重中之重。而要完成这种转变和调整，就必须有一大批高素质的技能型人才作为后盾。根据《国家中长期人才发展规划纲要（2010—2020年）》的要求，至2020年，我国高技能人才占技能劳动者的比例将由2008年的24.4%上升到28%（目前一些经济发达国家的这个比例已达到40%）。可以预见，作为高技能人才培养重要组成部分的高级技工教育，在未来的10年必将会迎来一个高速发展的黄金期。近几年来，各职业院校都在积极开展高级工培养的试点工作，并取得了较好的效果。但由于起步较晚，课程体系、教学模式都还有待完善与提高，教材建设也相对滞后，至今还没有一套适合高级技工教育快速发展需要的成体系、高质量的教材。即使一些专业（工种）有高级工教材也不是很完善，或是内容陈旧、实用性不强，或是形式单一、无法突出高技能人才培养的特色，更没有形成合理的体系。因此，开发一套体系完整、特色鲜明、适合理论实践一体化教学、反映企业最新技术与工艺的高级工教材，就成为高级技工教育亟待解决的课题。

鉴于高级技工教材短缺的现状，机械工业出版社与中国机械工业教育协会从2010年10月开始，组织相关人员，采用走访、问卷调查、座谈等方式，对全国有代表性的机电行业企业、部分省市的职业院校进行了历时6个月的深入调研。对目前企业对高级工的知识、技能要求，各学校高级工教育教学现状、教学和课程改革情况以及对教材的需求等有了比较清晰的认识。在此基础上，他们紧紧依托行业优势，以为企业输送满足其岗位需求的合格人才为最终目标，组织了行业和技能教育方面的专家精心规划了教材书目，对编写内容、编写模式等进行了深入探讨，形成了本系列教材的基本编写框架。为保证教材的编写质量，编写队伍的专业性和权威性，2011年5月，他们面向全国技工院校公开征稿，共收到来自全国22个省（直辖市）的110多所学校的600多份申报材料。在组织专家对作者及教材编写大纲进行了严格的评审后，**决定首批启动编写机械加工制造类专业、电工电子类专业、汽车检测与维修专业、计算机技术相关专业教材以及部分公共基础课教材等，共计80余种。**

本系列教材的编写指导思想明确，坚持以达到国家职业技能鉴定标准和就业能力为目标，以各专业的工作内容为主线，以工作任务为引领，由浅入深，循序渐进，精简理论，突出核心技能与实操能力，使理论与实践融为一体，充分体现"教、学、做合一"的教学思想，致力于构建符合当前教学改革方向的，以培养应用型、技术型、创新型人才为目标的教材体系。

本系列教材重点突出了如下三个特色：一是"新"字当头，即体系新、模式新、内容新。体系新是把教材以学科体系为主转变为以专业技术体系为主;模式新是把教材传统章节模式转变为以工作过程的项目为主;内容新是教材充分反映了新材料、新工艺、新技术、新方法。二是注重科学性。教材从体系、模式到内容符合教学规律,符合国内外制造技术水平实际情况。在具体任务和实例的选取上,突出先进性、实用性和典型性,便于组织教学,以提高学生的学习效率。三是体现普适性。由于当前高级工生源既有中职毕业生,又有高中生,各自学制也不同,还要考虑到在职人群,教材内容安排上尽量照顾到了不同的求学者,适用面比较广泛。

此外,本系列教材还配备了电子教学课件,以及相应的习题集、实验、实习教程,现场操作视频等,初步实现教材的立体化。

我相信,本系列教材的出版,对深化职业技术教育改革,提高高级工培养的质量,都会起到积极的作用。在此,我谨向各位作者和所在单位及为这套教材出力的学者表示衷心的感谢。

原机械工业部教育司副司长
中国机械工业教育协会高级顾问
郝广发

前言

　　本教材是以教育部数控技能型紧缺人才培养培训方案为指导思想,坚持"以职业标准为依据,以企业需求为导向,以提高职业能力为核心"的理念,根据《国家职业标准　数控车床操作工》的要求,结合技工学校、职业技术院校数控技术专业对学生的培养目标及企业需求编写的。本教材具有以下特色:

　　1) 教材以行动为导向,以工学结合人才培养模式的改革与实践为基础,按照典型性、对知识和能力的覆盖性、可行性原则,遵循认知规律与能力形成规律设计教学载体,梳理理论知识,明确学习内容,使学生在职业情境中做到"学中做、做中学"。

　　2) 打破传统教材按章节划分理论知识的方法,将理论知识按照相应教学载体进行重构,并对知识内容以不同方式进行层面划分,如任务描述、任务分析、相关知识、任务实施、检查评议、拓展知识等,并穿插了"问题与思考"、"注意事项"、"教你一招"、"师傅说现场"等环节,丰富了知识面,突出了重要学习内容,使理论与实践有机地结合为一体。通过任务的完成,引发学生积极思考,以提高学生分析问题、解决问题的能力,与传统的理论灌输有着本质的区别。

　　3) 教材体现了以学生为主,以教师为辅的教学思路。通过多媒体、仿真、实训一体化的教学,引导学生自学、资料查阅、相互交流,老师起启发、引导和指导作用。

　　4) 教材体现了以学习过程进行教学评价,强调学生的过程成绩,打破了期末考试定成绩的传统。

　　5) 教材内容充分体现新知识、新技术、新工艺和新方法,具有前瞻性。

　　本书在体系上力求新颖,文字力求准确,选图力求简练;在内容取舍与深度把握上,既注重突出重点,又注重培养学生的编程技术应用能力与操作技能。

　　本书由德州职业技术学院王泉国、广州市技师学院王小玲任主编;德州职业技术学院赵金凤、陈秋霞,广州市技师学院钟祥爱任副主编;德州职业技术学院张霞、相付阳、闫庆泉、李志刚、吴兴辉、陈建、马和力、井新文、王振宝、吴瑞莉、崔秀芹、王泽琪、展如新参加编写。王泉国、赵金凤对全书进行了统稿。德州职业技术学院副教授袁齐对全书进行了仔细审阅,并提出了许多宝贵意见,在此表示衷心的感谢。

　　在本教材的编写过程中,我们还得到了德州方向机厂工程师杨光芒、高级技师张红及德州亚太集团工程师刘宝君等同志的指导与帮助,在此一并向他们表示衷心的感谢。

　　由于编者水平有限,书中难免存在欠妥或疏漏之处,恳请广大读者批评、指正。

编　者

目 录

序
前言

单元1 轴类零件的编程与加工 1
  任务1 认识数控车床 1
  任务2 填写数控加工工艺文件 8
  任务3 操作数控车床 23
  任务4 加工销轴 42

单元2 圆锥和圆弧面零件的编程与加工 56
  任务1 加工模芯 56
  任务2 加工轴头 72

单元3 套类零件的编程与加工 85
  任务1 加工阶台孔套 85
  任务2 加工薄壁套 95

单元4 槽类零件的编程与加工 104
  任务1 加工带轮 104
  任务2 加工多槽轴 117
  任务3 加工送料轴套 133

单元5 螺纹类零件的编程与加工 148
  任务1 加工心轴 148
  任务2 加工轴套 160

单元6 非圆曲线零件的编程与加工 171
  任务1 加工椭圆轴 171
  任务2 加工抛物线轴 186

单元 7　综合零件的编程与加工 ·· 194
任务 1　加工球头轴 ·· 194
任务 2　加工把手的编程与加工 ·· 206
任务 3　加工三零件装配体 ·· 220

参考文献 ·· 240

单元 1　轴类零件的编程与加工

知识目标：
1. 熟悉数控车床操作面板各按钮的含义和作用。
2. 能分析和制订零件的加工工艺。
3. 掌握所学数控编程指令字的含义，正确编制零件的加工程序。

技能目标：
1. 熟练掌握数控车床的操作方法。
2. 熟练掌握数控程序的输入与编辑。
3. 学会选择工件装夹方法、刀具及切削用量。
4. 能在数控机床上完成零件的加工。

任务 1　认识数控车床

任务描述

数控车床是数控机床中结构较为简单，用途十分广泛的机床之一。它能加工各种回转体零件。下面我们就来认识一下数控车床，并学习相关的安全文明生产等方面的知识。

任务分析

本任务学习时先通过观看多媒体课件了解数控机床的结构及性能，然后进行现场参观，对数控机床有一定的感性认识，为下一步的学习奠定基础，在轻松愉快的氛围中掌握所学内容。

相关知识

1. 数控车床的组成

数控车床一般由数控装置、输入/输出设备、伺服系统、驱动装置、可编程控制器 PLC 及电气控制装置、辅助装置、机床本体及测量装置组成。

（1）数控装置　数控装置是数控机床的核心，主要包括微处理器 CPU、存储器、局部总线、外围逻辑电路以及与数控系统的其他组成部分联系的接口等。接受控制介质上的数字化信息，经过控制软件或逻辑电路进行编译、运算和逻辑处理后，输出各种信号和指令，控制机床的各个部分，进行规定的、有序的运动。

（2）输入/输出设备　输入装置的作用是将控制介质（将零件加工信息传送到数控装置去的程序载体）上的数控代码传递并存入数控系统内。如移动硬盘、U盘、磁盘等，如图1-1a、1-1b、1-1c所示。输出装置的作用是将数控程序、代码或数据进行打印或显示等。数控系统一般配有CRT显示器或点阵式液晶显示器，显示信息丰富，有些还能显示图形。

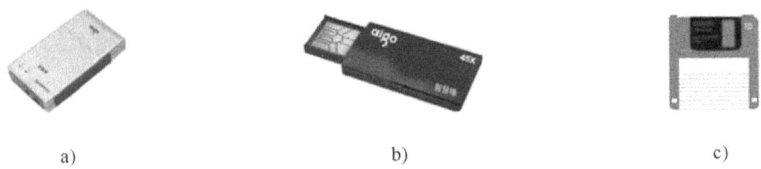

图 1-1　控制介质
a）移动硬盘　b）U盘　c）磁盘

（3）伺服系统　伺服单元是数控装置和机床本体的联系环节，它接收数控装置的指令信息，并按指令信息的要求控制执行部件的进给速度、方向和位移。它把来自CNC装置的微弱指令信号放大成控制驱动装置的大功率信号。常用的位移执行机构有功率步进电动机、直流伺服电动机、交流伺服电动机，如图1-2所示。

（4）驱动装置　驱动装置把经放大的指令信号变为机械运动，如图1-3所示，通过简单的机械连接部件驱动机床，使工作台精确定位或按规定的轨迹作严格的相对运动，最后加工出图样所要求的零件。

（5）辅助控制装置　辅助控制装置是介于数控装置和机床机械、液压部件之间的强电控制装置。它的主要作用是接收数控装置输出的主运动变速、刀具选择和交换、辅助动作等指令信息，经过必要的编译、逻辑判断、功率放大后，直接驱动相应的电气、液压和机械部件，以完成各种规定的动作。广泛使用的是可编程控制器PLC，如图1-4所示。可编程控制器的特点为：响应快、性能可靠、易于使用、编程和修改程序快捷方便，并可直接驱动机床电器。

  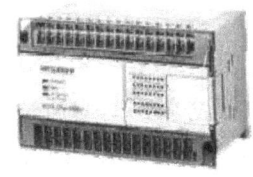

图 1-2　伺服电动机　　　　图 1-3　驱动装置　　　　图 1-4　可编程控制器PLC

（6）检测装置　检测装置把机床工作台的实际位移转变成电信号反馈给CNC装置，供CNC装置与指令值比较产生误差信号，以控制机床向消除该误差的方向移动。测量装置安装在数控机床的工作台或丝杠上，按有无检测装置，数控系统可分为开环系统和闭环系统，而按测量装置安装的位置不同可分为全闭环数控系统与半闭环数控系统。检测装置的作用是检测数控机床各个坐标轴的实际位移量，经反馈系统输入到机床的数控装置中。数控装置将反馈回来的实际位移量与设定值进行比较，控制伺服机构按指令设定值运动。常用的检测元件有：直线光栅、光电编码器、圆光栅、绝对编码尺等，如图 1-5 所示。

图 1-5　常用检测元件
a) 直线光栅　b) 光电编码器

(7) 机床本体　机床本体是数控机床的主体，是用于完成各种切削加工的机械部分。包括主运动部件、进给运动执行部件（如滑板及其传动部件）和床身等。

2. 数控车床的分类

数控车床的品种规格繁多，从不同的技术或经济指标出发，可以对数控车床进行各种不同的分类。根据数控车床的功能和组成，一般可以按下面几种原则进行分类。

(1) 按进给伺服系统控制方式分类

1) 开环控制系统。这类机床所采用的开环伺服系统又称为步进电动机驱动系统，它的主要特征是该系统内没有位置检测反馈装置。这类机床的控制精度主要取决于伺服系统的传动链及步进电动机本身，控制精度不高。但其结构简单，反应迅速，工作稳定、可靠，调试、维修方便，如图 1-6 所示。

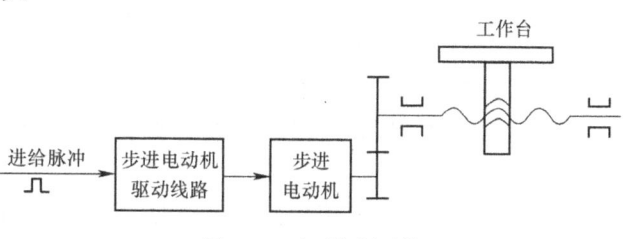

图 1-6　开环控制系统

2) 闭环控制系统。这类数控机床所采用的伺服系统的特征是该系统内设有以位置检测元件为主的检测反馈装置。

① 半闭环控制系统。它在机床的控制过程中形成部分位置随动控制环路，不把机械传动装置等部分包括在内，故称该控制环路为"半闭环"。这种控制系统的位置测量元件不是测量工作台的实际位置，而是测量伺服电动机的转角，经过推算间接测量工作台位移，不能补偿数控机床传动链零件的误差，如图 1-7 所示。

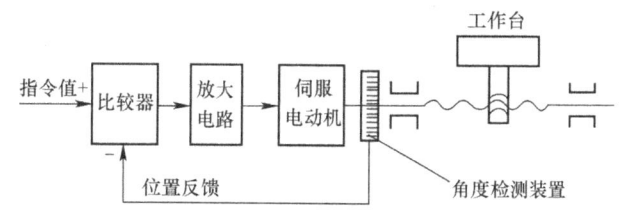

图 1-7　半闭环控制系统

② 全闭环控制系统。这类车床的控制精度很高，所采用的全闭环伺服系统在车床的控制过程中，形成全部位置随动控制环路，自动检测并补偿所有的位移误差。但结构复杂，价格高。这种控制系统绝大多数采用伺服电动机，有位置测量元件和位置比较电路，如图 1-8 所示。

(2) 按功能分类

1)经济型数控车床。一般指对普通车床的进给系统进行改造后形成的简易型数控车床。采用步进电动机驱动的开环伺服系统,控制系统采用单片机或单板机。结构简单、价格低廉、自动化程度和功能都比较差,车削加工精度也不高,适用于要求不高的回转类零件的车削加工。

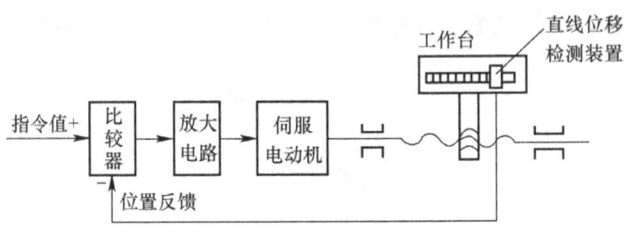

图1-8 全闭环控制系统

2)普通数控车床。根据车削加工要求在结构上进行专门设计并配备通用数控系统而形成的数控车床,数控系统功能强,自动化程度和加工精度也比较高,适用于一般回转类零件的车削加工。这种数控车床可同时控制两个坐标轴,即 X 轴和 Z 轴。

3)车削加工中心。车削加工中心是在普通数控车床的基础上,增加了 C 轴和动力刀具系统,更高级的数控车床还带有刀库。可以控制 X、Z 和 C 三个运动坐标轴,联动运动坐标轴可以是 (X、Z)、(X、C) 或 (Z、C)。由于增加了 C 轴和动力刀具系统,车削加工中心的功能大大增强了,除可以进行一般车削加工外还可以进行径向和轴向铣削、曲面铣削、中心线不在零件回转中心的孔和径向孔的钻削加工等。

(3)按主轴的配置形式分类

1)卧式数控车床。卧式数控车床是指主轴轴线处于水平位置的车床。又分为数控水平导轨卧式车床和数控倾斜导轨卧式车床,倾斜导轨结构的车床具有较大刚性,且易于排除切屑,如图1-9所示。

2)立式数控车床。立式数控车床是指主轴轴线垂直于水平面的车床,有一个直径较大的圆形工作台,主要用来加工径向尺寸较大、轴向尺寸较小的大型复杂零件,如图1-10所示。

图1-9 卧式数控车床

图1-10 立式数控车床

3. 数控车床的用途与特点

(1)数控车床的用途 车削加工是工件旋转作主运动和车刀作进给运动的切削加工方法。其主要加工对象是回转体零件。基本的车削加工内容有车外圆、车端面、切断和车槽、钻孔、车孔、车螺纹、车圆锥面、车圆弧面、车非圆曲面等。

(2)数控车床的特点

1)适应性强。当改变加工零件时,数控车床只需更换零件的加工程序,不必用凸轮、靠模、样板或其他模具等专用工艺装备,且可采用成组技术的成套夹具。因此,生产准备周期短,有利于机械产品的迅速更新换代。

2)适合加工复杂型面的零件。由于数控车床能实现两轴或两轴以上的联动,所以能完成复杂型面的加工,特别是可用于加工用数学方程式和坐标点表示的形状复杂的零件。

3)加工精度高,质量稳定。数控车床有较高的加工精度,一般在 0.005~0.01mm 之间。数控车床的加工精度不受零件复杂程度的影响,车床传动链的反向齿轮间隙和丝杠的螺距误差等都可以通过数控装置自动进行补偿,其定位精度比较高,同时还可以利用数控软件进行精度校正和补偿。数控车床运行数控程序自动进行加工,可以避免人为的误差,这就保证了零件加工质量的稳定性。

4)生产效率高。在数控车床上可以采用较大的切削用量,有效地节省了机动工时。还有自动调整、自动换刀和其他辅助操作自动化等功能,使辅助时间大为缩短,而且一般不需工序间的检验与测量,所以,比普通车床的生产率高 3~4 倍,甚至更高。

数控车床的主轴转速及进给范围都比普通车床大。目前数控车床的最高进给速度可达 100m/min 以上。数控车床的加工时间利用率高达 90%,而普通车床仅为 30%~50%。

5)工序集中,一机多用。数控车床特别是车削中心,在一次装夹的情况下,几乎可以完成零件的全部加工工序,一台数控车床可以代替数台普通车床。这样可以减少装夹误差,节约工序之间的运输、测量和装夹等辅助时间,还可以节省车间的占地面积,带来较高的经济效益。

6)减轻劳动强度,改善劳动条件。在输入程序并启动后,数控车床就自动地连续加工,直至零件加工完毕。这样就简化了人工操作,使劳动强度大大降低。

7)价格较高且调试和维修较复杂。数控车床是一种技术含量和价格较高的设备,而且要求具有较高技术水平的人员来操作和维修。

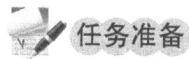

多媒体设备、课件、数控机床。

1. 教师利用多媒体课件讲解重点知识

1)车床的组成及种类。

2)车床的用途及特点。

2. 教师带领学生数控车间参观,进行互动学习

1)学生分组,对数控车床相关知识进行知识竞答。

2)教师针对车床实物,对知识点进行小组抢答或点名回答。

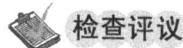

评分标准见表 1-1。

表 1-1 评分标准

项目与序号		检查内容	配分	得分	
项目	序号			点评	得分
知识掌握 (40 分)	1	基本知识(习题)	40		

(续)

项目与序号		检查内容	配分	得分	
项目	序号			点评	得分
师生互动 （40分）	2	教师指定学生	15		
	3	教师提出问题	15		
	4	小组互动	10		
团队协作 （20分）	5	解决问题、团结互助	20		

扩展知识

先进数控加工技术

1. 先进数控加工技术——高速加工

高速加工技术是指采用特殊材料的刀具或工艺，通过极大地提高切削速度和进给速度，来提高被加工工件的切除率，同时，加工精度和质量也显著提高的新型加工技术。以切削速度和进给速度界定：高速加工的切削速度和进给速度应为普通切削加工速度的5～10倍。以主轴转速界定：高速加工的主轴转速应大于或等于10000r/min。

（1）高速加工的技术特点

1）加工效率高。高速加工的进给率较普通切削加工提高5～10倍，材料切除率提高3～6倍。

2）切削力小。高速加工的切削力较常规切削加工至少降低30%，径向力（背向力）降低得更为明显。这样，加工过程中，对加工件的冲击力更小，不易引起工件受力变形。因此，特别适用于薄壁零件和细长工件的加工。

3）切削热小。在高速加工中，95%以上的切削热被切屑带走，因此，工件积热少、温升低，特别适用于熔点低、易氧化、易热变形的零件。

4）加工精度高。高速加工中，刀具的偏振频率远离工艺系统的固有频率，不易产生振动；另外切削力小，热变形小，残余应力小，易于保证加工精度和表面质量。

5）工序集约化。高速加工可获得更高的加工精度和更低的表面粗糙度，并在一定条件下，可对常规难加工的硬表面进行加工，从而使工序集约化，这点对于模具的加工具有特殊意义。

（2）高速加工技术的发展趋势 作为面向21世纪的一项先进制造技术—高速加工，将继续克服当前存在的某些技术障碍，在以下几个方面将会得到更快的发展。

1）扩大材料加工范围。从铝合金加工扩大到钢材的高速加工，解决钢件高速加工存在的技术难题。

2）用干式切削替代湿式切削。解决高速加工使用大量切削液造成对自然环境的污染问题，进一步研究开发适用于干式切削的新型刀具材料，研究开发干式切削加工中心。

3）进一步改善高速机床的驱动和控制技术，开发快速的CAD/CAM系统和实用的编程软件，以满足实际生产的需要。

4）研究高速机床的安全防护和远程监控技术。确保高速加工的生产安全。

5）改善研究和试验条件，继续深入开发高速切削机理的理论研究、仿真研究和虚拟研究，进一步弄清高速切削过程的物理本质和变化规律，建立高速切削数据库，指导用户正确使用已有高速机床，充分发挥高速加工中心的效能。

2. 数控加工技术的新发展

（1）刀具技术的发展　刀具技术是数控加工的关键技术之一，也是限制难加工材料加工效率的一个技术瓶颈。随着刀具技术的进步，刀具材料和刀具结构不断改进，刀具种类越来越多，如何合理选择刀具及切削参数是提高数控加工效率的核心所在。

在铝合金材料加工方面，高速切削技术已经得到全面应用，在高速粗加工过程中大量应用可转位高速立铣刀，在大功率高速机床上可达到 $6000cm^3/min$ 的金属去除率，加工成本也可得到有效的控制；整体硬质合金刀具是当前铝合金高速加工的主要刀具，主要用于铝合金零件的精加工或窄槽的粗、精加工，可获得好的表面质量并具有较长的刀具寿命。而陶瓷、金刚石及立方氮化硼等超硬刀具有极高的耐磨性，几乎不受切削速度的限制，切削抗力小，没有积屑瘤，能够最大限度地发挥高速机床的加工效率，非常适合于铝合金的高速加工，将逐步成为铝合金高速加工的首选刀具。

在钛合金材料加工方面，由于钛合金的切削加工性较差（其相对切削性在 0.15~0.25），采用传统加工方式时切削速度一般不超过 $50m/min$，粗加工金属切除率一般不超过 $40cm^3/min$，精加工金属切除率不超过 $10cm^3/min$。目前，国内一些航空制造企业已经开始探索并应用钛合金高效加工方法：粗加工采用可转位玉米铣刀实现大切深、小进给的强力切削，该刀具有效避免了大悬伸刀具在加工过程中的振颤现象，比普通圆柱立铣刀加工效率更高，精加工前先使用插铣刀具对圆角进行加工，使精加工余量均匀，精加工过程中采用 PVD 涂层硬质合金刀具进行小切宽、大切深的高速铣削（切削速度达到 $170m/min$）方式，使精加工时间缩短 60% 以上。

（2）工装技术的发展　目前，国内大型航空结构件的装夹方式较为单一，铝合金结构件主要采用预留工艺耳片，并使用螺钉压紧或真空吸附；钛合金等难加工材料主要采用压板压紧；蜂窝芯材料则主要采用双面胶带粘接固定。而数控发达国家已大量使用带气动、液压及控制系统的自动夹具。采用数控多点自动调节、真空吸附或机械夹头的柔性夹具，可实现对不同形状的大型结构件在机床上的柔性、快速定位和装夹，已成为数控工装设计制造的发展方向，是提高数控加工效率的另一关键技术。这项技术在加工薄壁结构件、大型复材结构件及蒙皮类零件时的优势尤为明显。

（3）工艺设计及仿真技术　工艺编程人员充分利用各种工艺资源进行零件工艺及数控程序编制的全过程，即为数控工艺设计，它直接影响零件生产计划及现场加工的质量，是整个数控生产至关重要的环节。航空制造业所面临的通常都是多品种、小批量的生产任务，新机研制任务繁重，数控工艺设计已成为制约数控生产新的"瓶颈"。国内航空企业纷纷展开高效程编技术研究，其中成飞公司与国内相关院校合作开发了基于三维特征的快速程编系统，实现了对飞机结构件的快速编程。

数控加工过程的仿真是虚拟制造技术的核心技术之一，主要分为几何仿真和物理仿真。目前国内航空制造业进行的数控加工仿真还只停留在几何仿真的层面上，其作用主要是检查数控程序刀具轨迹的正确性和几何干涉碰撞问题，而要实现更精确的仿真则必须对加工过程中的物理现象进行研究。国外在物理仿真技术研究方面起步较早，已开发出相应的仿真软件，如 Cutpro、MetalMAX、AdvantEdge 等，现已应用到刀具、汽车、模具等多个制造领域。国内，北京航空航天大学刘强教授等人开发了一套铣削加工动力学仿真优化系统 SimuCut，该系统可实现铣削过程的力学仿真及切削参数的优化选择，并已在军工行业得到成功应用。

> **问题与思考**
>
> 想一想？通过学习与参观，了解到我国蓬勃发展的数控加工行业现状，同学们应该怎样做才能成长为一名出色的数控技术人才。

考证要点

1. 判断题

（1）数控车床可以车削直线、斜线、圆弧、米制和英制螺纹、圆柱螺纹、圆锥螺纹，但是不能车削多线螺纹。　　　　　　　　　　　　　　　　　　　　　　（　　）

（2）车削加工中心的功能大大增强了，除可以进行一般车削加工外还可以进行径向和轴向铣削、曲面铣削、中心线不在零件回转中心的孔和径向孔的钻削加工等。（　　）

（3）数控车床的转塔式刀架为卧式转塔刀架。　　　　　　　　　　　　（　　）

（4）立式车床主要用来加工径向尺寸较大，轴向尺寸较小的大型复杂零件。（　　）

（5）全闭环控制系统的数控车床控制精度高，稳定性好。　　　　　　　（　　）

2. 选择题

（1）在数控机床的组成中，其核心部分是（　　　）。

A. 输入装置　　　B. 数控装置　　　C. 伺服装置　　　D. 机床主体

（2）在开环的 CNC 系统中（　　　）。

A. 没有位置反馈装置　　　　　　　B. 有位置反馈装置

C. 除有位置反馈外，还有速度反馈

3. 简答题

（1）数控车床由哪几部分组成？各部分的作用是什么？

（2）数控车床按伺服系统的控制方式可分哪几种？其主要区别是什么？

（3）数控车床的特点是什么？

任务 2　填写数控加工工艺文件

任务描述

工艺路线设计好后，以表格（卡片）形式记录下来的技术文件就是工艺文件。这些技术文件是对数控加工的具体说明，目的是让操作者更明确加工程序的内容、装夹方式、各个加工部位所选用的刀具、切削用量及其他技术问题。下面介绍工艺文件的三个卡片，通过填写工艺文件，掌握工艺文件中所涉及的知识。

任务分析

工艺文件是编写程序前必须掌握的内容，是编程前的准备工作，为零件的编程加工提供参数选择依据。本任务通过介绍分析数控加工的工艺路线、刀具、切削用量、工件安装及加工方案,从而了解工艺文件的填写内容,掌握工艺路线的设计方法、步骤,会选择刀具、切削用量及工件安装的方法,能确定加工方案,为零件编程及加工做准备。

相关知识

1. 工艺文件

(1) 数控加工刀具卡片　数控加工刀具卡主要反映刀具名称、编号、规格、长度等内容,它是组装刀具、调整刀具的依据,见表1-2。

表1-2　数控加工刀具卡片

产品名称或代号			零件名称:		零件图号	
序号	刀具号	刀具规格及名称	材质	数量	加工表面	备注
编制:			审核:			

(2) 数控加工工艺卡片　数控加工工艺卡片主要反映零件加工过程中切削参数大小的选择,为零件编程和加工提供选择依据,见表1-3。

表1-3　数控加工工艺卡片

零件名称		零件图号		工件材质	
工序号	程序编号	夹具名称		数控系统	车间
工步号	工步内容	刀具号	主轴转速 /(r/min)	进给量 /(mm/r)	背吃刀量 /mm	备注
编制		审核		批准	

(3) 数控加工程序单　数控加工程序单是编程员根据工艺分析情况,按照机床特点的指令代码编制的。它是记录数控加工工艺过程、工艺参数的清单,有助于操作员正确理解加工程序内容,见表1-4。

表1-4　数控加工程序单

零件号		零件名称		编制	
加工程序		程序说明		实物图	

在填写卡片之前,必须对零件的加工工艺进行周到、缜密地分析,以便合理地选择机床、刀具、夹具等工艺装备,正确设计工序内容和刀具的加工路线,合理确定切削用量等参数。

2. 工艺文件的相关知识

数控加工工艺路线制订与通用机床加工工艺路线制订的主要区别在于:它往往不是指从

毛坯到成品的整个工艺过程，而仅仅是几道数控加工工序工艺过程的具体描述。由于数控加工工序一般都穿插于零件加工的整个工艺过程中，因而应注意与普通加工工艺衔接好。要填好数控加工工艺文件，必须进行以下方面的学习：

（1）数控加工工艺路线设计中应注意的几个问题

1）工序的划分。根据数控加工的特点，数控加工工序的划分一般可按下列方法进行：

① 以一次安装、加工作为一道工序。这种方法适合于加工内容较少的工件，加工完毕后即达到待检状态。

② 以同一把刀具加工的内容划分工序。有些工件虽然能在一次安装中加工出很多表面，但因程序太长，可能会受到某些限制，如控制系统的限制（内存容量），机床连续工作时间的限制（一道工序在一个工作班内不能结束）等。此外，程序太长会增加错误及检索难度。因此，每道工序的内容不可太多。

③ 以加工部位划分工序。对于加工表面较多或不能一次装夹完成的工件，可按其结构特点将加工部位分成几个部分，如内腔、外形、曲面或端面，并将每一部分的加工作为一道工序。如图1-11a所示，第一次先进行圆柱面加工，然后二次装夹（调头），车削图1-11b所示为圆球。

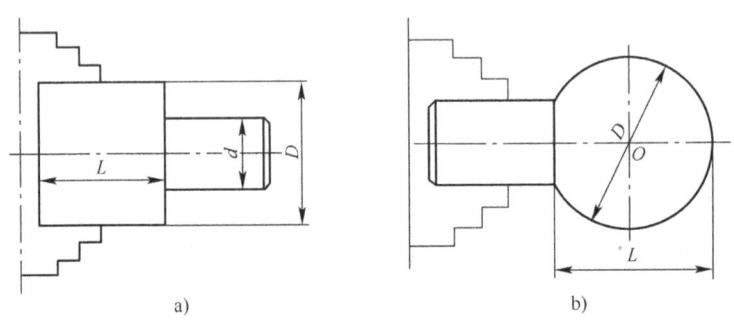

图1-11　以加工部位划分工序

④ 以粗、精加工划分工序。对于加工中易发生变形和要进行中间热处理的工件，粗加工后的变形常常需要进行校直，故要进行粗、精加工的零件一般都要将工序分开。

2）工序的安排。工序的安排应根据零件的结构和毛坯状况，以及安装定位与夹紧的需要来考虑。工序安排一般应按以下原则进行：

① 上道工序的加工不能影响下道工序的定位与夹紧，中间有普通车床加工工序的也应综合考虑。

② 先进行内腔加工，后进行外形加工。

③ 相同定位、夹紧方式或同一把刀具加工的工序，最好连续加工，以减少重复定位次数和换刀次数。

④ 数控加工工序与普通工序的衔接。数控加工工序前后有的穿插有其他普通加工工序，如衔接得不好就容易产生矛盾。因此，在熟悉整个加工工艺内容的同时，要清楚数控加工工序与普通加工工序各自的技术要求、加工目的、加工特点，如留不留加工余量，留多少；定位面与孔的精度要求及形位公差；对校直工序的技术要求；加工过程中的热处理等，这样才能使各工序达到加工需要。

单元1 轴类零件的编程与加工

3) 数控加工工艺处理的原则和步骤

① 数控加工工艺处理的一般原则。数控加工工艺的分析及安排涉及的因素很多,所需知识面较广,因此,数控车床操作工应具有一定的数控技术基础知识,才能适应数控加工的要求。其工艺处理的一般原则是:

a. 因地制宜。根据本单位的技术力量、数控设备种类、分布与数量,以及操作者的技术能力等实际条件,力求工艺处理过程简单易行,并能满足加工的需要。

b. 总结经验。在积累普通车床加工工艺经验的基础上,探索、总结数控加工的工艺经验。普通车床加工的某些工艺经验对数控加工仍具有一定的指导意义。

c. 灵活运用。不同操作者在同一台普通机床上加工同一个零件,可以凭借自己的技能,采取不同的工序、工步达到图样要求。在数控编程过程中,不同的编程者仍可通过不同的处理途径,以达到相同的加工目的。如何使其工艺处理环节更加合理、先进,这就必须要求程编者灵活应用有关工艺处理知识和经验,不断丰富自己的工艺处理能力,具体问题具体分析,提高应变能力。

d. 考虑周全。设计及制订加工工艺是一项十分缜密的工作,必须一丝不苟地进行。因为数控加工是自动化加工,其加工过程中不能因故随意进行中途停顿和调整。所以,必须对加工过程中的每一个细节都充分地分析和考虑。例如,在加工不通孔时,要考虑其孔内是否已经塞满了切屑;又如钻深孔时,应安排分几段慢钻、快退工艺才能有效解决散热及排屑问题等。

② 数控加工工艺处理的步骤

a. 图样分析。图样分析的目的在于全面了解零件轮廓及精度等各项技术要求,为下一步的工作提供依据。在分析过程中,可以同时进行一些编程尺寸的简单换算,如增量尺寸、绝对尺寸、中值尺寸及尺寸链计算等。在数控编程实践中,常常对零件要求的尺寸进行中值计算,作为编程的尺寸依据。图 1-13 所示为对图 1-12 的轴类零件进行中值计算的结果。

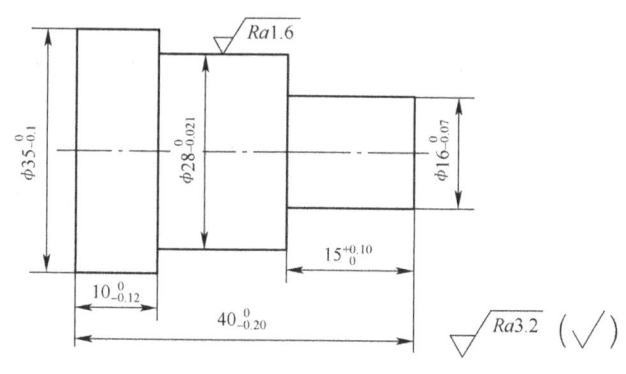

图 1-12 轴类零件

b. 工艺分析。工艺分析的目的在于分析工艺的可能性和工艺优化性。工艺可能性是指考虑采用数控加工的基础条件是否具备,能否经济地控制其加工精度等;工艺优化性主要指对机床(或数控系统)的功能等要求能否尽量降低,刀具种类及零件装夹次数能否尽量减少,切削用量等参数的选择能否适应高速、高精度的加工要求等。

c. 工艺准备。工艺准备是工艺安排工作中不可忽视的重要环节。它包括数控车床操作编程手册、标准刀具和通用夹具样本及切削用量表等资料的准备,机床(或数控系统)的选型和机床有关精度及技术参数(如综合机械间隙)的测定,刀具的预调(对刀),补偿方案的制定以及外围设备(如自动编程系统、自动排屑装置等)的准备工作。

d. 工艺设计。在完成上述步骤的基础上,参照"制订加工方案"中所介绍的方法完成其工艺设计（构思）工作。

e. 实施编程。将工艺设计的构思通过加工程序单表达出来，并通过程序校验验证其工艺处理（含数值计算）的结果是否符合加工要求，是否为最好方案。

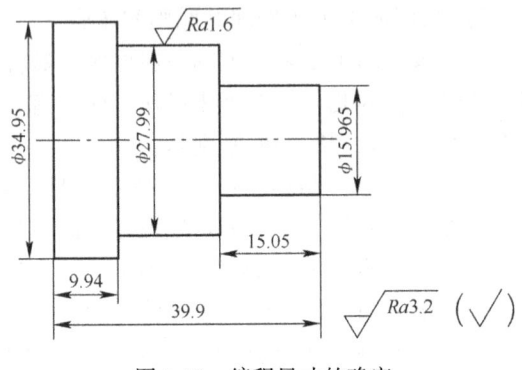

图1-13 编程尺寸的确定

4）数控车床刀具的选择。在数控车床加工中，产品质量和生产率在相当大的程度上受到刀具的制约。虽然数控刀具的切削原理与普通车床基本相同，但由于数控加工特性的要求，在刀具参数的选择上，特别是切削部分的几何参数选择上，要满足一定的条件，才能达到数控车床的加工要求，充分发挥数控车床的优势。数控车床对刀具的要求如下：

① 刀具性能

a. 强度高。为适应刀具在粗加工或对高硬度材料的加工时，能大吃刀量和快走刀，要求刀具必须具有较高的强度；对于刀杆细长的刀具（如深孔车刀），还应有较好的抗振性。

b. 精度高。为适应数控加工的高精度和自动换刀等要求，刀具及其刀夹具都必须具有较高的精度。

c. 适应高速和大进给量切削。为提高生产效率并适应一些特殊加工的需要，刀具应能满足高切削速度的要求，如采用聚晶金刚石车刀加工玻璃或碳纤维复合材料时，其切削速度高达1000m/min以上。

d. 可靠性好。为保证数控加工中不会因刀具发生意外损坏，避免潜在缺陷而影响到加工的顺利进行，要求刀具及与之组合的附件必须具有很好的可靠性和较强的适应性。

e. 使用寿命长。刀具在切削过程中的不断磨损，会造成加工尺寸的变化，伴随刀具的磨损，还会因切削刃变钝，使切削力增大，导致被加工零件的表面粗糙度下降，又会加剧刀具磨损，形成恶性循环。因此在数控车床加工中使用的刀具，无论在粗加工、精加工或特殊加工中都应比普通车床刀具具有更长的使用寿命，以减少更换或修磨刀具及对刀的次数，从而保证零件的加工质量，提高生产效率。

另外，较好的断屑性能，可保证数控车床加工顺利、安全地进行。数控车削加工所用的硬质合金刀片上，常常采用三维断屑槽，来改善切削性能。

② 刀具材料性能。刀具材料应具备的主要性能同普通车床刀具材料的性能。

③ 刀具的类型

a. 机夹可转位车刀。

b. 涂层刀具。涂层硬质合金刀片的使用寿命与普通刀片相比至少可提高1~2倍，而涂层高速钢刀具的寿命则可提高2~10倍。

c. 非金属材料刀具。用作刀具的非金属材料主要有陶瓷、金刚石及立方氮化硼等。

5）基准。数控车床车削加工零件时，零件必须通过相应的夹具进行装夹和定位，其装夹与定位工作又与基准及其选择有着十分密切的关系。

① 基准的分类。基准分为设计基准和工艺基准两大类。其中，工艺基准又分为定位基准、测量基准和装配基准等。

在加工中用作定位的基准,称为定位基准。例如,在车床上用三爪自定心卡盘装夹工件时,被装夹的圆柱表面就是其定位基准;又如用两顶尖装夹长轴类工件时,其定位基准则是由两顶尖孔体现出的组合基准轴线。作为定位基准的点或线,一般是以具体表面来体现的,这种表面叫基面。加工前必须认真分析并考虑工件如何进行装夹和定位,以保证定位准确、装夹可靠,而工件的定位又必然涉及有关基准。

② 定位基准的选择。在制订零件加工工艺过程中,合理选择定位基准对保证零件的尺寸和相互位置精度起着决定性的作用。定位基准有粗基准与精基准之分。在加工的起始工序中,只能用毛坯未经加工的表面作为定位基准,该表面称为粗基准;利用已经加工过的表面作为定位基准,该表面称为精基准。选择定位基准时,要考虑到保证工件加工精度的要求。

③ 粗基准选择原则。选择粗基准时,主要要求保证各加工面有足够的余量,使加工面与不加工面间的位置符合图样要求,并特别注意要尽快获得精基准。具体选择时应考虑下列原则:

a. 选择重要表面为粗基准。为保证工件上重要表面的加工余量小而均匀,则应选择该表面为粗基准。

b. 选择加工余量最小的表面为粗基准。在没有要求保证重要表面加工余量均匀的情况下,如果零件上每个表面都要加工,则应选择其中加工余量最小的的表面为粗基准,以避免该表面在加工时因余量不足而留下部分毛坯面,造成废品。

如图 1-14 所示的阶台轴锻件毛坯,大头单边加工余量有 4mm,小头单边加工余量只有 2.5mm,且大、小头偏心 3mm,此时应选 $\phi55mm$ 的外圆表面作为粗基准才行。否则,小头外圆因加工余量小会在黑皮尚未全部车去就已到了尺寸,从而产生了原本可以避免的废品。

c. 选择较为平整光洁、加工面积较大的表面为粗基准。选择这样的表面为粗基准使工件定位可靠、夹紧方便。

d. 选择不加工表面为粗基准。为了保证加工面与不加工面间的位置要求,一般应选择不加工面为粗基准。如果工件上有多个不加工面,则应选其中与加工面位置要求较高的不加工面为粗基准,以便保证精度要求、使外形对称等。

e. 粗基准应避免重复使用。在同一尺寸方向上,粗基准只允许使用一次,否则将无法保证加工表面间的位置精度。如图 1-15 所示的阶台轴加工,开始车 A 面时,是以不加工的 B 面作粗基准,若调头车 C 面时仍用 B 面为基准时,则 C 面与 A 面的轴线就会产生较大的同轴度误差。

④ 精基准的选择原则。选择精基准时,主要应考虑保证加工精度和工件装夹方便可

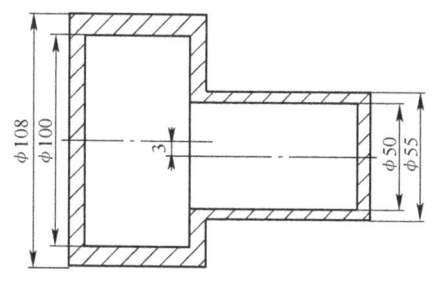

图 1-14 粗基准的选择

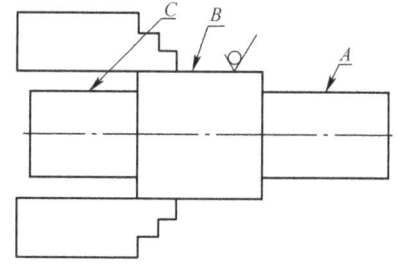

图 1-15 重复使用粗基准实例

靠，其选择原则如下：

a. 基准重合。选择设计基准作为定位基准，称为"基准重合"。采用基准重合可以避免基准不重合误差，有利于保证加工精度。

b. 基准统一。同一零件的多道工序，应尽可能选择同一个定位基准，称为"基准统一"，这样有利于保证各加工表面的位置精度。

> **教你一招**
>
> 当基准重合原则与基准统一原则出现矛盾时，如何处理呢？遇有尺寸精度较高的表面应以基准重合为主，以免给加工带来困难，除此之外均应考虑基准统一。

c. 自为基准。某些要求加工余量小而均匀的精加工工序，选择加工表面本身作为定位基准，称为自为基准原则。

d. 互为基准。当对工件上两个相互位置精度要求很高的表面进行加工时，需要用两个表面互相作为基准，反复进行加工，以保证位置精度要求。

e. 装夹方便。所选精基准应保证工件装夹可靠，夹具设计简单、操作方便。

在选择基准时能同时满足选择原则吗？实际上，无论精基准还是粗基准的选择，上述原则都不可能同时满足，有时还是互相矛盾的。因此，在选择时应根据具体情况进行分析。

6）确定切削用量。数控机床加工中的切削用量是表示机床主运动和进给运动速度大小的重要参数，包括背吃刀量、切削速度和进给量。在加工程序的编制工作中，选择好切削用量，使背吃刀量、切削速度和进给量三者间能互相适应，形成最佳切削参数，是工艺处理的重要内容之一。

① 背吃刀量的确定。在"机床-夹具-刀具-零件"这一工艺系统刚性允许的条件下，应尽可能选取较大的背吃刀量，以减少走刀次数，提高生产效率。当零件的精度要求较高时，则应考虑适当留出精车余量，其所留精车余量一般比普通车床车削时所留余量小，常取 0.1~0.5mm。

② 切削速度的确定。切削速度是指切削时，车刀切削刃上某一点相对待加工表面在主运动方向上的瞬时速度，又称为线速度。确定加工时的切削速度可参考表 1-5 列出的数值，还可以根据实践经验来确定。

表 1-5 切削速度参考表

零件材料	刀具材料	背吃刀量 a_p/mm			
		0.12~0.38	0.38~2.40	2.40~4.70	4.70~9.50
		进给量 f/(mm/r)			
		0.05~0.13	0.13~0.38	0.38~0.76	0.76~1.30
		切削速度 v_c/(m/min)			
低碳钢	高速钢	—	70~90	45~60	20~40
	硬质合金	215~365	165~215	120~165	90~120
中碳钢	高速钢	—	45~60	30~40	15~20
	硬质合金	130~165	100~130	75~100	55~75

(续)

零件材料	刀具材料	背吃刀量 a_p/mm			
		0.12~0.38	0.38~2.40	2.40~4.70	4.70~9.50
		进给量 f/(mm/r)			
		0.05~0.13	0.13~0.38	0.38~0.76	0.76~1.30
		切削速度 v_c/(m/min)			
灰铸铁	高速钢	—	35~45	25~35	20~25
	硬质合金	135~185	105~135	75~105	60~75
黄铜青铜	高速钢	—	85~105	70~85	45~70
	硬质合金	215~245	185~215	150~185	120~150
铝合金 低碳钢	高速钢	105~150	70~105	45~70	30~45
	硬质合金	—	70~90	45~60	20~40

主轴转速的确定方法,可根据零件上被加工部位的直径、零件结构和刀具的材料、加工要求等条件所允许的切削速度来确定。在实际生产中,主轴转速可按下式计算

$$n = \frac{1000v_c}{\pi d} \qquad (1-1)$$

式中　n——主轴转速(r/min);

　　　D——工件待加工表面直径(mm);

　　　v_c——切削速度(m/min)。

③ 进给量的确定。进给量是指工件每转一周,车刀沿进给方向移动的距离(mm/r)。它与背吃刀量有着较密切的关系。进给量的选择:

a. 在满足表面质量的条件下,为提高生产效率,可选择较高的进给量。

b. 切断、车削深孔或用高速钢刀具车削时,宜选择较低的进给量,如切断时取 0.05~0.2mm/r。

c. 在粗车时进给量的取值可大一些,精车应小一些,如一般粗车时取 0.3~0.8mm/r。

d. 进给量应与切削速度和背吃刀量相适应。

7) 制订加工方案。加工方案又称工艺方案,数控车床的加工方案包括制订工序、工步及其先后顺序和进给路线等内容。制订加工方案的方法较多,通常采用与普通车床加工工艺大致相同的方法,如先粗后精、先近后远及先内后外等。

① 常用加工方案

a. 先粗后精。这是数控加工与普通加工都常采用的方案,目的是提高生产效率、保证零件的精加工质量。其过程是先安排较大背吃刀量及进给量的粗加工工序,以便在较短的时间内,将大量的加工余量去掉。例如,车削如图 1-16 所示零件时,粗车工序应较快完成,将图中虚线外部分车去。

在制订该方案的过程中,因考虑到精车过程是连续进行的,故其粗车后应尽量满足精加工余量均匀性的要求。图 1-16 粗车时,余量是不均匀的,可在该方案中增加一个半精车过程,即可满足精车要求。

b. 先近后远。这里所说的近与远,是按加工部位相对于起刀点的位置而言的。在一般

情况下，特别是在粗加工时，通常安排离起刀点近的部位先加工，远的部位后加工，以便缩短刀具移动距离，减少空行程时间，如图 1-17 所示。对于车削加工，先近后远还有利于保持坯件或半成品的刚性，改善其切削条件。

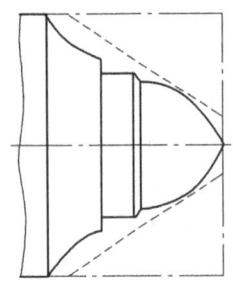

图 1-16　粗车示意图

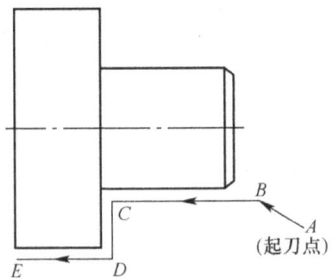

图 1-17　先近后远加工路线

c. 先内后外。对既有内表面又有外表面的零件，在制订其加工方案时，通常应安排先加工内形表面，后加工外形表面。这是因为控制内表面的尺寸和形位精度较困难，刀具刚性相应较差，刀尖或切削刃的使用寿命易受到切削热的影响，以及在加工中清除切屑较困难等。

② 制定加工方案的要求。在制订加工方案过程中，除了必须严格保证零件的加工质量外，还应注意以下几个方面的要求：

a. 程序段最少。在加工程序的编制过程中，为使程序简洁、减少出错率及提高编程工作的效率等，总是希望以最少的程序段实现对零件的加工。

由于机床数控装置具有直线和圆弧插补等运算功能，除非圆曲线等特殊插补功能要求外，精加工程序的段数一般可由构成零件的几何要素及由工艺路线确定的各条程序段直接得到。这时，应重点考虑如何使粗车的程序段数和辅助程序段数为最少。例如，在粗加工时尽量采用车床数控系统的固定、复合循环等功能。

b. 进给路线最短。确定进给路线的重点主要在于确定粗加工和空行程路线，因为精加工切削过程的进给路线基本上都是沿其零件轮廓顺序进行的。进给路线泛指刀具从对刀点开始运动起，直至返回该点并结束加工程序所经过的路径，包括切削加工的路径及刀具引入、切出等非切削空行程的路径。

在保证加工质量的前提下，使加工程序具有最短的进给路线，不仅可以省整个加工过程的执行时间，还能减少一些不必要的刀具消耗及机床进给机构滑动部件的磨损等。

巧用起刀点。如图 1-18 所示为采用矩形循环方式进行粗车的一般情况。其起刀点 A 的设定是考虑到精车等加工过程中需方便地换刀，故设置在离工件较远的位置，同时将起刀点和对刀点重合在一起，按三刀粗车的进给路线安排如下：

第一刀：A—B—C—D—A；第二刀：A—E—F—D—A；第三刀：A—G—H—D—A。

如图 1-19 所示则是巧将起刀点和对刀点分离。起刀点设于图示 A 点位置，仍按相同的切削用量进行三刀粗车，进给路线安排如下：

第一刀：A—B—C—D—A；第二刀：A—E—F—D—A；第三刀：A—G—H—D—A。

显然，如图 1-19 所示的进给路线比图 1-18 中的短。该方法也可用于其他循环指令格式的加工程序中。

单元 1　轴类零件的编程与加工

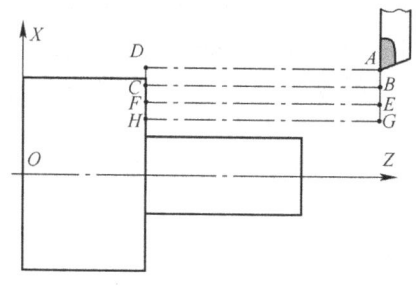
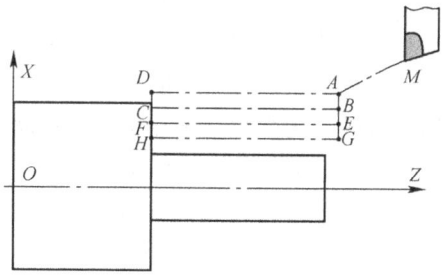

图 1-18　起刀点和对刀点重合　　　　　图 1-19　起刀点和对刀点分离

选择最短的切削进给路线，不仅可有效地提高生产效率，还可大大降低刀具的损耗。在安排粗加工或半精加工的切削进给路线时，应同时兼顾到被加工零件的刚性及加工的工艺要求，不要顾此失彼。

如图 1-20 所示为粗车同一零件时安排的几种不同切削进给路线的示意图。其中，图 1-20a 所示为利用数控系统的封闭复合循环功能，控制车刀每次均按与零件轮廓相同的轨迹进给；图 1-20b 所示为利用数控系统的固定循环功能安排的"三角形"进给路线；图 1-20c 所示为利用数控系统的轴向粗车复合循环功能安排的"矩形"进给路线。

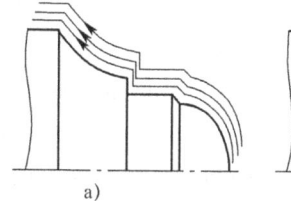 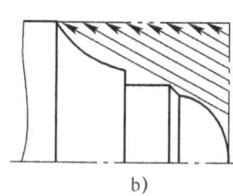 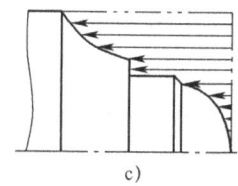

a)　　　　　　　　　　b)　　　　　　　　　　c)

图 1-20　切削进给路线对比

对以上三种切削进给路线，经分析和判断后可知矩形循环进给路线的走刀长度总和最短。因此，在同等条件下，其切削所需时间短，刀具的损耗就小。矩形循环加工的程序段格式较简单，所以这种进给路线的安排，在制订加工方案时应用较多。

c. 灵活选用不同形式的切削路线。图 1-21 给出了在切削半圆弧凹表面时，可供选用的几种常见的切削路线的形式。

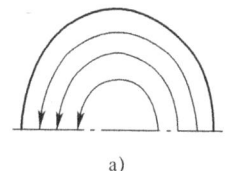 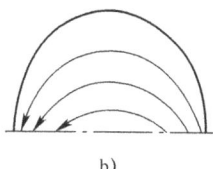 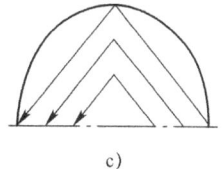 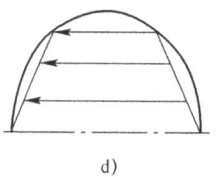

a)　　　　　　　　b)　　　　　　　　c)　　　　　　　　d)

图 1-21　切削半圆弧的路线
a) 同心圆形式　b) 等径圆弧形式　c) 三角形形式　d) 梯形形式

不同形式的切削路线有不同的特点，了解它们各自的特点，有利于合理安排其进给路线。

8) 程序编制流程。数控编程是指从零件图样到获得数控加工程序的全部工作过程。在进行数控编程之前，编程员应了解所用数控机床的规格、性能、数控系统所具备的功能及编程指令格式等。编制程序时，应先对图样描述的零件几何形状、尺寸及工艺要求进行分析，确定加工方法和加工工艺，包括加工工序、刀具、加工路线、切削参数等，再进行数值计算，获得刀位数据。然后按数控机床规定的代码和程序格式，将工件的尺寸、刀位数据、加工路线、切削参数、辅助功能（换刀、主轴正反转、切削液开关等）编制成加工程序，并输入数控系统，由数控系统控制机床自动地进行加工。

一般来说，数控编程过程主要包括：分析零件图、工艺处理、数学处理、编写程序单、输入数控系统及程序检验，如图 1-22 所示。

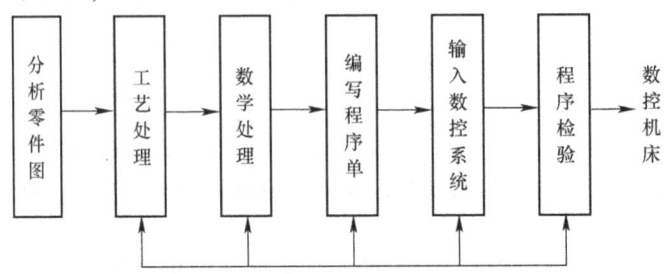

图 1-22 数控编程过程

数控编程的具体流程与要求如下：

① 分析零件图和工艺方案。这一步骤的内容包括：对零件图进行分析，以明确加工的内容及要求，确定加工方案、选择合适的数控机床、设计夹具、选择刀具、确定合理的进给路线及选择合理的切削用量等。工艺处理涉及的问题很多，编程人员需要注意以下几点：

a. 数控机床上确定工艺方案、工艺路线的原则是：应考虑数控机床使用的合理性及经济性，并充分发挥数控机床的功能；保证零件的加工精度和表面粗糙度要求；尽量缩短加工路线，减少空行程时间和换刀次数，以提高生产率；尽量使数值计算方便，程序段少，以减少编程工作量；合理选取起刀点、切入点和切入方式，保证切入过程平稳，没有冲击；保证加工过程的安全性，避免刀具与非加工面的干涉。

b. 安装零件与选择夹具时，应尽量选择通用、组合夹具，一次安装中把零件的所有加工面都加工出来，零件的定位基准与设计基准重合，以减少定位误差。使用组合夹具，生产准备周期短，夹具零件可以反复使用，经济效益好。所用夹具应便于安装，便于协调工件和机床坐标系的尺寸关系。

c. 刀具和切削用量。选择刀具时应根据工件材料的性能、机床的加工能力、加工工序的类型、切削用量以及其他与加工有关的因素来选择刀具。

切削用量包括：主轴转速、进给速度、背吃刀量等。背吃刀量由机床、刀具、工件的刚度确定，在刚度允许的条件下，粗加工应取较大背吃刀量，以减少进给次数、提高生产率；精加工取较小背吃刀量，以获得较好的表面质量；主轴转速由机床允许的切削速度及工件直径选取；进给速度则按零件加工精度、表面粗糙度要求选取，粗加工取较大值，精加工取小值；最大进给速度受机床刚度及进给系统性能限制。

② 数学处理。在确定了工艺方案后，就需要根据零件的几何尺寸、加工路线等，计算刀具中心运动轨迹，以获得刀位数据，根据被加工零件图样，按照已经确定的加工工艺路线和允许的编程误差，计算数控系统所需要输入的数据，称为数学处理。

a. 选择编程原点。零件编程原点的 X 向零点应选在零件的回转中心，Z 向零点一般选在零件的右端面、设计基准或中间平面内。零件的编程原点，如图 1-23 所示。

编程原点选定后，就应把各点的尺寸换算成以编程原点为基准的坐标值。为了在加工过程中有效的控制尺寸公差，应按尺寸公差的中值来计算坐标值。

b. 基点。零件的轮廓是由许多不同的几何要素所组成，如直线、圆弧、二次曲线等，各几何要素之间的连接点称为基点。基点坐标是编程中必需的重要数据。

c. 非圆曲线数学处理的基本过程。数控系统一般只能作直线插补和圆弧插补的切削运动。如果工件轮廓是非圆曲线，数控系统就无法直接实现插补，而需要通过一定的数学处理。数学处理的方法是，用直线段或圆弧段去逼近非圆曲线，逼近线段与被加工曲线交点称为节点。

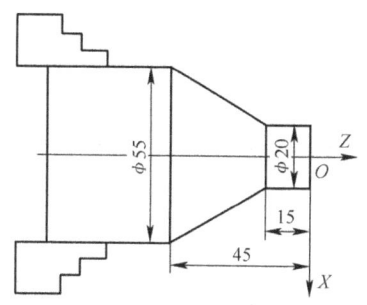

图 1-23 零件的编程原点

在编程时，首先要计算出节点的坐标，节点的计算一般都比较复杂，靠手工计算很难完成，必须借助计算机辅助处理。求得各节点坐标后，就可按相邻两节点间的直线来编写加工程序。这种通过求得节点，再编写程序的方法，是由节点数目决定了程序段的数目。因此正确确定节点数目是关键问题。

③ 编写零件加工程序单。在完成上述工艺处理及数值计算工作后，即可编写零件加工程序。程序编制人员使用数控系统的程序指令，按照规定的程序格式，逐段编写加工程序。程序编制人员应对数控机床的功能、程序指令及代码十分熟悉，才能编写出正确的加工程序。

④ 程序的输入及检验。对于形状复杂（如空间自由曲线、曲面）、工序很长、计算烦琐的零件需采用计算机辅助数控编程。程序编写好之后，可直接将程序导入数控系统，对有图形显示功能的数控机床可进行图形模拟加工，检查刀具轨迹是否正确，对无此功能的数控机床可进行空运转检验，但这种检验方法只能检验刀具运动轨迹的正确性，不能检验对刀误差和某些计算误差引起的加工误差。

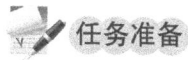 任务准备

1. 零件图

螺纹轴零件图，如图 1-24 所示。

2. 工艺文件

1）数控加工刀具卡片。

2）数控加工工艺卡片。

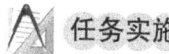 任务实施

1. 零件加工工艺过程

（1）零件图工艺分析 该零件表面由退刀槽和三角形螺纹组成的，尺寸精度和表面粗糙度要求不高。已知毛坯材料为 45 钢，毛坯尺寸为 $\phi35mm \times 103mm$ 的圆棒料。

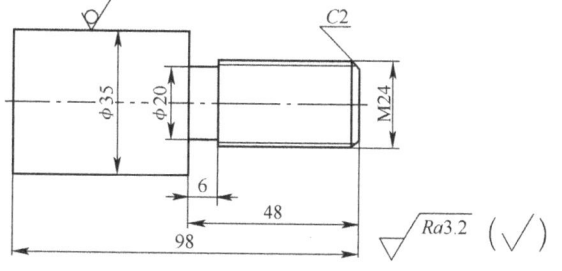

图 1-24 螺纹轴

螺纹加工可用 G32 或 G92 或 G76 指令进行编程。

（2）选择设备 根据被加工零件的外形和材料等条件，选用 GSK980T 数控车床。

（3）确定零件的定位基准和装夹方式 选择自定心卡盘进行装夹，如果 $\phi35mm$ 外圆已

精加工,避免夹伤,也可选择软卡爪。

(4) 确定加工顺序及进给路线

1) 粗、精车外圆及倒角。

2) 车退刀槽。

3) 车螺纹。

(5) 选择刀具 因表面粗糙度要求不高,可选择一把 P10(YT15)硬质合金可转位外圆右车刀、一把 P10 硬质合金可转位切槽刀、一把 P10 硬质合金可转位螺纹车刀。

(6) 选择切削用量

1) 背吃刀量的选择。轮廓粗车循环时选 $a_p=2mm$,精车 $a_p=0.5mm$,螺纹每次背吃刀量根据螺距大小确定。

2) 主轴转速的选择。外圆粗车时 $n=800r/min$,精车 $n=1250r/min$;车槽 $n=600r/min$;螺纹 $n=500r/min$。

3) 进给速度的选择。根据相关手册选择粗车、精车每转进给量,再根据加工的实际情况确定粗车每转进给量为 0.2mm/r,精车每转进给量 0.15mm/r,最后根据公式 $v_f=nf$ 计算粗车、精车进给速度分别为 200mm/min 和 180mm/min。

2. 填写工艺文件卡片

数控加工刀具卡片见表 1-6。数控加工工艺卡片见表 1-7。

表 1-6 数控加工刀具卡片

产品名称或代号			零件名称	螺纹轴	零件图号	
序号	刀具号	刀具规格及名称	材质	数量	加工表面	备注
1	T01	外圆车刀(90°)	硬质合金(P10)	1	粗、精车 φ24mm 外圆及倒角	可转位车刀或焊接式车刀
2	T02	切槽刀	硬质合金(P10)	1	车槽	
3	T03	螺纹车刀(60°)	硬质合金(P10)	1	粗、精车螺纹	
编制:			审核:			

表 1-7 数控加工工艺卡片

零件名称	螺纹轴	零件图号		工件材质	45 钢	
程序编号	O0001	数控系统		GSK980T	车间	
工步号	工步内容	刀具号	主轴转速 /(r/min)	进给量 /(mm/r)	背吃刀量 /mm	备注
1	粗车 φ24mm 外圆	T01	800	0.2	2	
2	精车 φ24mm 外圆	T01	1250	0.15	0.5	
3	车槽	T02	600	0.1		
4	车螺纹	T03	500			
编制			审核		批准	

 检查评议

数控加工工艺评分标准见表 1-8。

表1-8 数控加工工艺评分标准

项目与序号		检查内容	配分	得分	
项目	序号			点评	得分
知识掌握（40分）	1	基本知识（习题）	40		
工艺文件（40分）	2	工艺文件填写	15		
	3	教师提出问题	15		
	4	小组互动	10		
团队协作（20分）	5	解决问题、团结互助	20		

 扩展知识

崇德尚能，培养良好的职业道德

大千世界，三百六十行，各行各业的人都有各自的职责，都有自己恪守的职业道德。如：医生的职责是治病救人、救死扶伤；人民警察的职责是维护社会治安和人民群众的生命和财产安全，如果医生看到病重的人不施救，警察看到犯罪分子作案视而不见，那么他们就没有履行自己的职责，没有遵守行业职业道德。同学们作为将来的一名高级技术工人，首先应该做到的是要树立产品质量第一的思想观念和一丝不苟的工作作风。然而某些行业中总会出现一些不和谐的音符，违背职业道德的事件时有发生。下面就举一个发生在十几年前的一个真实案例，1999年5月的一天，河南省某县的五名村民共同乘坐一辆农用机动三轮车去工地，一路上大家有说有笑，当走到一个狭窄的路口转弯处时，突然从旁边路口急速驶来一辆小轿车，三轮车司机发现后急打方向躲避……就在这时可怕的一幕发生了，三轮车方向盘失灵，连车带人一起翻入路旁的水沟里，当场造成了二死三伤的重大事故。最后事故原因查清：三轮车把心轴断裂所至，断裂处有明显的焊接痕迹，分明此处是经拼装后又焊接在一起的。本来应该是好端端的一根轴，怎么会出现这种现象呢？原来，问题出在了轴的加工环节，一名工人因加工中出现了废品，怕厂里扣工资，于是就私自从中间切开，偷偷又焊上了一段，然后重新进行加工，这样本来应该是一根轴，就变成了两段轴的焊接组合，从而使零件的强度大大降低造成了悲剧的发生……这不由得让我们联想到了社会上出现的"毒奶粉"、"地沟油"、"染色馒头"、"电脑黑客"等事件，不良社会现象一次次冲击着人们的道德底线，给社会和人民的生命财产安全构成了极大的危害。这些人做事违背了自己的职业道德，理应受到法律的制裁和道德的谴责。"有德无才要误事，有才无德会坏事"。我们不能说他们当中的某些人无知、缺少文化知识，他们缺少的是一名劳动者应有的职业道德。学校应加强对学生的思想教育和道德品质教育，这也符合德育教育"三进"的要求（即德育教育进课堂、进教材、进头脑）。因此，同学们在学习知识、掌握技能的同时，更要注重自身的职业道德修养，自觉地养成敬业、认真、诚实的职业习惯，立志做一名有道德、有理想、有诚信、爱学习的社会主义合格建设者和可靠接班人。

问题与思考

崇德尚能、培养良好的职业道德、学好过硬技术本领，同学们应该怎样做？

考证要点

1. 判断题

（1）切削用量包括切削速度、背吃刀量、进给量。　　　　　　　　　　　　（　）

（2）在工序卡上，用来确定本工序零件加工后的尺寸、形状、位置的基准称为定位基准。　　　　　　　　　　　　　　　　　　　　　　　　　　　　　　　　（　）

（3）数控车床的加工方案包括制订工序、工步及其先后顺序和进给路线等内容。
　　　　　　　　　　　　　　　　　　　　　　　　　　　　　　　　　　　　（　）

（4）精基准用未加工表面作为定位基准面。　　　　　　　　　　　　　　　（　）

（5）粗基准可重复使用。　　　　　　　　　　　　　　　　　　　　　　　（　）

2. 选择题

（1）切削用量中对切削温度影响最大的是（　　）。
　　A. 背吃刀量　　　　B. 进给量　　　　C. 切削速度　　　　D. 一样大

（2）定位基准有粗基准和精基准两种，选择定位基准应力求基准重合原则，即（　）统一。
　　A. 设计基准、粗基准和精基准　　　　B. 设计基准、粗基准、工艺基准
　　C. 设计基准、工艺基准和编程原点　　D. 设计基准、精基准和编程原点

3. 简答题

（1）什么是工艺文件？它包括哪些内容？

（2）工艺处理包括哪几步？

（3）简述粗、精基准的选择原则。

（4）对数控车床刀具体有哪些要求？

（5）解释：基点，节点。

4. 根据图 1-25 完成以下任务。

（1）分析图样。

（2）完成该零件数控加工刀具卡片的选择和数控加工工艺卡片的填写。

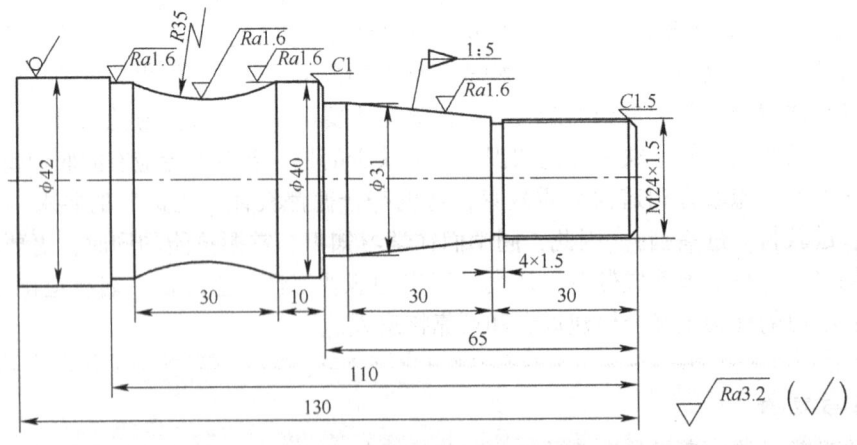

图 1-25　零件图

单元1　轴类零件的编程与加工

任务3　操作数控车床

 **任务描述**

掌握数控加工程序的结构、组成，指令字的含义；理解 GSK980T 数控系统面板上各按键的功能和作用，并能熟练掌握其操作方法。

 **任务分析**

该任务是学习数控车床编程与加工的基础，包括坐标系统、程序的结构与组成、程序指令字的意义、数控操作系统面板上按键的作用、数控车床的操作方法及相关的安全文明操作规程等内容。学习过程中如采用数控仿真软件与数控机床操作相结合的方法，效果会更好。

 **相关知识**

1. 数控车床坐标系统

要在数控车床上自动完成零件加工，必须先编制零件的加工程序。为方便数控车床加工程序的编制及使程序具有通用性，数控车床的坐标轴和运动方向在国际上大多为 ISO 标准体系。我国也相应制定了符合标准的数控车床坐标轴和运动方向的标准。并且已在数控加工中广泛应用。

（1）坐标轴和运动方向命名的原则　标准的坐标系是一个右手直角笛卡尔坐标系。如图 1-26 所示，规定空间直角坐标系 X、Y、Z 三者的关系及其方向由右手定则判定：大拇指指向为 X 轴的正方向；食指指向为 Y 轴的正方向；中指指向为 Z 轴的正方向。X、Y、Z 各轴的回转运动及其正方向 $+A$、$+B$、$+C$ 分别用右手螺旋法则判定：以大拇指指向 $+X$、$+Y$、$+Z$ 方向，食指、中指的指向就是圆周进给运动的 $+A$、$+B$、$+C$ 方向。

1）运动方向的确定

① 实际编程时，假定刀具相对于静止的工件运动。当工件运动时，在坐标轴符号上加"'"表示。按相对运动的关系，工件运动的正方向恰好与刀具运动的正方向相反。

② 运动方向的规定：将增大刀具与工件距离的方向确定为各坐标轴的正方向。

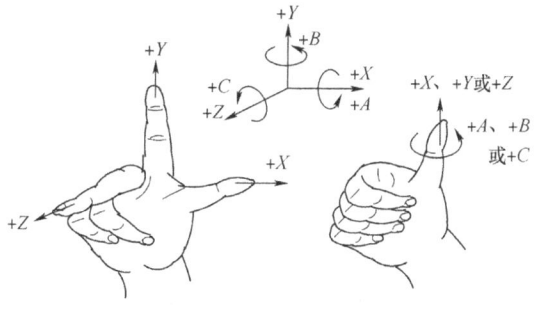

图 1-26　右手直角笛卡尔坐标系

③ 机床旋转坐标运动的正方向是按照右旋螺纹进入工件的方向。即车床主轴顺时针旋转的方向为"$+C'$"。

2）坐标轴的规定。先确定 Z 坐标轴。按规定确定 X 坐标轴。最后用右手直角笛卡尔定则确定 Y 坐标轴。

① Z 坐标轴：Z 轴与主轴轴线重合，设 Z 轴远离工件（即增大刀具与工件之间的距离）的方向为 Z 轴的正方向，如图 1-27 所示。

② X 坐标轴：X 轴垂直于 Z 轴，对应于刀架的径向移动，设 X 轴远离工件的轴线（即增大刀具与工件之间的距离）的方向为 X 轴的正方向。

③ Y 坐标轴（车床上通常为虚设轴）：Y 坐标轴根据 Z 和 X 坐标轴，按照右手直角笛卡尔坐标系确定。

（2）机床坐标系

1）机床坐标系的原点。机械坐标系的原点是生产厂家在制造机床时的固定坐标系原点，也称机械零点。它在机床装配、调试时已经确定下来，是机床加工的基准点。以机床原点为坐标系原点的坐标系，是机床固有的坐标系，它具有唯一性。机床坐标系是数控机床中所建立的工件坐标系的参考坐标系，一般不作为编程坐标系，仅作为工件坐标系的参考坐标系。数控车床的机床坐标系原点的位置大多规定在其主轴轴线与装夹卡盘之法兰盘端面的交点上，如图 1-28 所示。

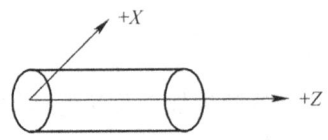

图 1-27　数控车床坐标轴

数控车床是以其主轴轴线方向为 Z 轴方向，刀具远离工件的方向为 Z 轴正方向。X 坐标的方向是在工件的径向上，且平行于横向拖板，刀具离开工件旋转中心的方向为 X 轴正方向。卧式数控车床坐标系，如图 1-29 所示。

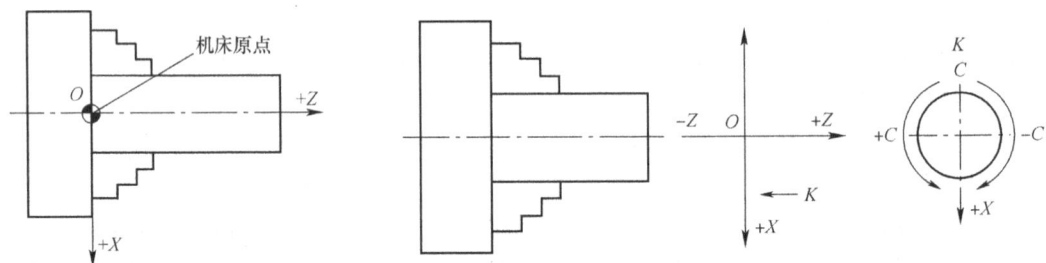

图 1-28　机床原点　　　　　　　图 1-29　数控车床坐标系

2）机床参考点。机床参考点为机床上一固定点，其位置由 X 向与 Z 向的机械挡块及电机零点位置来确定，机械挡块一般设在 Z 轴和 X 轴正向最大位置。机床系统启动后要进行返回参考点操作：装在纵向和横向拖板上的行程开关，碰到挡块后，向数控系统发出信号，由系统控制拖板停止运动。机床通电后，必需手动返回参考点建立机床坐标系，机床坐标系一经建立，就一直保持不变直至断电。数控车床参考点一般是离机床原点最远的极限点，如图 1-30 所示。

（3）编程坐标系

1）编程坐标系。编程坐标系（也称工件坐标系）是编程人员根据零件图样及加工工艺等建立的坐标系。编程坐标系一般供编程使用，确定编程坐标系时不必考虑工件毛坯在机床上的实际装夹位置。以编程原点为坐标原点，建立一个 Z 轴与 X 轴的直角坐标系，则此坐

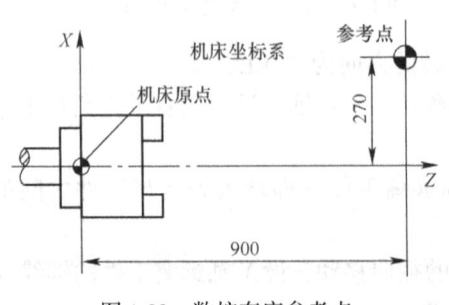

图 1-30　数控车床参考点

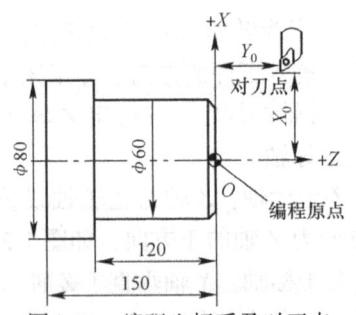

图 1-31　编程坐标系及对刀点

标系就称为工件坐标系,如图 1-31 所示。

2)编程原点。编程原点是根据加工零件图样及加工工艺要求选定的编程坐标系的原点。编程原点应尽量选择在零件的设计基准或工艺基准上,编程坐标系中各轴的方向应该与所使用的数控机床相应的坐标轴方向一致,数控车床上工件的编程原点一般选择在工件轴线与工件右端面或左端面的交点上。图 1-31 所示为零件的编程原点设在工件右端面与轴线的交点处(工件原点偏置:工件随夹具在机床上安装后,工件原点与机床原点间的距离)。

3)对刀点。数控加工中刀具相对工件运动的起点,程序也从该点开始执行,也称为起刀点或程序起点。

2. 程序的结构及功能代码

(1)零件程序的结构 一个零件程序是一组被传送到数控装置中去的指令和数据,这个零件程序是由遵循一定结构、句法和格式规则的若干个程序段组成的,是数控加工的核心内容,是一系列加工指令的有序集合。一个完整的加工程序应包括程序号、程序内容和结束符号三个部分。其结构如下:

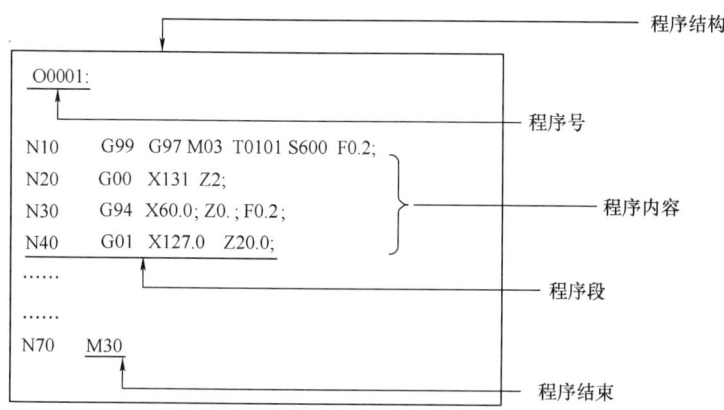

1)程序号。程序号用作加工程序的开始标志。每个工件加工程序都有自己专用的程序号。不同的数控系统,程序号地址码也不相同,常用的有 %、P、O 等符号,编程时要按照系统说明书的规定去指定,如写成 %8、P10、O0001 等形式,否则系统不识别。

2)程序内容。程序内容由加工顺序、刀具的各种运动轨迹和各种辅助动作的若干个程序段组成。

程序段中各坐标数值输入时应有小数点(不同数控系统有所不同),每段程序最后应加";"以示此段程序结束。一个程序段定义一个将由数控装置执行的指令行。每个程序段是由若干个指令字组成的,程序段的格式定义了每个程序段中功能字的句法,其结构见表 1-9。

表 1-9 程序段中功能字的结构

N	G	X(U)	Z(W)	F	S	T	M
顺序号	准备功能	坐标字		进给功能	主轴功能	刀具功能	辅助功能

3)程序结束。结束命令表示加工程序结束,例如 GSK980T、FANUC 系统中都用 M02 表示;若需光标返回至程序开头,则需使用 M30 指令。

4)程序指令字的格式。一个指令字是由地址符(指令字符)和带符号(如定义尺寸的数字)或不带符号的数据组成的(如准备功能字 G 代码)。程序中不同的指令字符及其后的数据确立了每个指令字符的含义,在数控程序段中包含的常用地址,见表 1-10。

表1-10 指令字符一览表

功能	指令字符	意义
程序号	O	程序编号（0~9999）
程序段顺序号	N	程序段顺序号（可省略）
准备功能	G	指令动作方式（如直线、圆弧等）
尺寸字	X、Z、U、W	坐标轴的移动指令
	R	圆弧半径、固定循环的参数
	I、K	圆弧中心坐标
进给速度	F	进给速度指定
主轴功能	S	主轴转速指定
刀具功能	T	刀具编号选择
辅助功能	M	机床开、关及相关控制
暂停	P、U、X	暂停时间指定
子程序号指定	P	子程序号指定
重复次数	L	多线螺纹可指定螺纹线数
参数	P、Q、R	指定程序重复部分的顺序号

（2）功能代码

1）准备功能。准备功能又称"G功能"或"G代码"，是由地址字G和后面的两位数来表示的，它用来规定刀具和工件的相对运动轨迹、机床坐标系、坐标平面、刀具补偿、坐标偏置等多种加工操作，其功能见表1-11。

表1-11 准备功能

G代码	组	功能	G代码	组	功能
G00	01	定位（快速移动）	G70	00	精车循环
*G01		直线切削	G71		外圆粗车复合循环
G02		圆弧插补（CW，顺时针）	G72		端面粗车复合循环
G03		圆弧插补（CCW，逆时针）	G73		固定形状粗加工复合循环
G04	00	暂停	G74		钻孔或深孔加工切削循环
G20	06	英制输入	G75		车槽复合循环
*G21		公制输入	G76		车螺纹复合循环
G28	00	参考点返回	G90	01	单一形状内、外径切削循环
G32	01	切螺纹	G92		螺纹切削循环
*G40	07	取消刀尖半径补偿	G94		端面切削循环
G41		刀尖圆弧半径左补偿	G96	02	恒线速度控制
G42		刀尖圆弧半径右补偿	G97		恒转速度控制
G50	00	坐标系设定，限制主轴最高转速	*G98	03	每分钟进给量
G65		宏程序指令	G99		每转进给量

注：1. "*"号为缺省G代码，即在机床系统上电时被初始化为该功能。

2. 在同一程序段中可以指定不同组的几个G代码且与顺序无关；若在同一程序段中指定同组的G代码，后面的有效。不同系统的G代码并不一致，即使同型号的系统，也未必相同，编程时要以系统说明书所规定的代码编程。

3. 00组的G代码是一次性G代码。

4. 模态（续效）指令是指数控程序中相应字段的值一经设置，以后一直有效，直至某程序段又对该字段重新设置。模态指令的另一意义是设置之后，以后的程序段中若使用相同的功能，可以不必再输入该字段，否则是非模态（非续效）指令。

2）辅助功能。辅助功能也称 M 功能，它用于控制零件程序的走向，并用来指定机床辅助动作及状态。它是由字母 M 及其后面的数字组成，其特点是靠继电器的通断来实现其控制过程。辅助功能代码及其功能见表 1-12。

表 1-12 辅助功能代码及其功能

M 代码	功能说明	M 代码	功能说明
M00	程序暂停	M10	尾座进
M03	主轴正转（CW）	M11	尾座退
M04	主轴反转（CCW）	M30	程序结束并返回起点
M05	主轴停	M98	子程序调用
M08	切削液开	M99	子程序结束
M09	切削液关		

① CNC 内定的辅助功能。M00、M02、M03、M98、M99 用于控制零件程序的走向，是 CNC 内定的辅助功能。

a. M00（程序暂停）。当 CNC 执行 M00 指令时，将暂停执行当前程序，并且将保持现有的模态信息不变，机床进给停止，以方便操作者进行测量、调速、工件调头等操作。

b. M30（程序结束并返回程序头）。M30 和 M02 的功能基本相同，只是 M30 在程序结束后还具有控制光标返回到零件程序头的作用。

c. M98、M99（子程序调用）。

② PLC 设定的辅助功能

a. 主轴控制指令：M03 启动主轴以程序中编制的主轴速度顺时针方向旋转；M04 启动主轴以程序中编制的主轴速度逆时针方向旋转；M05 使主轴停止旋转。

b. 冷却控制指令：M08 打开切削液；M09 关闭切削液。

3）主轴功能（S 功能）。主轴功能控制主轴转速，其后的数值表示主轴转速数值，单位为 r/min，在使用恒线速度功能时（G96），S 指令为切削线速度，单位为 m/min。

4）刀具功能（T 功能）。刀具功能也称 T 功能，它是由地址符 T 和后续数字组成。例如：T0101 表示选择 01 号刀并调用 01 号刀具补偿值。当一个程序段中同时指定 T 代码与刀具移动指令时，则先执行 T 代码指令选择刀具，而后执行刀具移动指令。

5）进给功能（F 功能）。进给功能也称 F 功能，F 指令表示坐标轴的进给速度，它的单位取决于 G98 或 G99 指令。G98 表示每分钟进给量，单位为 mm/min。G99 表示每转进给量，单位为 mm/r。F 指令为模态指令。

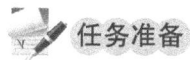

任务准备

数控模拟仿真软件、数控车床。

任务实施

1. 数控车床的操作面板（GSK980T 系统）

（1）数控系统操作面板 数控系统操作面板也称 CRT/MDI 操作面板（图 1-32），由 CRT 显示器与键盘两部分组成。

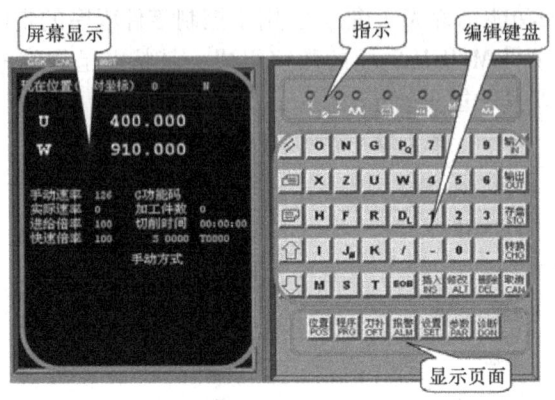

图1-32 数控系统操作面板

1）显示页面按钮。显示页面按钮是用于选择各种显示画面的。GSK980T 数控系统各按钮的用途，见表 1-13。

表 1-13 显示页面按钮的用途

图标	按钮名称	用途
位置 POS	位置按钮	按下此键，LCD 显示现在位置，共有四页：【相对】、【绝对】、【综合】、【位置/程序】，通过翻页键转换
程序 PRG	程序按钮	程序的显示、编辑等，共有三页：【MDI/模】、【程序】、【目录/存储量】
刀补 OFT	刀补按钮	显示、设定补偿量和宏变量，共两项：【偏置】、【宏变量】
报警 ALM	报警按钮	显示报警信息
设置 SET	设置按钮	设置显示及加工轨迹图形显示，反复按此键时在两种显示页面间切换
参数 PAR	参数按钮	显示、设定参数
诊断 DGN	诊断按钮	显示诊断信息

2）编辑键盘按钮的名称及用途见表 1-14。

表 1-14 机床编辑键盘各主要键的名称及用途

图标	按钮名称	用途
/	复位按钮	解除报警，CNC 复位
输出 OUT	输出按钮	从 RS232 接口输出文件启动
P Q	地址/数字按钮	输入字母、数字等字符

（续）

图标	按钮名称	用途
输入 IN	输入按钮	用于输入参数，补偿量等数据。从 RS232 接口输入文件的启动。MDI 方式下程序段指令的输入
取消 CAN	取消按钮	消除输入到键缓冲寄存器中的字符或符号。键缓冲寄存器的内容由 LCD 显示
⇧⇩	光标移动按钮	有四种光标移动。⇩：使光标向下移动一个区分单位。⇧：使光标向上移动一个区分单位。持续地按光标上下键时，可使光标连续移动。W、L：用于设定参数开关的开与关及位参数、位诊断详细显示的位选择
翻页	翻页按钮	有两种换页方式。：使 LCD 画面的页顺方向更换（下页），：使 LCD 画面的页逆方向更换（上页）
插入 INS	插入按钮	用于程序插入的编辑操作
修改 ALT	修改按钮	用于程序修改的编辑操作
删除 DEL	删除按钮	用于程序的删除的编辑操纵
转换 CHG	CHG 按钮	位参数内容提示方式切换：逐位提示或字节提示
EOB	程序段结束键	按该按钮，程序段结束符号";"被输入

（2）数控车床操作面板

1）数控车床操作面板。各按钮布局如图 1-33 所示。

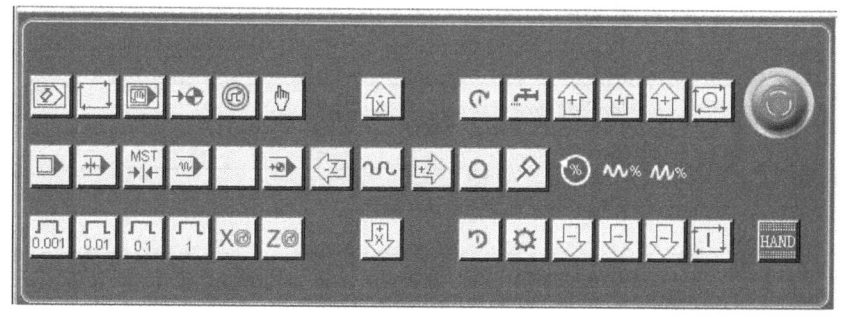

图 1-33　数控车床操作面板

2）机床操作面板各按钮的名称及用途见表 1-15。

表 1-15　机床操作面板各主要键的名称及用途

图标	按钮名称	用途
	循环启动按钮	自动运行的启动
	进给保持按钮	自动运行中刀具减速停止
	编辑方式按钮	选择编辑操作方式
	自动加工方式按钮	选择自动操作方式
	录入方式按钮	选择录入操作方式
	回参考点按钮	选择机械回参考点操作方式
	单步方式按钮	选择手轮/单步操作方式
	手动方式按钮	选择手动操作方式
	快速进给开关	手动快速进给
	返回程序起点按钮	返回程序起点开关为 ON 时，为回程序零点方式
	快速进给倍率	选择快速进给倍率
	主轴倍率	主轴倍率选择
	单步/手轮移动量按钮	选择单步一次的移动量（单步方式）
	机床锁住	机床锁住
	进给速度倍率	在自动运行中，对进给速率进行倍率调整
	手动连续进给速度	选择手动连续进给的速度

单元 1　轴类零件的编程与加工

（续）

图标	按钮名称	用途
X⊙ Z⊙	手摇轴选择按钮	选择与手摇脉冲发生器相对应的移动轴
	切削液启动按钮	切削液启动
	润滑液启动按钮	润滑液启动
	手动换刀按钮	手动换刀
	主轴正传、停、反转按钮	选择主轴正传、停、反转起动
	选择移动轴	回参考点、程序起点时，坐标轴的移动
	单程序段按钮	当单程序段开关置于 ON 时，执行一个程序段后停止。再按循环启动键，执行完下个程序段后停止
	空运行按钮	当空运行为 ON 时，不管程序中如何制定进给速度，机床均以 G00 的速度运动

2. 数控车床项目选择及操作（以 GSK980T 系统数控仿真软件为例）

（1）选择机床类型　打开菜单"机床/选择机床…"（图 1-34），或者点击工具条上的小图标，在"选择机床"对话框中，控制系统类型默认为"GSK980T"，默认机床类型为车床，厂家及型号在下拉框中选择，选择完成之后，按确定按钮。

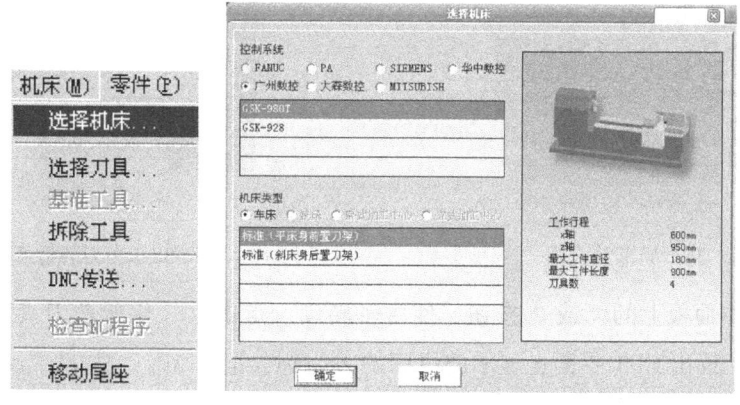

图 1-34　选择机床类型

（2）接通机床电源　点击工具条上的小图标，或者点击菜单"视图/控制面板切换"，此时将显示整个机床操作面板，然后检查【急停按钮】按钮是否松开至 状态，若未松开，点击【急停按钮】按钮，将其松开。

（3）机床回零　点击 回参考点按钮，选择 按钮，再选 使 X 轴方向回零，接着按下![]按键，使Z轴方向回零。此时机床完成加工前的准备。

（4）设置工件坐标系原点（对刀）　数控程序一般按工件坐标系编程，对刀过程就是建立工件坐标系与机床坐标系之间对应关系的过程。常见的是将工件右端面中心点（车床）设为工件坐标系原点。

下面具体说明车床对刀的方法。

1）点击菜单"视图/俯视图"或点击主菜单工具条上的![]按钮，使机床呈如图1-35所示的俯视图。点击菜单"视图/局部放大"或点击主菜单工具条上的![]按钮，此时鼠标呈放大镜状，在机床视图处点击拖动鼠标，将需要局部放大的部分置于框中，如图1-36所示。松开鼠标，此时机床视图如图1-37所示。

2）点击按钮![]，进入刀具补偿窗口，使用翻页按钮![]、![]，光标按钮![]，![]将光标移到序号101处。（注：GSK980TD系统不用翻页）

3）点击操作面板中【手动方式】按钮![]，使屏幕显示"手动方式"状态下，将机床向X轴负方向移动，点击![]，使机床向Z轴负方向移动。适当点击上述两个按钮，将机床移动到如图1-38所示的大致位置。

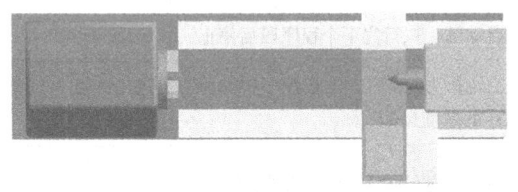

图1-35　机床俯视图

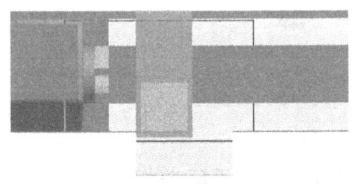

图1-36　局部放大框

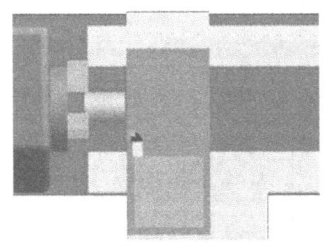

图1-37　局部放大图

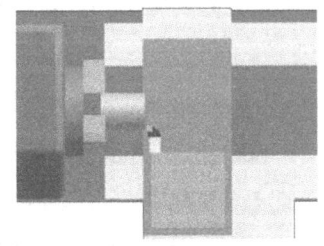

图1-38　车刀靠近工件

4）点击操作面板上的![]或![]按钮，使主轴转动。点击![]，用所选刀具试切工件外圆，如图1-39所示。读出CRT界面上显示的机床的X坐标，记为X_1。

5）点击![]按钮，使主轴停止转动，点击菜单"零件/测量"，点击试切外圆时所切线段，选中的线段由红色变为黄色（图1-40），此时在下方将有一行数据变成蓝色。该行数据表示所切外圆的尺寸值。记下对应的X的值，记为X_p；在刀具补偿窗口中输入"X_p"，点击按钮![]，系统将机床位置的坐标减去X_p后得到值填入到101和001的X中。

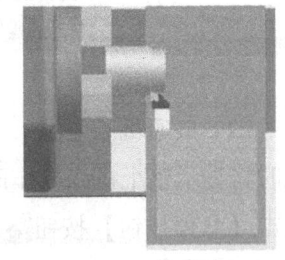

图1-39　试切外圆

6）点击操作面板上的 或 按钮，使主轴转动，点击操作面板上的，将刀具退至如图 1-41 所示位置，点击移动按钮，试切工件端面，如图 1-42 所示。在刀具补偿窗口中输入"Z_0"，点击按钮，系统将机床位置的坐标减去 Z_0 后得到值填入到 101 和 001 的 Z 中。

7）使用如下的方法可以对刀具参数进行修正：

点击按钮，进入刀具补偿窗口，将光标移到序号 001 处。输入"$U_{\Delta x}$"，点击按钮，此时 X 的值将改为 $X + \Delta x$；输入"$W_{\Delta z}$"，点击按钮，此时 Z 的值将改为 $Z + \Delta z$。

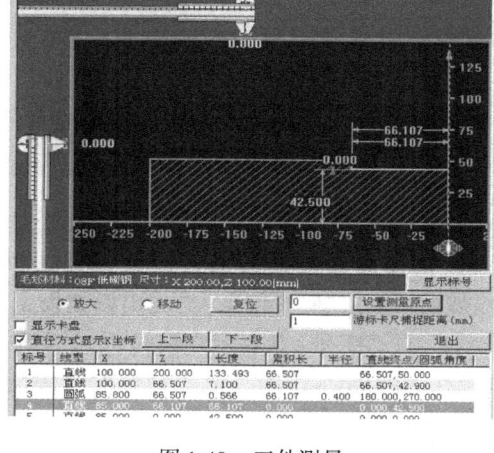

图 1-40 工件测量

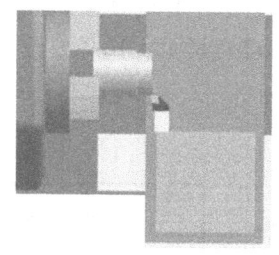

图 1-41 试切端面

图 1-42 试切端面

注意事项

- 在数控机床上 X 轴对刀时，试切完外圆后退刀时应只退 Z 轴，X 轴保持不变；Z 轴对刀时，试切完端面后退刀时应只退 X 轴，Z 轴保持不变。

（5）参数设置

1）补偿量设置。刀具补偿量的设定方法可分为绝对值输入和增量值输入两种。

绝对值输入：单击按钮，进入刀具补偿窗口如图 1-43 所示，因为显示分为多页，可按翻页键向上或向下，选择需要的参数页。将光标移到要输入的补偿号的位置。按地址 X 或 Z 后，用数据键，输入补偿量，按键后，补偿量就被输入系统，并在屏幕上显示出来。

增量值输入：将光标移到要变更的补偿号的位置。如要改变 X 轴的值，则键入"U"，Z 轴键入"W"，再键入数据值，按键，系统会把补偿量与键入的增量值相加，其结果将作为新的补偿量显示出来。例：已设定的补偿量为

偏置		0	N	
序号	X	Z	R	T
000	0.000	0.000	0.000	0
001	0.000	0.000	0.000	0
002	0.000	0.000	0.000	0
003	0.000	0.000	0.000	0
004	0.000	0.000	0.000	0
005	0.000	0.000	0.000	0
006	0.000	0.000	0.000	0
007	0.000	0.000	0.000	0
现在位置（相对坐标）				
U 390.000		W 300.000		

图 1-43 刀具补偿

5.678mm，键盘输入的增量为1.5mm，新设定的补偿量为7.178mm。

注意事项
- 系统要求小数点输入时，输入的整数后如无小数点，其值是实际数值的0.001倍。
- 机床参数在机床出厂时已设置好，不要随意改动，以免出现问题。

2）机床参数设定。点击【录入方式】按钮，进入录入方式下，点击按钮，进入设置参数窗口，按翻页键，显示出参数设定界面。

① 自动序号：0表示在编辑方式下用键盘输入程序时，程序段顺序号不自动插入；1表示在编辑方式下用键盘输入程序时，程序段顺序号自动插入。输入数值按键即可，如图1-44所示。

② 参数开关及程序开关状态设置：通过翻页键，进入参数开关及程序开关画面，按"W，D/L"键可使参数及程序开关处于关、开的状态，如图1-45所示。

③ 宏变量的设定：公用变量（#200－#231）的值可以显示在LCD上。点击键进入刀具补偿窗口如图1-46所示，然后通过翻页按钮，显示宏变量页，选择要设定的变量号所在的页，把光标移到要设定的变量号的位置，按地址键（X、Z或U、W）后，用数据输入键，输入数值，按键，输入变量值。

```
设置         O222   N222
奇偶校验  =0
ISO代码   =1   (0: EIA  1: ISO)
英制编程  =0   (0: 公制  1: 英制)
自动序号  =0


序号 TVON=
```

图1-44 设置参数

```
设置         O222   N222


参数开关：  关√    开
程序开关：  关√    开
```

图1-45 参数与程序开关

偏置		0	
序号	数据	序号	数据
200	0.000	208	0.000
201	0.000	209	0.000
202	0.000	210	0.000
203	0.000	211	0.000
204	0.000	212	0.000
205	0.000	213	0.000
206	0.000	214	0.000
207	0.000	215	0.000

图1-46 宏变量

3. 机床操作

（1）手动方式

1）手动返回程序起点。

按下【程序回零】按钮，此时屏幕右下角显示"程序回零"。选择相应的移动轴，点击操作面板上的按钮以及，机床沿着程序起点方向移动。回到程序起点后，坐标轴停止移动。

2）手动连续进给。

按下【手动方式】键，进入手动操作方式，这时屏幕下方显示"手动方式"。按下手动轴向运动开关，点击操作面板上的按钮，机床向X轴正向移动，点击，机床向X轴负方向移动，同理，点击，机床在Z轴方向移动，可以根据加工零件的需要，点击适当的按钮，移动机床。按下【快速进给】键时，进行"开→关→开…"切换，当为"开"时，位于面板上部指示灯亮，关时指示灯灭。选择开时，手动快速进给。

点击操作面板上的和，使主轴转动，点击按钮，使主轴停止转动。

（2）单步进给

1）按下【单步方式】键 ⓞ，选择单步操作方式，这时屏幕右下角显示"单步方式"。

2）选择适当的步进量：[0.001][0.01][0.1][1]，此时相应的屏幕下方显示"手轮增量0.01"，0.01表示步进增量为0.01mm，步进增量可在0.001mm至1mm之间切换。

3）选择好步距后，点击操作面板上的 ▽、△ 按钮，机床分别向 X 轴正向和负向移动一个步距；点击 ◁、▷，机床在 Z 轴分别向正向和负向移动一个步距。

（3）手轮进给

1）按下【单步方式】键 ⓞ，选择单步操作方式，这时屏幕右下角显示"单步方式"。

2）选择步距：[0.001][0.01][0.1][1]，此时相应的屏幕左下角显示"手轮增量0.01"。

3）点击【手轮】按钮 HAND，操作面板将显示手轮 ⊙，进入手轮方式下，然后选择轴向按钮，X 方向 X⊙ 或 Z 方向 Z⊙，在手轮上按住鼠标左键，机床向所选方向轴的负方向运动，按住鼠标右键，机床向正方向运动。

（4）手动辅助机能操作

1）手动换刀。✻ 手动/手轮/单步方式下，按下此键，刀架旋转换下一把刀。

2）切削液开关。⊨ 手动/手轮/单步方式下，按下此键，进行"开→关→开…"切换。

3）润滑开关。♢ 手动/手轮/单步方式下，按下此键，进行"开→关→开…"切换。

4）主轴正转。ᴄ 手动/手轮/单步方式下，按下此键，主轴正向转动。

5）主轴反转。ᴅ 手动/手轮/单步方式下，按下此键，主轴反向转动。

6）主轴停止。ᴏ 手动/手轮/单步方式下，按下此键，主轴停止转动。

7）主轴倍率增加、减少。% 增加：按一次增加键，主轴倍率从当前倍率以下面的顺序增加一挡：50%→60%→70%→80%→90%→100%→110%→120%。减少：按一次减少键，主轴以同样的倍率递减一挡。

8）快速进行倍率增加、减少。 增加：按一次增加键，快速进给倍率从当前倍率以下面的顺序增加一挡：0%→25%→50%→75%→100%。减少：按一次减少键，快速倍率从当前倍率递减一挡。

9）进给速度倍率增加、减少。 增加：按一次增加键，进给倍率从当前倍率以下面的顺序增加一挡：0%→10%→20%→30%→40%→50%……→150%。减少：按一次减少键，进给倍率从当前倍率递减一挡。

注：自动运行进给速度倍率开关与手动连续进给速度开关通用。

（5）自动方式

1) 自动/单段方式的启动。点击面板上的【自动运行】方式按钮▢，进入自动加工方式，点击【循环启动】按钮▢，程序开始执行。当点击操作面板上的【单程序段】按钮后▢，指示灯亮，系统以单程序段方式执行。

2) 自动运行停止。数控程序在运行时，按【进给保持】键▢，程序停止执行，再次点击【循环起动】键▢，程序从暂停位置开始执行，数控程序在运行时，按下【紧急停止】按钮▢，数控程序中断运行。

3) 检查程序运行轨迹。点击操作面板上的自动运行按钮▢，转入自动加工模式，点击键盘上的【程序 PRG】按钮，调出需要的程序，然后点击【设置 SET】按钮，进入检查运行轨迹模式，点击【循环启动】按钮▢（图1-47），即可观察数控程序的运行轨迹。

图1-47 模拟运行轨迹

注意事项

● 在机床上模拟加工时，应按下"机床锁定"和"辅助功能锁定"键，以免出现人身或机床事故，模拟完成后再解除锁定状态，并进行"回零"操作。

(6) 录入方式（MDI方式）

1) 点击【录入方式】按钮▢。

2) 点击▢键，进入程序编辑窗口，按【翻页】键▢，选择在左上方显示"程序段值"的画面。如图1-48所示。

3) 键入"G00"按▢键。G00输入后被显示出来。按▢键以前，如发现输入错误，可按▢键取消，然后再次输入正确的数值。以此方式，键入"X50.0"，按▢，"X50.0"被输入并显示出来。键入"Z80.0"，按▢，"Z80.0"被输入并显示出来。最后输入刀号及刀补，如"T0101"。

4) 点击【循环起动】按钮▢，则开始执行所输入的程序。

(7) 空运行方式 当按下空运转按钮▢时，指示灯亮，表示程序处于空运行状态，此时无论程序中如何指定，系统将以G00的速度运行。

(8) 数控程序处理

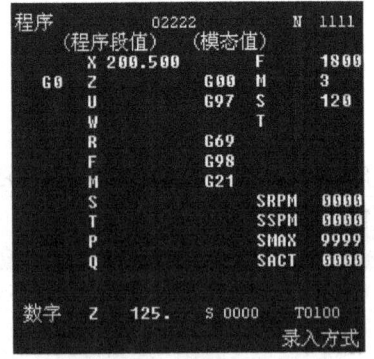

图1-48 MDI窗口

1）新建数控程序。按下【编辑方式】键⟨⟩，进入编辑操作方式，这时屏幕右下角显示"编辑方式"。点击按钮进入程序编辑窗口，输入地址O，然后输入程序号（如1111），按EOB键，则自动产生了一个OXXXX的程序，如图1-49所示。

2）程序字的插入、修改和删除。新建程序之后，则可以通过MDI键盘输入加工程序。此时可以利用分别进行插入、修改及删除操作。

3）程序号检索。当存储器存入多段程序时，可以通过检索的方法调出需要的程序，对其进行编辑。检索过程如下：点击编辑方式键⟨⟩，进入编辑操作方式，然后点击按钮，进入到程序编辑窗

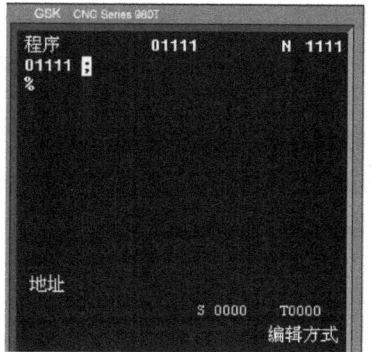

图1-49　程序的建立

口，输入要检索的程序名，例如"O2222"，然后按向下键，此时在LCD显示屏上将显示检索出的程序，如图1-50所示。

4）程序的删除。

① 删除指定程序。按下按钮，并点击，进入到编辑界面，此时输入要删除的程序名，例如"O1111"，并按键，则对应的程序将被删除。

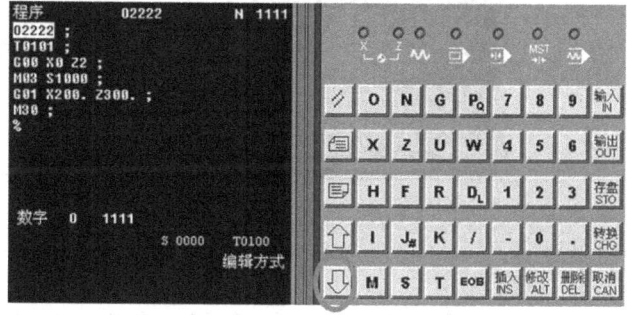

图1-50　程序检索

注意事项

- 编辑程序时，一定要谨慎使用"删除"键。
- 如机床存储程序较多，新建程序时要注意不能重名。

② 删除全部程序。按下按钮，并点击，进入到编辑界面，输入"O-9999"，并按键，则可将所有的程序从存储器中被删除。

5）程序的导出、导入。

① 导出指定程序文件。点击【编辑方式】按钮⟨⟩，进入编辑模式，输入要导出的程序名称，按键，然后在弹出的对话框输入要保存的文件名称，此时系统将把该程序输出至一个NC文件。

② 导出所有程序文件。点击【编辑方式】按钮⟨⟩，进入编辑模式，输入"O-9999"，按键，然后在弹出的对话框中输入要保存的文件名，此时系统将把所有的程序文件输出至一个NC文件。

③ 导入指定的数控程序。点击操作面板上的【编辑方式】按钮⟨⟩，进入编辑模式，

然后选择"机床"菜单下的"DNC传送…"或者点击图标,弹出"选择文件"对话框,选择所要导入的程序文件,一般选择后缀名为".nc"的文件(图1-51),点击打开,然后在程序编辑窗口中输入一个新程序号,按键,这样就把指定的NC程序文件导入数控系统中了,如图1-52所示。

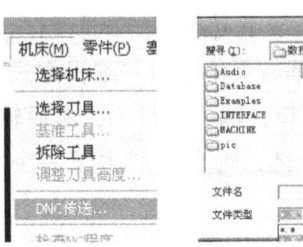 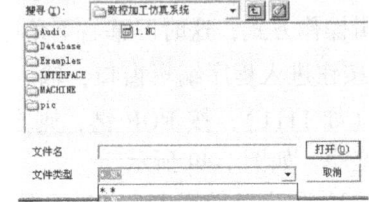

图1-51　DNC传送窗口

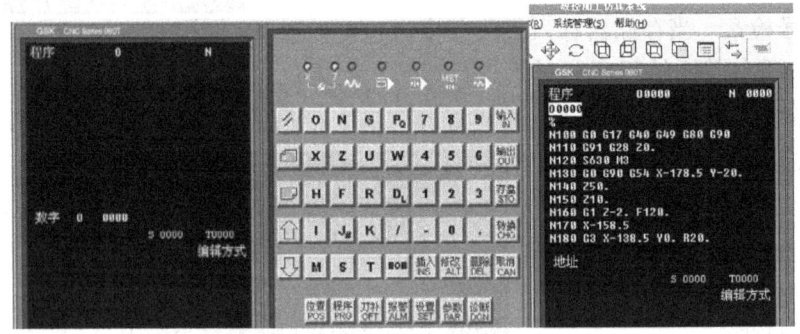

图1-52　程序导入

(9) 数据显示

1) 程序存储器使用量的显示。选择非编辑方式,按【程序】按钮,点击【翻页】键直到出现目录界面,如图1-53所示。

2) 当前位置的显示。按键,然后通过【翻页】按钮,可以出现四种画面:

① 显示机床坐标系的绝对位置,如图1-54所示。
② 显示相对坐标系的位置,如图1-55所示。
③ 显示综合位置,如图1-56所示。
④ 程序加工位置,如图1-57所示。

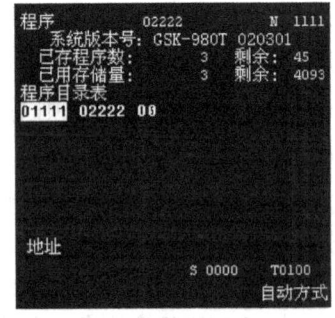

图1-53　程序存储器列表

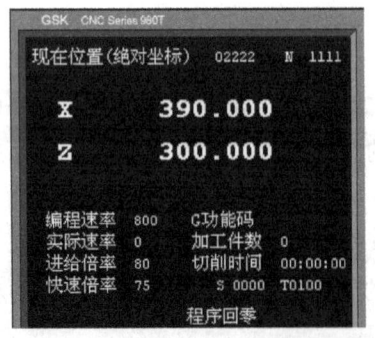

图1-54　机床绝对坐标值

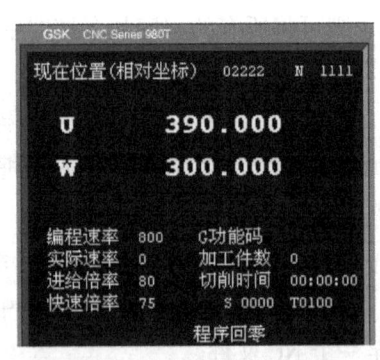

图1-55　机床相对坐标值

单元 1　轴类零件的编程与加工

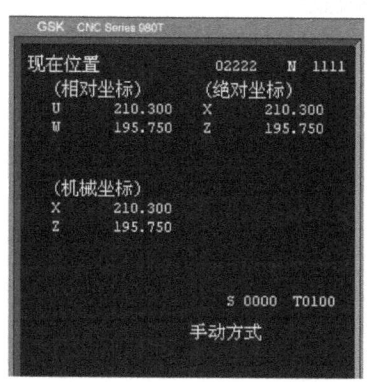

图 1-56　机床综合坐标值

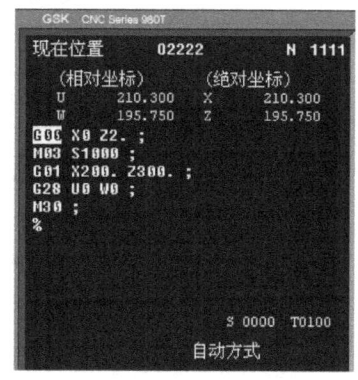

图 1-57　程序运行窗口

注：机床运动时，其位置即可由相对位置坐标显示出来，并可随时清零。相对坐标清零的方法：按 U 或 W 键，然后按【取消 CAN】，此时相应地址的相对位置坐标被复位成 0。

3）指令值的显示。按 键，使用【翻页】按钮可分别显示以下画面：

① 显示正在执行程序段的指令值和当前的模态值，如图 1-58 所示。

② 显示存储器内正在执行的程序段所在页的一页程序，如图 1-59 所示。

4）加工时间、零件数显示。在位置显示的画面上，显示出加工时间和加工的零件数，如图 1-60 所示。

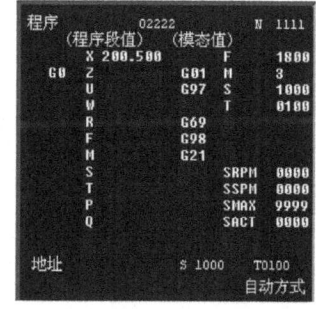

图 1-58　程序段值和模态值显示

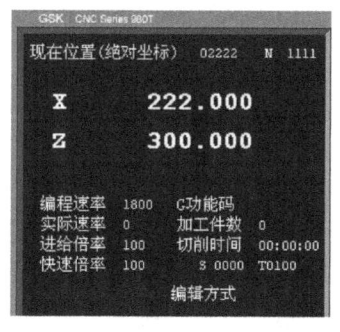

图 1-59　程序显示　　　　　　图 1-60　加工时间和零件数显示

 检查评议

数控车床操作评分标准见表 1-16。

表1-16 数控车床操作评分标准

姓名				得分	
项目	序号	检查内容	配分	点评	得分
知识掌握 (20分)	1	基本知识（习题）	20		
机床操作 (60分)	2	面板的组成及功用	10		
	3	手动方式	15		
	4	单步方式	10		
	5	手轮方式	10		
	6	数控程序的处理	15		
文明生产 (10分)	7	安全操作	5		
	8	机床整理	5		
团队协作 (10分)	9	解决问题 团结互助	10		
教师点评					

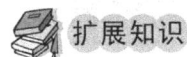扩展知识

数控车床安全操作规程与保养

1. 数控车床安全操作规程

1）必须在教师指导下进行操作，禁止多人同时操作。

2）必须在操作步骤完全清楚时进行操作，遇到问题立即向教师询问。

3）手动原点回归时，注意机床各轴位置要距离原点 -100 mm 以上，机床原点回归顺序为：首先 $+X$ 轴，其次 $+Z$ 轴。

4）使用手轮或快速移动方式，移动各轴位置时，一定要看清楚机床 X 轴、Z 轴方向 "$+$、$-$"号标牌后再移动。移动时先慢转手轮，观察机床移动方向，无误后，方可加快移动速度。

5）编完程序输入机床后，须先进行图形模拟，无误后，再进行试运行，并且刀具应离工件端面 200mm 以上。

6）程序运行注意事项：

① 对刀应准确无误，刀具补偿号应与程序调用刀具号符合。

② 检查机床各功能键的位置是否正确。

③ 光标要放在主程序头。

④ 加注适量切削液。

⑤ 站立位置应合适，启动程序时，右手做按暂停按钮准备，程序在运行当中手不能离开暂停按钮，如有紧急情况，立即按下急停按钮。

7）加工过程中应认真观察切削及冷却情况，确保机床、刀具的正常运行及工件的质量。并关闭防护门以免切屑、润滑油飞出。

8）在程序运行中需暂停测量尺寸时，要待机床完全停止，主轴停转后方可测量，以防发生人身事故。

9）关机时，要等主轴停转3min后，方可关机。

10）每班在操作结束后，务必清洁机床。

11）严禁在实习教室打闹、喧哗和玩游戏。

12）如违反安全操作规程，老师应给予严厉警告，造成严重机床故障的，根据有关规定取消实习资格、成绩，或给予赔偿。

2. 数控车床的保养

为了使数控车床能正常运转，各部件始终保持良好的状态，减少运动机构的磨损，延长机床使用寿命，所以应对数控车床进行润滑，并注意日常维护保养。润滑还能起到冷却作用，能对机床部件进行恒温控制，减小热变形的影响。

（1）常用数控车床的润滑方式　数控车床的润滑方式有多种，常用的有以下几种：

1）润滑脂润滑。润滑脂多用于主轴轴承、滚珠丝杠螺母副以及滚珠丝杠支承轴承等部位。

2）润滑油润滑。润滑油润滑可分为定时定量润滑、润滑液循环润滑、油雾润滑和油气润滑等方式。

① 机床导轨等移动部件采用定时定量润滑。

② 主轴箱内的变速齿轮则采用润滑液循环润滑。

③ 油雾润滑常用于高速回转轴承。

④ 油气润滑常用于高速主轴。

（2）数控车床的日常保养要求　数控车床的日常维护保养应严格按机床使用说明书进行，一般要求如下：

1）日常检查的要点。接通电源前：

① 检查车床的防护门、电柜门等是否关闭。

② 检查切削液、液压油、润滑油的油量是否充足。

③ 检查工具，检测量具等是否已准备好。

④ 切屑槽内的切屑是否已处理干净。

接通电源后：

① 检查操作面板上的指示灯是否正常，各按钮、开关是否处于正确位置。

② 显示屏上是否有报警显示，若有应及时处理。

③ 液压装置的压力表是否指示在所要求的范围内。

④ 控制箱的冷却风扇是否正常运转。

⑤ 刀具是否正确夹紧在刀夹上，刀夹与回转刀架是否可靠夹紧，刀具是否有损伤。

⑥ 若机床带有导套，夹簧，应确认其调整是否合适。

机床运转后：

① 机床在运转中，主轴、滑板处是否有异常噪声。

② 有无异常现象，如声音、温度、气味等。

2）月检查的要点。

① 检查主轴的运转情况，主轴以最高转速一半左右的转速旋转 30min，用手触摸壳体部分，若感觉温和即为正常。

② 检查 X、Z 轴的滚珠丝杠，若有污垢，应清理干净，若表面干燥，应涂润滑脂。

③ 检查 X、Z 轴行程限位开关，各急停开关动作是否正常。

④ 检查回转刀架润滑是否良好。

⑤ 检查导套装置。

⑥ 检查并清理切削液槽内的积压切屑。

⑦ 检查液压装置，如压力表动作状态及管路、接头是否有漏油等。

⑧ 检查润滑装备，如润滑泵的排油量、润滑管路的状况等。

 考证要点

1. 判断题

（1）确定机床坐标系时，一般先确定 X 轴，然后确定 Y 轴，再根据右手定则法确定 Z 轴。　　　　　　　　　　　　　　　　　　　　　　　　　　　　　　　　　　（　　）

（2）当数控机床失去对机床参考点的记忆时，必须进行返回参考点的操作。　（　　）

（3）通常在命名或编程时，不论何种机床，都一律假定工件静止刀具移动。　（　　）

（4）数控车床的进给方式分每分钟进给和每转进给两种，一般可用 G94 和 G95 区分。
　　　　　　　　　　　　　　　　　　　　　　　　　　　　　　　　　　　　（　　）

（5）绝对坐标是相对机床坐标系原点，相对坐标是相对工件坐标系原点。　（　　）

2. 选择题

（1）数控机床的坐标系，根据 ISO 标准，在编程时采用（　　）的规则。

A. 刀具相对静止而工件运动　　　　B. 工件相对静止而刀具运动

C. 工件随工作台运动　　　　　　　D. 刀具随主轴移动

（2）数控编程时，应首先设定（　　）。

A. 机床原点　　B. 固定参考点　　C. 机床坐标系　　D. 工件坐标系

3. 简答题

（1）数控车床的 X、Z 坐标轴及其正方向是如何规定的？

（2）数控车床的机床原点、编程原点、参考点有什么区别？

（3）程序由哪几部分组成？

（4）简述数控车床对刀的方法。

任务 4　加 工 销 轴

 任务描述

轴类零件是在数控车床上加工的典型零件之一，如常见的有阶台轴、细长轴、偏心轴、复杂轴等零件，它们的特点是直径方向尺寸较小，而长度方向尺寸较大，加工的部位主要是外表面，称这样的零件为轴类零件。图 1-61 所示为一销轴零件。图 1-62 所示为销轴实体。它的生产类型为单件或小批量生产，无热处理工艺要求，试正确设定工件坐标系，制订加工

工艺方案，选择合理的刀具和切削工艺参数，正确编制数控加工程序并完成零件的加工。

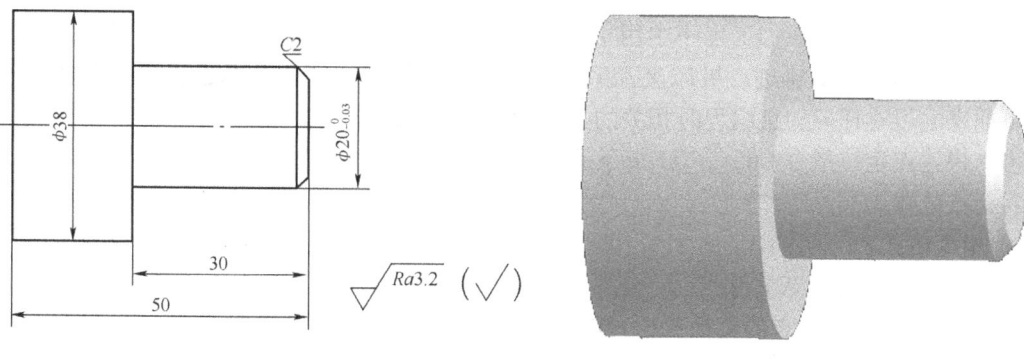

图 1-61　销轴　　　　　　　　　图 1-62　销轴实体图

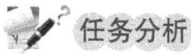

任务分析

该零件只有直径 $\phi 20_{-0.03}^{0}$ mm 的外圆精度要求较高，其他尺寸精度要求不高，表面粗糙度全部为 $Ra3.2\mu m$，要求一般，外圆端面加工较为简单，注意保证精度要求即可。本零件可以用 G01 或 G90 指令加工外圆，G94 指令加工端面，用 G01 指令编程时会使程序段增加，编程繁琐，如果采用固定循环指令 G90 加工会使程序简短。通过学习销轴的编程与加工，掌握轴类零件的数控加工工艺知识，常用指令（G00、G01、G94、G90）格式、用法及零件加工与质量分析等。

1. 加工工艺的确定

（1）零件的装夹　工件的正确安装可使工件在整个切削过程中始终保持正确的位置，保证工件的加工质量和生产效率。在数控车床上进行轴类零件加工，一般可采用下面几种装夹方式：

1）使用普通自定心卡盘装夹，工件安装后一般不需要校正，只控制装夹长度即可。

2）用软卡爪装夹，并适当增加夹持面的长度，以保证定位准确，装夹稳固。

3）同轴度要求高或需经多道工序才能完成的工件，可采用一夹一顶或两顶尖方式装夹。

（2）选择刀具及加工方式

1）尽量选择通用标准刀具。

2）尽量选择可转位车刀。

3）根据零件材料选择特殊刀具。

加工方式主要是根据零件的形状和精度来确定。当零件精度较低且余量较小时，可不分粗、精车，加工效率较高；当零件余量较大时，应分粗、精车加工，以保证加工质量和加工效率。

（3）选择切削用量　背吃刀量、切削速度和进给量是切削用量三要素，数控机床上切削用量的选择与普通机床略有不同。数控加工中，背吃刀量不宜过大，进给量和切削速度可选择大些,小切深、高速切削是现代数控机床的发展趋势。

2. 编程指令

数控加工中的动作在加工程序中用指令的方式予以规定。准备功能G指令是用来规定刀具和工件的相对运动轨迹、机床坐标系、坐标平面、刀具补偿、坐标偏置等多种加工操作。下面来学习本任务加工编程时相关的指令代码。

(1) 快速点定位指令G00 G00指令是模态代码,它使刀具从当前所在点快速移动到下一个目标点位置。

1) 指令格式:

G00 X(U)_ Z(W)_;

其中,X、Z为目标点的坐标;U、W为目标点相对前一点的增量坐标。

绝对/增量坐标编程:数控车床一般有两个坐标控制轴,即X轴Z轴。编程方法可以用绝对坐标编程或增量坐标编程,也可以在一个程序段中混合使用,称为混合编程。对于X轴和Z轴增量编程所用的增量指令分别是U和W。例如,图1-63中,A点坐标为(X42.0,Z2.0) B点坐标为(X20.0,Z2.0)。车刀由A点快速移动到B点的程序段为:

G00 X20.0 Z2.0;绝对坐标编程

G00 U-22.0 W0;增量坐标编程

G00 X20.0 W0;混合坐标编程

当用绝对值编程时,X、Z后面的数值是目标位置在工件坐标系的坐标。当用相对值编程时,U、W后面的数值是目标点与当前点之间的距离和方向。

2) 说明。

① G00的执行过程:刀具由程序起始点加速到最大速度,然后快速移动,最后减速到终点,实现快速点定位。

② 刀具的实际运动路线有时不是直线,而是折线,因此使用G00时,要注意刀具与工件是否发生干涉,对不适合联动的场合,两轴可单动。

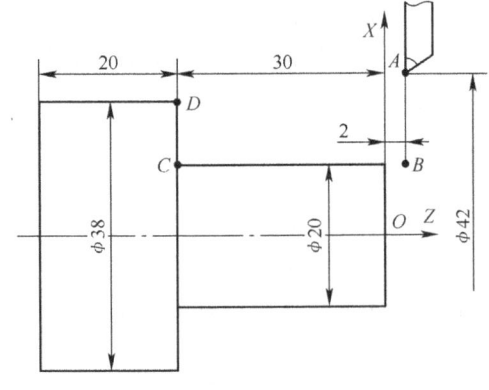

图1-63 快速点定位

(2) 直线插补指令G01 G01指令是模态代码,它是直线插补指令,规定刀具在XOZ平面内以插补联动方式按指定的进给速度F做任意的直线运动。

1) 指令格式:

G01 X(U)_ Z(W)_ F_;

其中,X、Z为目标点坐标;U、W为目标点相对前一点的增量坐标;F为进给速度。

例如,用直线插补指令编写如图1-63所示零件的加工程序(车刀由B→C→D)如下:

绝对坐标编程:

G01 X20.0 Z-30.0 F0.1;

G01 X38.0 Z-30.0 F0.1;

增量坐标编程:

G01　U0　W-32.0　F0.1；
G01　U18.0　W0　F0.1；

2）说明。

① G01 指令后的坐标值取绝对值编程还是增量值编程，由编程者根据情况决定。

② 进给速度由 F 指令决定。F 指令也是模态指令，即：程序中的 F 指令在没有新的 F 指令以前一直有效，不必在每个程序段中都写入 F 指令。

（3）内外径切削固定循环 G90

1）指令格式：

G90　X（U）_Z（W）_F_；

其中，X，Z 为切削终点的绝对坐标值；U，W 为切削终点的增量坐标值；F 为进给速度。

如图 1-64 所示，当程序执行 G90 固定循环指令时，刀具从循环起点开始按矩形循环，最后又回到循环起点。显然运行一句 G90 指令，相当于运行四句 G00 和 G01 指令，可以大大简化粗车程序，使程序更加简洁。图 1-64 中的 1R、4R 表示第 1、4 两步为 G00 快速移动，2F、3F 表示第 2、3 两步为按 F 指定的进给速度切削进给，其加工顺序按 1→2→3→4 进行，U 和 W 的正负号（+/-）在增量坐标程序里是由 1 和 2 的方向决定的。

例 1-1 加工如图 1-65 所示的工件，编写的加工程序见表 1-17。

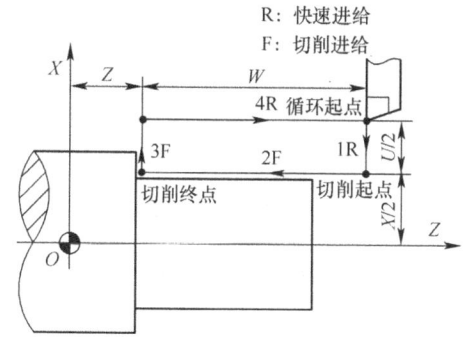

图 1-64　直线切削循环

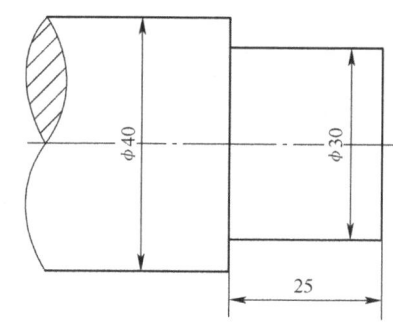

图 1-65　外圆加工零件图

表 1-17　G90 应用实例

加工程序	程序说明
O0001；	程序号
G97　G99　M03　S800　T0101；	主轴正转，转速为 800r/min，选择 1 号刀及 1 号刀补
G00　X42.0　Z2.0；	刀具快速移动到循环起点位置
G90　X35.0　Z-25.0　F0.2；	G90 指令切削循环第一次，外圆车至 φ35mm
X30.5；	第二次循环，外圆车至 φ30.5mm，留余量 0.5mm
X30.0；	第三次循环，加工 φ30mm 外圆及阶台至尺寸
G00　X100.0　Z100.0；	车刀远离工件
M30；	程序结束，光标返回程序头

2)说明。

① 在固定循环切削过程中,M、S、T等功能不能改变,如需改变,须在G00或G01状态下变更。

② 每执行完一句G90切削循环后,车刀返回循环起点。

(4)端面车削循环(G94)

1)指令格式:

G94 X(U)_Z(W)_F_;

其中,X,Z为切削终点的绝对坐标值;U,W为切削终点的增量坐标值;F为进给速度。

如图1-66所示,当程序执行G94固定循环指令时,刀具从循环起点开始按矩形循环,最后又回到循环起点。G94固定循环指令同样可以简化编程。其运行轨迹按1R→2F→3F→4R进行,增量坐标编程时U和W的正负号(+/-)取决于1和2的方向。

2)说明:G94与G90切削循环的区别在于,G90循环第一步移动X轴,G94循环第一步移动Z轴。

例1-2 加工图1-67所示的工件,编写的加工程序见表1-18。

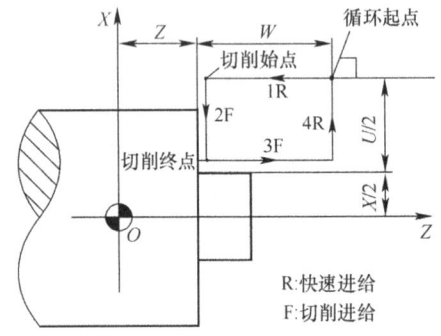

图1-66 端面切削循环

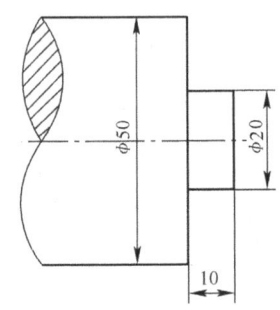

图1-67 小阶台轴

表1-18 G94应用实例

加工程序	程序说明
O0002;	程序号
G97 G99 M03 S800 T0101;	主轴正转,转速为800r/min,选择1号刀及1号刀补
G00 X52.0 Z2.0;	刀具快速移动至循环起点
G94 X20.0 Z-3.5 F0.2;	G94指令循环第一次,Z轴方向进刀3.5mm
Z-7.0;	G94指令循环第二次
Z-10.0;	G94指令循环第三次
G00 X100.0 Z100.0;	刀具远离工件
M30;	程序结束,光标返回程序头

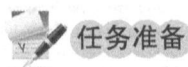任务准备

1. 设备选择

选用GSK980T系统数控车床;计算机及仿真软件;采用自定心卡盘装夹。

单元1 轴类零件的编程与加工

2. 零件毛坯

选用 φ40mm×55mm 棒料,多件练习时也可以采用加长棒料,毛坯材质为 45 钢。

3. 刀具类型

选用 90°外圆右车刀,制订刀具卡片,见表 1-19。

表 1-19 数控加工刀具卡片

产品名称或代号:			零件名称:	销轴	零件图号:	
序号	刀具号	刀具规格及名称	材质	数量	加工表面	备注
1	T01	90°外圆车刀	P10	1	粗精车外圆、端面及倒角等	
编制:			审核:			

4. 量具选用

1) 钢直尺:0~200mm。
2) 游标卡尺:0.02mm/0~150mm。
3) 外径千分尺:0.01mm/0~25mm。
4) 表面粗糙度样板。

任务实施

任务实施可分为两部分进行:先在数控仿真软件上进行模拟加工,操作较为熟练后再在数控车床上进行加工。

1. 确定加工工艺

以零件右端面轴心处为零件编程坐标原点,采用从右到左加工,工艺路线安排如下:

1) 车削零件左端面。
2) 零件左端 φ38mm 外圆柱面至尺寸,长度 21mm。
3) 工件调头,车右端面,保证总长尺寸 50mm 合要求。
4) 粗车 $φ20_{-0.03}^{0}$ mm 外圆,留精车余量 0.5mm。
5) 精车 $φ20_{-0.03}^{0}$ mm 外圆和倒角至尺寸要求。

制订加工工艺卡片,见表 1-20。

表 1-20 数控加工工艺卡片

零件名称	销轴	零件图号		工件材质	45 钢	
工序号	程序编号		夹具名称	数控系统	车间	
1	O0001		自定心卡盘	广数 980T		
工步号	工步内容	刀具号	主轴转速 /(r/min)	进给量 /(mm/r)	背吃刀量 /mm	备注
1	车左端面	T01	800	0.15	1	自动
2	精车 φ38mm 外圆	T01	800	0.15	1.5	自动

(续)

工序号	程序编号	夹具名称	数控系统	车间
2	O0001	自定心卡盘	广数980T	

工步号	工步内容	刀具号	主轴转速 /（r/min）	进给量 /（mm/r）	背吃刀量 /mm	备注
1	调头车右端面，保证总长	T01	800	0.15	1	自动
2	粗车 $\phi20_{-0.03}^{0}$ mm 外圆	T01	900	0.2	1.5	自动
3	精车 $\phi20_{-0.03}^{0}$ mm 外圆，倒角	T01	1200	0.1	0.25	自动
编制		审核		批准		

2. 程序的编制和输入

下面就用两种指令分别编写本任务的加工程序，分别见表1-21和表1-22。

（1）程序方案一

表1-21 用G01指令加工销轴程序

加工程序	程序说明	实物图
O0003；	程序名，加工左端	
G97 G99 M03 S800 T0101 F0.15；	主轴正转，转速为800r/min，选择1号刀及1号刀补	
G00 X42.0 Z2.0；	刀具快速靠近工件	
Z0.0；	Z向进刀	
G01 X-1.0；	车左端面	
G00 Z2.0；	Z轴退刀	
X37.9；	X轴退刀	
G01 Z-22.0；	车 ϕ38mm 外圆	
X42.0；	X向退刀	
G00 X100.0 Z100.0；	车刀远离工件	
M30；	程序结束，测量、工件调头	
O0004；	程序名，加工右端	
G99 M03 S900 T0101；	主轴正转，转速900r/min	
G00 X42.0 Z2.0；	车刀靠近工件，准备加工右端	
Z1.0；	Z向进刀	
G01 X-1.0 F0.15；	粗车右端面第一刀	
G00 Z2.0；	Z向退刀	
X42.0；	X向退刀	
Z0；	Z向进刀	
G01 X-1.0 F0.1；	精车右端面	
G00 Z2.0；	Z向退刀	
X35.0；	X向退刀	

(续)

加工程序	程序说明	实物图
G01　Z-30.0　F0.2;		
X42.0;		
G00　Z2.0;		
X30.0;		
G01　Z-30.0;		
X42.0;		
G00　Z2.0;	粗车 $\phi 20_{-0.03}^{0}$ mm 外圆，留余量 0.5mm	
X25.0;		
G01　Z-30.0;		
X42.0;		
G00　Z2.0;		
X20.5;		
G01　Z-30.0;		
X42.0;		
G00　Z2.0;		
S1200;	精车外圆转速	
G00　X16.0;	X 向进刀	
G01　G42　Z0　F0.1;		
X20.0　Z-2.0;	精车 $\phi 20_{-0.03}^{0}$ mm 外圆至尺寸并倒角	
Z-30.0;		
G01　G40　X42.0;		
G00　X100.0　Z100.0;	车刀远离工件	
M30;	程序结束，光标返回程序头	

（2）程序方案二

表 1-22　用 G90、G94 切削循环指令加工销轴程序

加工程序	程序说明	实物图
O0005;	程序名，加工左端	
G99　M03　S800　T0101　F0.15;	主轴正转，转速为 800r/min，选择 1 号刀及 1 号刀补	
G00　X42.0　Z2.0;	刀具快速移动到达循环起点	
G94　X-1.0　Z1.0　F0.15; Z0;	G94 切削循环车削工件左端面	
G90　X37.9　Z-22.0　F0.15;	G90 切削循环车削 $\phi 38$mm 外圆	
G00　X100.0　Z100.0;	车刀快速退刀，远离工件	

(续)

加工程序	程序说明	实物图
M30;	程序结束,测量、工件调头	
O0006;	程序名,加工右端	
G99 M03 S800 T0101 F0.15;	主轴正转,转速为800r/min,选择1号刀及1号刀补	
G00 X42.0 Z2.0;	车刀快速到达循环起点	
G94 X-1.0 Z1.0 F0.15; Z0;	G94切削循环车削工件右端面	
S900;	主轴转速为900r/min	
G90 X35.0 Z-30.0 F0.2; X30.0; X25.0; X20.5;	粗车$\phi 20_{-0.03}^{0}$ mm外圆,留余量0.5mm	
S1200;	精车外圆转速	
G00 X16.0; G01 G42 Z0 F0.1; X20.0 Z-2.0; Z-30.0; G01 G40 X42.0;	精车$\phi 20_{-0.03}^{0}$ mm外圆至尺寸并倒角	
G00 X100.0 Z100.0;	车刀远离工件	
M30;	程序结束,光标返回程序头	

3. 零件加工模拟

按下机床锁定和辅助功能锁定按钮,指示灯亮后,进入自动方式进行程序运行模拟,判断程序正误。销轴加工过程模拟情况,如图1-68a、图1-68b所示,无误后可进行机械回零操作。

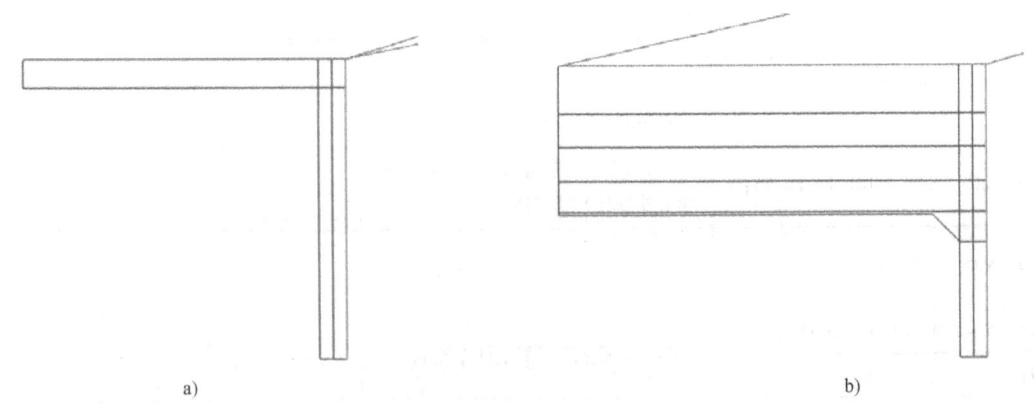

图1-68 销轴加工过程模拟
a) 零件左端加工模拟 b) 零件右端加工模拟

4. 工件与刀具的安装

工件和刀具在数控车床上的安装方法同普通车床要求基本相同。工件装夹在自定心卡盘上，装夹要牢固。车刀安装时不宜伸出过长，刀尖高度应与机床中心等高。

5. 对刀并输入刀补值

正确对刀，输入对应的刀补值，对刀结束。

6. 数控加工与精度控制

（1）加工 首件加工应单段运行，通过机床控制面板上的"倍率选择"按钮修正加工参数，然后自动运行加工，当程序暂停时可以对加工尺寸检测，以保证精度要求。

（2）精度控制 加工过程中，各尺寸精度应在公差范围之内，如出现误差可采用刀补修正法或修改程序进行修正。

7. 零件检测

1）修整工件，去毛刺等。

2）尺寸精度检测。用游标卡尺测量零件总长、阶台长度、倒角及 $\phi 38$ mm 外圆尺寸，用外径千分尺检测 $\phi 20_{-0.03}^{0}$ mm 外圆尺寸。

3）表面质量检测。用表面粗糙度样板对比检测零件表面加工质量。

检查评议

销轴评分标准见表 1-23。

表 1-23 销轴的评分标准

姓名			零件名称	销轴	时间	60min	总得分	
项目	序号	技术要求		配分	评分标准		检测记录	得分
零件加工 （50分）	1	各外圆形状、尺寸正确		19	不正确每处扣 4 分			
	2	端面阶台及总长尺寸正确		12	不正确每处扣 4 分			
	3	倒角尺寸合格		4	不合格全扣			
	4	表面粗糙度符合图样要求		15	每处降低一级扣 3 分			
程序与 工艺 （25分）	5	程序正确、完整		6	不正确每处扣 1 分			
	6	程序格式规范		5	不规范每处扣 0.5 分			
	7	工艺合理		5	不合理每处扣 1 分			
	8	程序参数选择合理		4	不合理每处扣 0.5 分			
	9	指令选用合理		5	不合理每处扣 1 分			
机床操作 （19分）	10	零件装夹合理		3	装夹不合理每次扣 1 分			
	11	刀具选择及安装正确		4	不正确每次扣 1 分			
	12	对刀及坐标系设定正确		4	不正确每次扣 1.5 分			
	13	机床面板操作正确		4	误操作每次扣 1 分			
	14	意外情况处理合理		4	不正确每次扣 1.5 分			
文明生产 （6分）	15	安全操作		3	违反安全操作规程全扣			
	16	机床整理		3	不合格全扣			
记录员			监考人		检验员		考评人	

小组讨论

根据零件加工过程中出现的问题,同学们讨论如何解决并提出解决方案。

 问题及防治

数控车床在外圆加工中易遇到的加工问题、产生原因及解决方法见表1-24。

表1-24 外圆加工中易出现问题、产生的原因及解决方法

问题现象	产生原因	解决方法
工件外圆尺寸超差	1. 刀具数据不准确 2. 切削用量选择不当产生让刀 3. 程序错误 4. 工件尺寸计算错误	1. 调整或重新设定刀具数据 2. 合理选择切削用量 3. 检查、修改加工程序 4. 正确计算工件尺寸
外圆表面粗糙度差	1. 切削速度过低 2. 刀具中心过高 3. 切屑控制较差 4. 刀尖产生积屑瘤 5. 切削液选用不合理	1. 调高主轴转速 2. 调整刀具中心高度 3. 选择合理的进刀方式及切削用量 4. 选择合适的切速范围 5. 选择正确的切削液,并充分喷注
台阶处不清根或呈圆角	1. 程序错误 2. 刀具选择错误 3. 刀具损坏	1. 检查修改加工程序 2. 正确选择加工刀具 3. 更换刀片
加工过程中出现扎刀,引起工件报废	1. 进给量过大 2. 切屑阻塞 3. 工件安装不合理 4. 刀具角度选择不合理	1. 降低进给速度 2. 采用断、退屑方式切入 3. 检查工件安装,增加安装刚性 4. 正确选择刀具
台阶端面出现倾斜	1. 程序错误 2. 刀具安装不正确	1. 检查、修改加工程序 2. 正确安装刀具
工件圆度超差或产生锥度	1. 车床主轴间隙过大 2. 程序错误 3. 工件安装不合理	1. 调整车床主轴间隙 2. 检查、修改加工程序 3. 检查工件安装,增加安装刚性

师傅说现场

企业实际生产中,一个完整的零件往往所有表面都需要加工,如果零件两端都有加工内容,加工完零件一端后还要调头加工另一端,这时会遇到齐总长的问题,怎样才能加工好零件的总长尺寸呢?根据零件加工数量不同,齐总长可以采用手动和自动两种方法。

1. 手动方法车总长

当零件为单件生产或加工数量很少时，可采用手动齐总长的方法。操作步骤如下：

1）零件加工完一端后调头，车刀车另一端面一刀。（注意车平即可，保证总长有足够的加工余量）

2）退刀。注意退刀时只退 X 轴，不能退 Z 轴。

3）测量零件总长尺寸。假设实测后零件总长还长 ΔZ。

4）在单步或手轮方式下，按 位置POS 键，转到相对坐标页面。（如不是该页面可使用翻页键 ）

5）在相对坐标页面下，先按 Z 或 W 键，再按 取消CAN 键，把相对坐标 W 值置 0，如图 1-69 和图 1-70 所示。

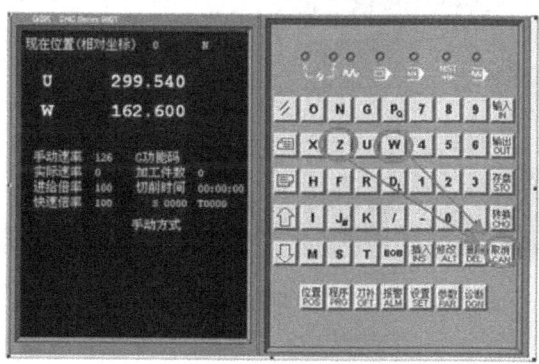

图 1-69　按键位置

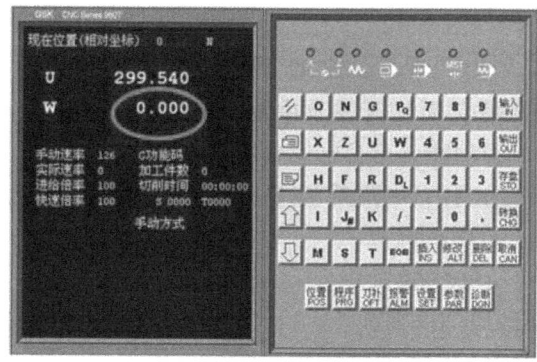

图 1-70　相对坐标 W 值 0

6）使用手轮，使车刀 Z 向移动 ΔZ 的距离（坐标显示），再车一刀端面，总长即符合要求。同时输入车刀的刀补值 Z0 后，再运行程序加工另一端的其他轮廓。加工过程中因工件轴线未变，因此 X 轴刀补值不变，无须重新对刀。

2. 自动方法车总长

当零件为批量生产时，如果用手动车总长的方法，劳动强度大、效率低，可以采用自动车总长的方法，即通过改变 Z 向刀补值，运行程序加工零件总长至尺寸要求，操作步骤如下：

1) 零件加工完一端后调头，车刀车另一端面一刀（注意车平即可，保证总长有足够的加工余量）。

2) 退刀。注意退刀时只退 X 轴，不能退 Z 轴。

3) 测量零件总长尺寸。假设实测后零件总长还长 ΔZ。

4) 按刀补键、按 键，在刀补界面 Z 值应输入 ΔZ，然后按输入键输入，如图 1-71 所示。

5) Z 轴对刀结束后，运行车端面和其他轮廓加工程序即可。

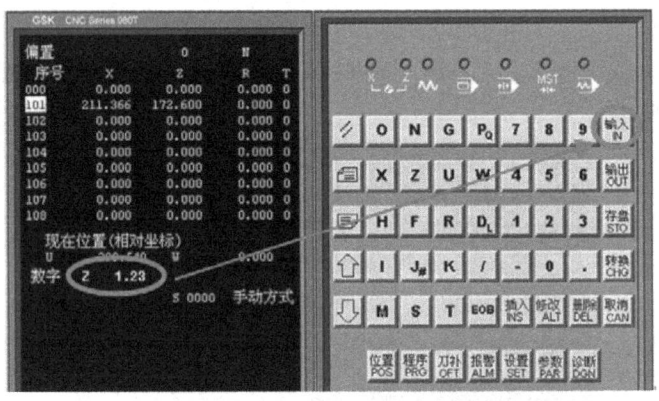

图 1-71　Z 轴输入刀补值

 扩展知识

刀 具 补 偿

刀具补偿功能是用来补偿刀具实际安装位置（或实际刀尖圆弧半径）与理论编程位置（刀尖圆弧半径）之差的一种功能。刀具补偿功能是数控车床的一种主要功能，它分为刀具偏移补偿（即刀具位置补偿）和刀尖圆弧半径补偿两种。在此，主要介绍刀具位置补偿。

当采用不同尺寸的刀具加工同一轮廓尺寸的零件时，或同一尺寸的刀具因换刀重调、磨损以及切削力引起工件、刀具、机床发生变形，导致工件尺寸出现偏差时，为加工出合格的零件，必须进行刀具位置补偿。

刀具位置补偿是数控加工中较为复杂的准备工作之一，各刀具定位及相互之间的位置将直接影响到零件的尺寸精度。如图 1-72 所示，刀具安装在刀架上后便与车床确定了相互关系，但每把刀具安装的位置和伸出长度均

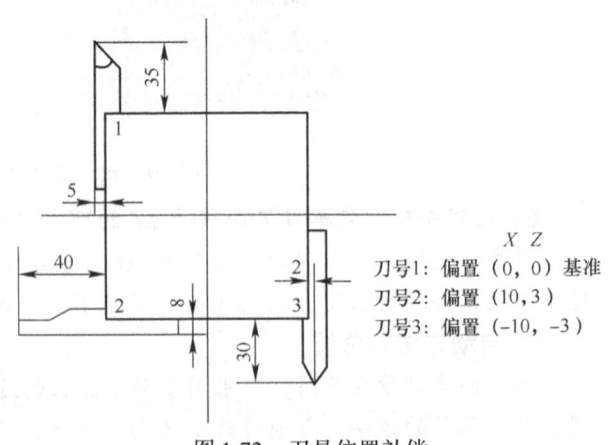

图 1-72　刀具位置补偿

不相同,都存在一定的位置偏差。

这个偏差可通过刀具补偿值设定,使刀具在 X 方向和 Z 方向获得相应的补偿量。通过对刀或刀具预调,使每把刀的刀位点尽量重合于某一理想基准点,同时测定各号刀的刀位偏差值,存入相应的刀具偏置寄存器中以备加工时随时调用。

考证要点

1. 判断题

(1) 准备功能字 G 代码主要用来控制机床主轴的开、停,切削液的开关等机床动作。
(　　)
(2) 阶台端面出现倾斜的原因之一是刀具安装不正确。(　　)
(3) 同一工件,无论用数控车床加工还是用普通车床加工,其工序都一样。(　　)
(4) 执行 G01 指令的刀具轨迹肯定是一条连接起点与终点的直线轨迹。(　　)
(5) 所有的 F、S、T 代码均为模态代码。(　　)

2. 选择题

(1) 下列指令中属于外圆切削循环指令的是(　　)。
A. G94　　B. G71　　C. G90　　D. G73
(2) 数控车床在加工外圆时出现外圆表面粗糙度太差的主要原因可能是(　　)。
A. 程序错误　B. 进给量过大　C. 切削速度过低　D. 背吃刀量过大

3. 简答题

(1) 在数控车床上进行轴类零件加工一般可采用哪几种装夹方式?
(2) 外圆表面粗糙度差的原因是什么?
(3) 工件圆度超差或产生锥度的原因是什么?如何消除?

4. 完成图 1-73 和图 1-74 所示为零件的编程和加工。要求:

(1) 合理选择工件坐标系。
(2) 分析并制订工件加工工艺。
(3) 编写零件加工程序并完成加工过程。

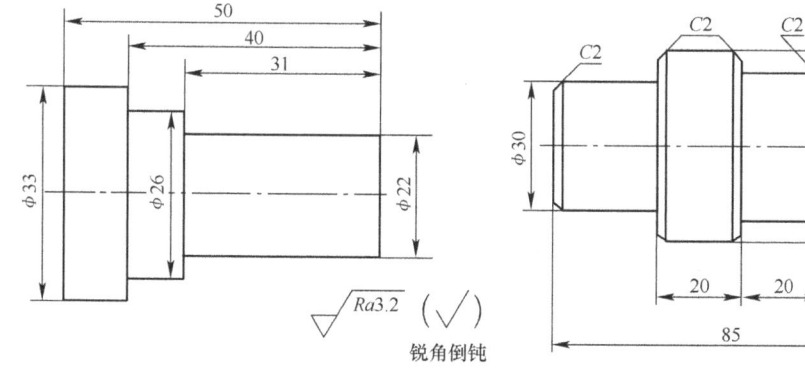

图 1-73　零件图(一)　　　　　　图 1-74　零件图(二)

单元2　圆锥和圆弧面零件的编程与加工

知识目标：
1. 掌握固定循环指令 G90、G94 车圆锥面时刀具的运动轨迹。
2. 掌握轴向粗车复合循环指令 G71 的运动轨迹。
3. 理解刀尖圆弧半径补偿的原理。
4. 熟练应用相应的指令编写圆锥面、圆弧面零件的加工程序。
5. 会分析零件加工过程中产生废品的原因并能提出解决方法。

技能目标：
1. 熟练掌握数控程序的手工输入与编辑。
2. 能合理选择刀具与切削用量。
3. 能正确使用刀具圆弧半径补偿功能编写加工程序。
4. 能在数控机床上完成零件程序的输入和加工。
5. 正确测量零件。

任务1　加工模芯

任务描述

图 2-1 所示为模芯零件图。图 2-2 所示为模芯实体图。它的生产类型为单件或小批量生产，无热处理工艺要求，试正确设定工件坐标系，制订加工工艺方案，选择合理的切削工艺参数，正确编制数控加工程序并完成零件的加工。

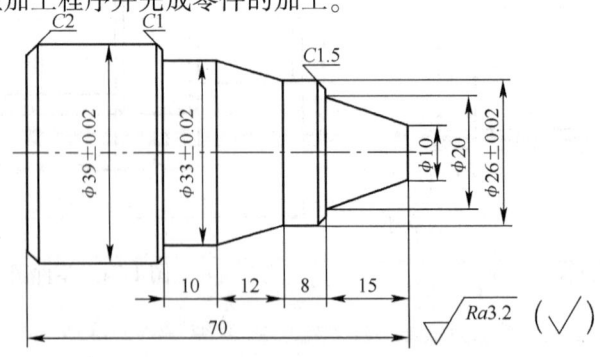

图 2-1　模芯

单元 2　圆锥和圆弧面零件的编程与加工

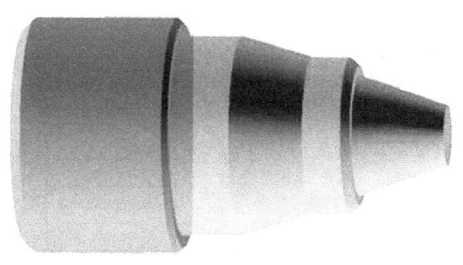

图 2-2　模芯实体图

本零件包括外圆、阶台、圆锥面等加工内容，除 $\phi 39 \pm 0.02$mm、$\phi 33 \pm 0.02$mm、$\phi 26 \pm 0.02$mm 外圆精度要求较高外，其他各尺寸精度要求一般，表面粗糙度全部为 $Ra3.2\mu m$，要求也不高。零件上各点坐标值明确，无需计算。此零件可以采用前面学过的 G01 指令加工，但粗车圆锥部分时，因背吃刀量太大，不能一次粗车完成，在分次轴向粗车时，Z 坐标值需精确计算，这样会给编程工作带来很多困难和麻烦。又因本零件外形从右至左直径是逐渐变大的，符合单调变化的规律（一直增大或一直减小），因此粗加工时可采用新的指令：轴向粗车循环指令 G71 编程加工，把繁琐的计算工作让数控系统去完成。在加工圆锥、圆弧或非圆曲面时，为消除车刀刀尖圆弧造成的加工误差，还要正确使用刀尖圆弧半径补偿指令：G41、G42、G40。

1. 刀尖圆弧半径补偿

（1）刀尖圆弧半径补偿成因　零件加工程序一般是以刀具的某一点（通常情况下一理想刀尖）按零件图样进行编制的。但实际加工中的车刀，刀尖不是一理想点，而是一段圆弧，切削加工时，实际切削点与理想状态下的切削点之间的位置有偏差，会造成过切或欠切，影响零件的精度，因此在加工中要进行刀尖圆弧半径补偿以提高零件的精度。图 2-3 所示是一带刀尖圆弧的车刀及切削位置。编程和对刀使用的是理想刀尖点 A，而图 2-3 中所示的实际切削点是刀尖圆弧与加工表面的切点。车端面时，刀尖圆弧的实际切削点与理想刀尖点 A 的 Z 坐标值相同；车内、外圆柱面时，实际切削点与理想刀尖点 A 的 X 坐标值相同。因此车端面和内、外圆柱面时不需要刀尖圆弧半径补偿。

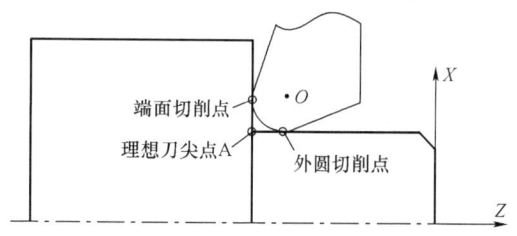

图 2-3　带刀尖圆弧的车刀及切削位置

当加工圆锥或圆弧面时，实际切削点与理想刀尖点之间在 X、Z 轴方向都存在位置偏差，如图 2-4 所示，以理想刀尖点 A 编程的切削轨迹为双点画线（$A_2 \sim A_7$）。刀尖圆弧的实际切削轨迹为实线部分，存在欠切和过切现象，造成加工误差，且刀尖圆弧半径越大，加工误差就越大。

（2）使用刀尖圆弧半径补偿功能的一般步骤

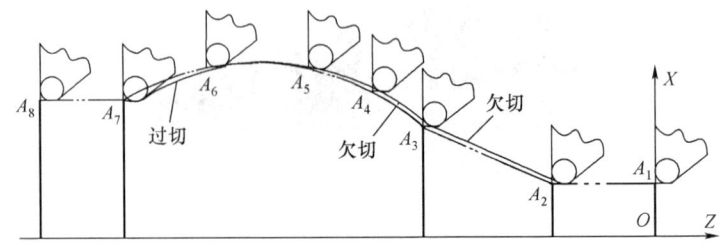

图 2-4 刀尖圆弧造成的加工误差

1）选择刀具，确定刀尖圆弧半径值及刀位号。
2）根据刀具切削方向，判定补偿方向（即左补偿或右补偿）。
3）正确运用刀尖圆弧半径补偿功能，编写加工程序。
4）对刀，输入车刀 X、Z 轴刀补值及刀尖圆弧半径 R 值和刀位号 T。
5）运行加工程序，完成零件加工过程。

（3）刀尖圆弧半径补偿的方法　零件加工过程中不仅刀尖圆弧半径值对加工精度有影响，而且刀尖圆弧的位置对加工精度也有影响。因此，刀尖圆弧半径补偿参数有两个：一个是刀尖圆弧半径 R 值；另一个是刀尖圆弧位置的刀位号 T。图 2-5 所示为刀尖圆弧位置的刀位号，共有 10 种（T0~T9），表达了 9 个方向的位置关系。0 和 9 表示理想刀尖点与刀尖圆弧中心点重合，也可以理解为不进行刀尖圆弧半径补偿。加工前通过操作面板，将刀尖圆弧半径 R 值和刀位号 T，填写到刀具补偿界面对应的刀具位置处即可，如图 2-6 所示。

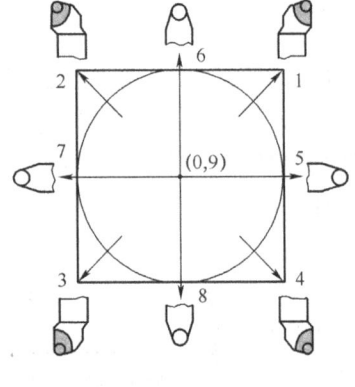

图 2-5　刀尖圆弧位置的刀位号

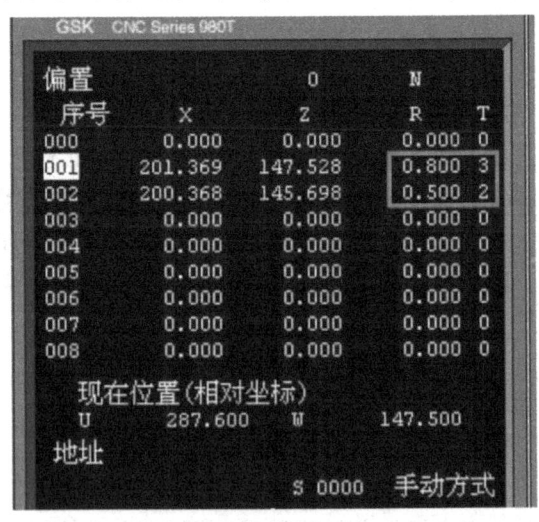

图 2-6　不同刀具的 R 值和刀位号 T

（4）刀尖圆弧半径补偿指令（G41、G42、G40）　指令格式如下：
G41（G42）G01（G00）X＿　Z＿　F＿；
G40 G01（G00）X＿　Z＿　F＿；

其中，G41 为建立刀尖圆弧半径左补偿指令；G42 为建立刀尖圆弧半径右补偿指令；G41（G42）中的 X、Z 为建立刀尖圆弧半径补偿段的终点坐标；G40 为取消刀尖圆弧半径补偿指令；G40 中的 X、Z 为取消刀尖圆弧半径补偿段的终点坐标。

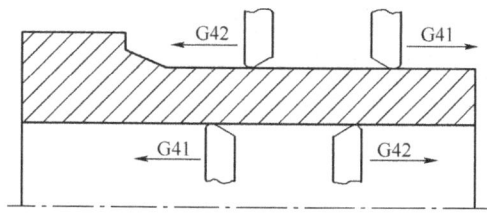

图 2-7 刀尖圆弧半径补偿方向的判定

刀尖圆弧半径补偿方向的判定方法：顺着刀具运动方向看，如果刀具在工件左侧，则为刀尖圆弧半径左补偿（G41）；如果刀具在工件右侧，则为刀尖圆弧半径右补偿（G42），如图 2-7 所示。用 G40 指令取消刀尖圆弧半径补偿后，假想刀尖轨迹与编程轨迹重合。

> **注意事项**
> - 通常所说的刀位号和补偿方向（G41 或 G42）是基于后刀座数控车床来判定的（前刀座判定结果相反），判定结果同样适用于前刀座数控车床的编程。
> - G41、G42、G40 为模态 G 指令。
> - 刀尖圆弧半径补偿的建立与取消，只能用于 G00 或 G01 指令，不能用于圆弧指令。
> - 程序结束前必须指定 G40 取消偏置模式，否则再次执行时依然会带刀补运行。
> - 在调用子程序中使用刀尖圆弧半径补偿时，执行 M98 前，必须是补偿取消模式，在子程序中建立和取消刀尖圆弧半径补偿。
> - G71~G76 指令不执行刀尖圆弧半径补偿，G70 指令精车时执行。

2. 编程指令

（1）恒线速控制指令 G96、主轴最高转速限制指令 G50　指令格式如下：

G96　S_；

其中，S 为切削线速度（m/min），本指令为模态指令。

G50　S_；

其中，S 为设置的主轴最高转速值（r/min）。

注意：恒线速控制功能，可以使直径有变化的工件的精度和表面粗糙度保持一致。G96 指令与 G50 指令（限制主轴最高转速）一般同时使用。

（2）返回机械零点指令 G28　指令格式为：

G28　X（U）_　Z（W）_；

其中，X 为中间点 X 轴的绝对坐标；U 为中间点与起点 X 轴绝对坐标的差值；Z 为中间点 Z 轴的绝对坐标；W 为中间点与起点 Z 轴绝对坐标的差值。

（3）轴向固定切削循环 G90（车圆锥面）

1）指令运动轨迹（图 2-8）

① X 轴从循环起点快速移动到切削起点［图 2-8 中 1（R）］。

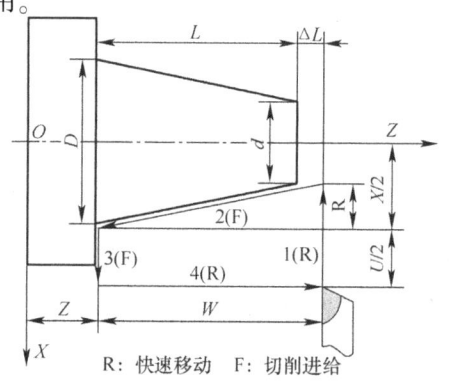

R：快速移动　F：切削进给

图 2-8 G90 指令车圆锥切削循环

② 从切削起点切削进给到切削终点［图2-8中2（F）］。

③ X轴以切削进给速度退刀，返回到与起点X轴绝对坐标相同处［图2-8中3（F）］。

④ Z轴快速移动回到循环起点，循环结束［图2-8中4（R）］。

2）指令格式：

G90 X（U）_ Z（W）_ R_ F_；

其中，X为切削终点X轴绝对坐标；U为切削终点与起点X轴绝对坐标的差值；Z为切削终点Z轴绝对坐标；W为切削终点与起点Z轴绝对坐标的差值；R为切削起点与切削终点X轴绝对坐标的差值（半径值，有符号），或者说切出点到切入点X轴方向的位移，位移方向远离工件时符号为正，反之为负；F为进给量。R数值的计算公式为

$$|R| = \frac{D-d}{2L} \times (L + \Delta L) \quad (2-1)$$

式中 D——圆锥大端直径（图2-8）；

d——圆锥小端直径；

L——圆锥长度；

ΔL——车刀离开工件右端面的距离。

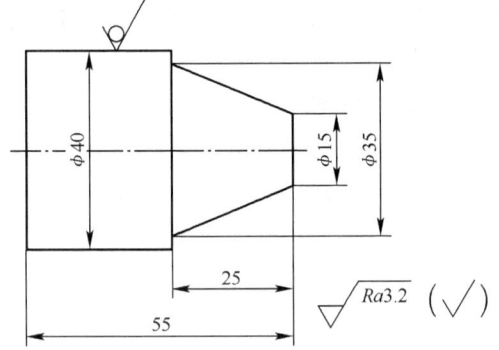

图2-9 圆锥体零件图

注意：G90、G94均为模态指令；切削起点（切入点）：切削进给的起始位置；切削终点（切出点）：切削进给的结束位置。

例2-1 用G90指令编写图2-9所示圆锥部分的加工程序。

圆锥体零件加工程序见表2-1。

表2-1 圆锥体零件加工程序

加工程序	程序说明
O0001；	程序号
G99 M03 S800 T0101；	主轴正转，转速为800r/min，1号刀及1号刀补
G00 X42.0 Z3.0；	1号刀快速到达循环起点
G94 X-1.0 Z0 F0.15；	G94指令车右端面
G00 G42 Z2.0；	车刀快速到达Z2点，建立刀尖圆弧半径补偿
G90 X40.0 Z-5.0 R-2.8 F0.15；	G90指令车削圆锥第一刀
Z-10.0 R-4.8；	G90指令车削圆锥第二刀
Z-15.0 R-6.8；	G90指令车削圆锥第三刀
Z-20.0 R-8.8；	G90指令车削圆锥第四刀
Z-25.0 R-10.8；	G90指令车削圆锥第五刀
X37.0 R-10.8；	G90指令车削圆锥第六刀
X35.0 R-10.8；	G90指令车削圆锥第七刀
G00 G40 X100.0 Z100.0；	1号刀快速退刀，取消刀尖圆弧半径补偿
M30；	程序结束，光标返回程序头

（4）径向固定切削循环G94（车圆锥面）

1）指令运动轨迹（图2-10）。

① Z轴从循环起点快速移动到切削起点 [图2-10中1 (R)];
② 从切削起点切削进给到切削终点 [图2-10中2 (F)];
③ Z轴以切削进给速度退刀,返回到与起点Z轴绝对坐标相同处 [图2-10中3 (F)];
④ X轴快速移动回到循环起点,循环结束 [图2-10中4 (R)]。

2) 指令格式:

G94 X (U)_ Z (W)_ R_ F_;

其中,X为切削终点的X轴绝对坐标;U为切削终点与起点的X轴绝对坐标的差值;Z为切削终点的Z轴绝对坐标;W为切削终点与起点的Z轴绝对坐标的差值;R为切削起点与切削终点的Z轴绝对坐标的差值(有符号),或者说切出点到切入点Z轴方向的位移,位移方向远离工件时符号为正,反之为负;F为进给量。R数值的计算公式为

$$|R| = \frac{L}{D-d} \times (D - d + \Delta X) \quad (2\text{-}2)$$

式中 D——圆锥大端直径;
  d——圆锥小端直径;
  L——圆锥长度;
  ΔX——车刀离开工件外圆的距离(直径值)。

例2-2 用G94指令编写图2-11所示锥台圆锥部分的加工程序。

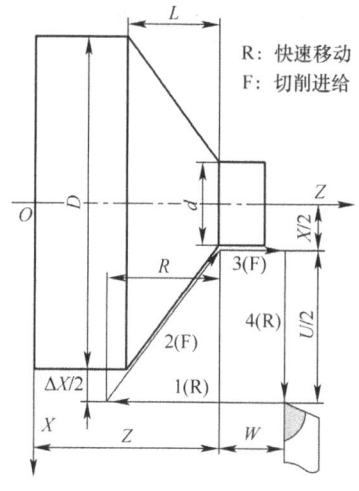

图2-10 G94指令车圆锥切削循环

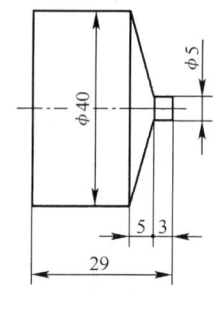

图2-11 锥台

锥台加工程序见表2-2。

表2-2 锥台加工程序

加工程序	程序说明
O0001;	程序号
G99 M03 S800 T0101;	主轴正转,转速为800r/min,1号刀及1号刀补
G00 X42.0 Z2.0;	1号刀快速到达循环起点
G94 X-1.0 Z0 F0.15;	G94指令车右端面
G00 G41 X2.1;	车刀快速到达循环起点,建立刀尖圆弧半径补偿

(续)

加工程序	程序说明
G94 X33.0 Z0.0 R-1.3 F0.15;	G94 指令车削圆锥第一刀
X26.0 R-2.3;	G94 指令车削圆锥第二刀
X19.0 R-3.3;	G94 指令车削圆锥第三刀
X12.0 R-4.3;	G94 指令车削圆锥第四刀
X5.0 R-5.3;	G94 指令车削圆锥第五刀
Z-1.5 R-5.3;	G94 指令车削圆锥第六刀
Z-3.0 R-5.3;	G94 指令车削圆锥第七刀
G00 G40 X100.0 Z100.0;	1号刀快速退刀，取消刀尖圆弧半径补偿
M30;	程序结束，光标返回程序头

(5) 精加工复合切削循环指令 G70

1) 指令运动轨迹。G70 指令轨迹由 ns～nf 之间程序段的编程轨迹决定。刀具从循环起点位置沿着 ns～nf 程序段给出的工件精加工轨迹进行精加工，在 G71、G72 或 G73 进行粗加工后，用 G70 指令进行精车，单次完成精加工余量的切削。

2) 指令格式：

G70 P(ns) Q(nf);

其中，ns 为精车轨迹的第一个程序段的程序段号；nf 为精车轨迹的最后一个程序段的程序段号。

注意事项

- G70 必须在 ns～nf 程序段后编写。
- 执行 G70 精加工循环时，ns～nf 程序段中的 F、S、T 指令有效。
- G96、G97、G98、G99、G40、G41、G42 指令在执行 G70 精加工循环时有效。
- 同一程序中需要多次使用复合循环指令时，ns～nf 不允许有相同程序段号。

(6) 轴向粗车循环指令 G71

1) 指令运动轨迹。数控系统根据精车轨迹、精车余量、进给量、退刀量等数据自动计算粗加工路线，沿与 Z 轴平行的方向切削，通过多次进刀、切削、退刀的切削循环完成工件的粗加工，G71 的起点和终点相同。本指令适用于非成型毛坯（棒料）的成形粗车，运动轨迹如图 2-12 所示。

精车轨迹为 A 点→B 点→C 点；粗车轨迹为精车轨迹按精车余量（Δu、Δw）偏移后的轨迹，是执行 G71 形成的轨迹轮廓。精加工轨迹的 A、B、C 点经偏移后对应粗车轮廓的 A'、B'、C' 点，G71 指令最终的连续切削轨迹为 B' 点→C' 点。

2) 指令执行过程如下：

① 从起点 A 快速移动到 A'，X 轴移动 Δu、Z 轴移动 Δw。

② 从 A' 点 X 轴移动 Δd（进刀），进刀方向与 A 点→B 点的方向一致。

③ Z 轴切削进给到粗车轮廓，进给方向与 B 点→C 点 Z 轴变化一致。

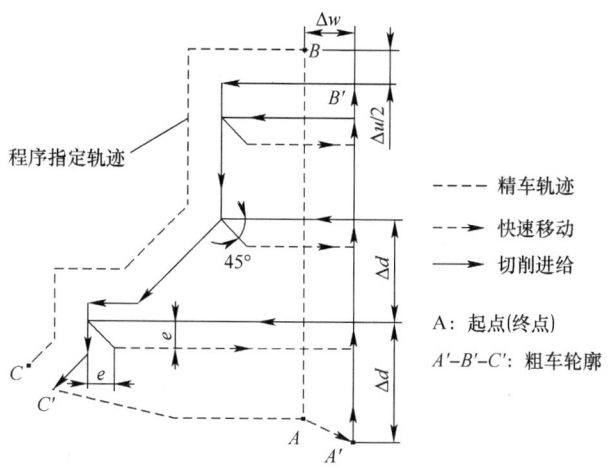

图 2-12　G71 指令循环轨迹

④ X 轴、Z 轴按切削进给速度退刀，退刀量为 e（45°直线），退刀方向与各轴进刀方向相反。

⑤ Z 轴以快速移动速度退回到与 A' 点 Z 轴绝对坐标相同的位置。

⑥ X 轴再次进刀→切削→退刀循环，直至到达或超过 B' 点后，X 轴进刀至 B' 点。

⑦ 沿粗车轮廓从 B' 切削进给至 C' 点。

⑧ 从 C' 点快速移动到 A 点，G71 循环结束。

3）指令格式：

G71　U（Δd）　R（e）　F_　S_　T_　；
G71　P（ns）　Q（nf）　U（Δu）　W（Δw）；
N_　（ns）……；
……；
……F；
……S；
……；
N_　（nf）……；

其中，Δd 为粗车时 X 轴的背吃刀量（半径值，无符号）；e 为粗车时 X 轴的退刀量（半径值，无符号）；ns 为精车轨迹的第一个程序段号；nf 为精车轨迹的最后一个程序段号；Δu 为 X 轴的精加工余量（直径值，有符号）；Δw 为 Z 轴的精加工余量（有符号）；F 为进给量；S 为主轴转速；T 为刀具号、刀具偏置补偿号。

4）留精车余量时坐标偏移方向。Δu、Δw 反映了精车时坐标偏移和切入方向，按 Δu、Δw 的符号有四种不同的组合，如图 2-13 所示。图 2-13 中 B→C 为精车轨迹，B'→C' 为粗车轮廓，A 为起刀点。

由图 2-13 可知，在确定 Δu、Δw 的正负号时，可以简单的总结为两句话：当 X 轴方向向远离工件的方向留精加工余量时，Δu 的符号为正，反之为负；当 Z 轴方向向远离工件的方向留精加工余量时，Δw 的符号为正，反之为负。

5）指令说明如下：

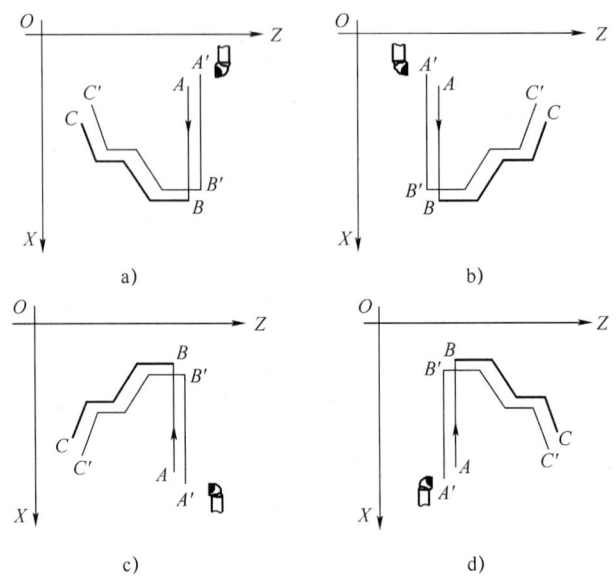

图 2-13 Δu、Δw 正负号的确定

a) Δu<0、Δw>0 b) Δu<0、Δw<0 c) Δu>0、Δw>0 d) Δu>0、Δw<0

① ns～nf 程序段必须紧跟在 G71 程序段后编写。

② 执行 G71 时，ns～nf 程序段仅用于计算粗车轮廓，程序段并未被执行。ns～nf 程序段中的 F、S、T 指令在执行 G71 时无效，G71 程序段的 F、S、T 指令有效。执行 G70 精加工循环时，ns～nf 程序段中的 F、S、T 指令有效。

③ G96、G97、G98、G99、G40、G41、G42 指令执行 G71 循环时无效，执行 G70 精加工循环时有效。

④ Δd、Δu 都用同一地址 U 指定，其区分是根据该程序段有无指定 P、Q 指令。

注意事项
- ns 程序段只能是不含 Z（W）指令字的 G00、G01 指令，否则报警。
- 精车轨迹（ns～nf 程序段），X 轴、Z 轴的尺寸都必须是单调变化。
- ns～nf 程序段中，不能有子程序调用指令（如 M98/M99）。
- 同一程序中多次使用复合循环指令时，ns～nf 不允许有相同程序段号。

 任务准备

1. 设备选择

选用 GSK980T 系统数控车床；选用计算机及仿真软件。

2. 零件毛坯

选用 φ44mm×75mm 圆棒料，毛坯材质为 45 钢。

3. 刀具类型

制订刀具卡片，见表2-3。

表2-3 数控加工刀具卡片

产品名称或代号：			零件名称：模芯		零件图号：	
序号	刀具号	刀具规格及名称	材质	数量	加工表面	备注
1	T01	90°外圆车刀	P10	1	粗、精车外圆、阶台、圆锥	R0.4
编制：			审核：			

4. 量具选用

1）钢直尺：0~300mm。
2）游标卡尺：0.02mm/0~150mm。
3）外径千分尺：0.01mm/25~50mm。
4）表面粗糙度样板。

任务实施

1. 确定加工工艺

以零件轴线与右端面交点为零件编程坐标系原点，工艺路线安排如下：

1）自定心卡盘夹持工件一端，伸出长度35mm左右，车削零件左端面。
2）粗车$\phi 39 \pm 0.02$mm外圆，留余量0.5mm。
3）精车$\phi 39 \pm 0.02$mm外圆及C2倒角至尺寸。
4）工件调头，夹持$\phi 39 \pm 0.02$mm外圆，伸出长度55mm左右并找正，车削零件右端面，保证总长尺寸合格。
5）粗车$\phi 33 \pm 0.02$mm、$\phi 26 \pm 0.02$mm外圆及两圆锥面，留精加工余量0.4mm。
6）精车零件外圆、圆锥面及倒角至尺寸。

制订加工工艺卡片，见表2-4。

表2-4 数控加工工艺卡片

零件名称	模芯		零件图号		工件材质	45钢	
工序号	程序编号		夹具名称		数控系统	车间	
1	O0001		自定心卡盘		GSK980T		
工步号	工步内容		刀具号	主轴转速/(r/min)	进给量/(mm/r)	背吃刀量/mm	备注
1	车左端面		T01	900	0.2	1	自动
2	粗车$\phi 39 \pm 0.02$mm外圆，留余量0.5mm		T01	900	0.2	1	自动
3	精车$\phi 39 \pm 0.02$mm外圆及C2倒角		T01	1100	0.1	0.25	自动
工序号	程序编号		夹具名称		数控系统	车间	
2	O0002		自定心卡盘		GSK980T		

(续)

工步号	工步内容	刀具号	主轴转速 /(r/min)	进给量 /(mm/r)	背吃刀量 /mm	备注
1	车右端面	T01	85	0.2	1.5	自动
2	粗车右端外圆及圆锥面	T01	85	0.2	1.5	自动
3	精车外圆、圆锥面及倒角	T01	100	0.1	0.2	自动
编制			审核		批准	

2. 程序的编制和输入

模芯的程序编制见表2-5。

表2-5 模芯的加工程序

加工程序	程序说明	实物图
O0001;	程序号,加工左端	
G99 M03 S900 T0101;	主轴正转,转速为900r/min,1号刀及1号刀补	
G00 X44.0 Z2.0;	1号刀快速到达循环起点	
G94 X-1.0 Z1.0 F0.15; Z0;	G94循环车工件左端面	
G90 X39.5 Z-30.0 F0.2; S1100;	G90循环粗车φ39mm外圆 精车主轴转速为1100r/min	
G00 X35.0;	车刀X轴快速移动准备精车	
G01 G42 Z0 F0.1;	建立刀尖圆弧半径右补偿	
X39.0 Z-2.0;	精车C2倒角	
Z-30.0;	精车φ39±0.02mm外圆	
G01 G40 X44.0;	退刀,取消刀尖圆弧半径补偿	
G00 X100.0 Z100.0;	快速退刀,车刀远离工件	
M30;	程序结束,测量,工件调头	
O0002;	程序号,加工右端	
G96 M03 S85 T0101;	主轴正转,恒线速,主轴速度为85m/min,1号刀及1号刀补	
G50 S1100;	限制主轴最高转速为1100r/min	
G00 X44.0 Z2.0;	车刀快速到达循环起点	
G94 X-1.0 Z1.0 F0.15; Z0;	G94循环车工件右端面	
G71 U1.5 R0.5; G71 P10 Q11 U0.4 W0.03;	G71复合循环粗车	
N10 G00 X10.0; G01 G42 Z0 F0.1; X20.0 Z-15.0; X23.0; X26.0 Z-16.5; Z-23.0; X33.0 Z-35.0; Z-45.0; X37.0; X39.0 Z-46.0; N11 G01 G40 X43.0;	工件右端精加工程序	
G96 S100;	精车主轴速度为100m/min	
G70 P10 Q11;	G70复合循环精车	

(续)

加工程序	程序说明	实物图
G00　X100.0　Z100.0;	1号刀快速退刀	
M30;	程序结束,光标返回程序头	

3. 零件加工模拟

按下机床锁定和辅助功能锁定按钮,指示灯亮后,进入自动方式进行程序运行模拟,判断程序正误。模芯加工过程模拟如图2-14所示。无误后可进行机械回零操作。

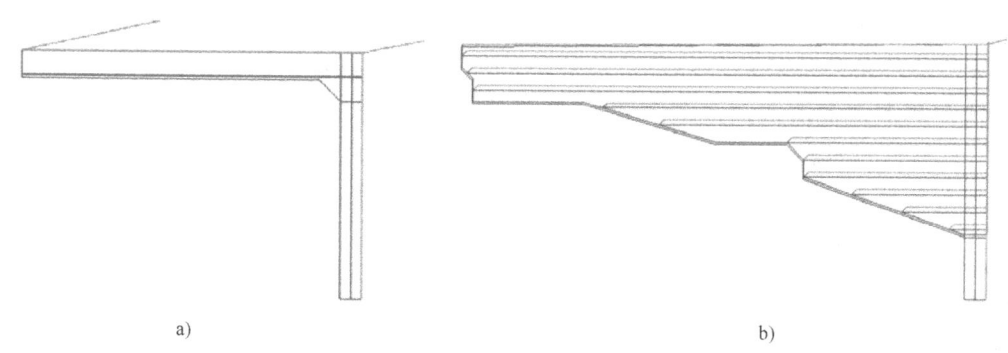

图2-14　模芯加工模拟
a) 工件左端　b) 工件右端

4. 工件与刀具的安装

工件装夹在自定心卡盘上,装夹要牢固。刀具在刀架上安装时,号码应与程序中的刀具号一致,车刀安装时不宜伸出过长,刀尖高度应与工件中心等高。

5. 对刀并输入刀补值

车刀分别试切工件外圆和端面,测量后正确输入对应的刀补值,对刀结束。

6. 数控加工与精度控制

(1) 加工　首件加工应单段运行,通过机床控制面板上的"倍率选择"按钮适当降低刀具运动速度,第一件加工无误后方可正常运行加工,当程序暂停时可以检测加工尺寸,以保证尺寸精度要求。

(2) 精度控制　加工过程中,各尺寸精度都要保证在公差允许范围之内,如出现误差应及时修改程序或修改刀补予以解决。

7. 零件检测

1) 修整工件,去毛刺等。

2) 尺寸精度检测:用游标卡尺测量零件阶台长度、总长、圆锥直径及长度等尺寸;用外径千分尺检测零件 $\phi 39 \pm 0.02$mm、$\phi 33 \pm 0.02$mm、$\phi 26 \pm 0.02$mm 外圆。

3) 表面质量检测:用粗糙度样板对比检测零件表面加工质量。

检查评议

模芯的编程与加工评分标准见表2-6。

表 2-6　模芯的编程与加工评分标准

姓名		零件名称	模芯	时间	60min	总得分	
项目	序号	技术要求	配分	评分标准		检测记录	得分
零件加工 (55 分)	1	各外圆尺寸正确	13	每超差 0.01mm 扣 2 分			
	2	阶台及各长度尺寸正确	12.5	不正确每处扣 2.5 分			
	3	圆锥各部尺寸正确	10	不正确每处扣 2 分			
	4	倒角尺寸合格	4.5	不正确每处扣 1.5 分			
	5	表面粗糙度符合图样要求	15	每处降低一级扣 3 分			
程序 与工艺 (25 分)	6	程序正确、完整	6	不正确每处扣 1 分			
	7	程序格式规范	5	不规范每处扣 0.5 分			
	8	加工工艺合理	5	不合理每处扣 1 分			
	9	程序参数选择合理	4	不合理每处扣 0.5 分			
	10	指令选用合理	5	不合理每处扣 1 分			
机床操作 (15 分)	11	零件装夹合理	2	不合理每次扣 1 分			
	12	刀具选择及安装正确	2	不正确每次扣 1 分			
	13	对刀及坐标系设定正确	4	不正确每次扣 1.5 分			
	14	机床面板操作正确	4	误操作每次扣 1 分			
	15	意外情况处理正确	3	不正确每次扣 1.5 分			
文明生产 (5 分)	16	安全操作	2.5	违反操作规程全扣			
	17	机床整理	2.5	不合格全扣			
记录员		监考人		检验员		考评人	

 问题及防治

在数控车床上加工圆锥时，经常遇到的问题、产生原因及解决方法见表 2-7。

表 2-7　圆锥加工误差分析

问题现象	产生原因	解决方法
锥度不符合要求	1. 程序错误 2. 工件装夹不正确 3. 刀尖未严格对准工件中心	1. 检查、修改加工程序 2. 正确安装工件，增加安装刚性 3. 调整刀尖高度，对准工件中心
切削过程出现振动	1. 工件装夹不正确 2. 刀具安装不正确 3. 切削参数选择不正确	1. 正确安装工件 2. 正确安装刀具，增强刀具刚性 3. 合理选择切削参数
圆锥径向尺寸不合格	1. 程序错误 2. 刀具磨损 3. 没使用刀尖圆弧半径补偿	1. 修改加工程序 2. 及时更换或刃磨刀具 3. 正确使用刀尖圆弧半径补偿
切削过程发生干涉现象	工件斜度大于刀具副偏角	1. 合理选择刀具 2. 改变切削方式

单元 2　圆锥和圆弧面零件的编程与加工

师傅说现场

怎样保证零件的首件合格？

在数控机床上加工精度高的零件时，零件各点坐标值都是经过精确计算的，理论上讲加工的零件应该是合格的，但受刀具锋利程度、切削力及对刀误差等因素的影响，实际情况往往不是如此，零件首件加工时容易因尺寸超差而出现废品，那么怎样才能保证零件首件的尺寸合格呢？实际生产中常采用改变刀补值的办法来解决。现以加工工件外圆为例，介绍具体操作方法如下：

1) 零件自动加工前按下 [刀补/OFT] 键，在刀补界面光标放在"001"处（假设调整 1 号刀），输入"U0.3"，然后按下 [输入/IN] 键，使得加工后的零件外圆比实际尺寸大 0.3mm 左右，如图 2-15 所示。

2) 自动运行加工零件，加工完成后测量外圆尺寸。

3) 测量后的尺寸应比实际尺寸（中差）大 0.3mm 左右，如果实际测量值大 0.32mm，那么就在刀补界面输入"U-0.32mm"，然后按 [输入/IN] 键输入，对加工误差进行修正，如图 2-16 所示。

4) 自动方式下重新运行程序，零件首件尺寸即合格。

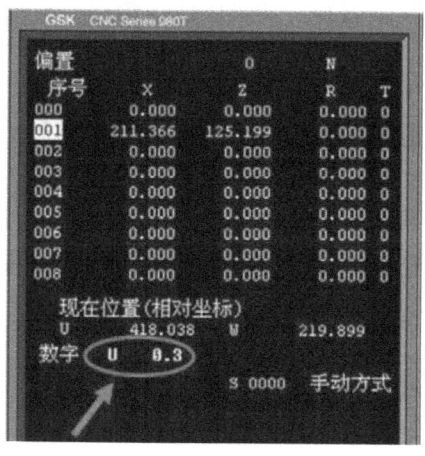
图 2-15　增加刀补值

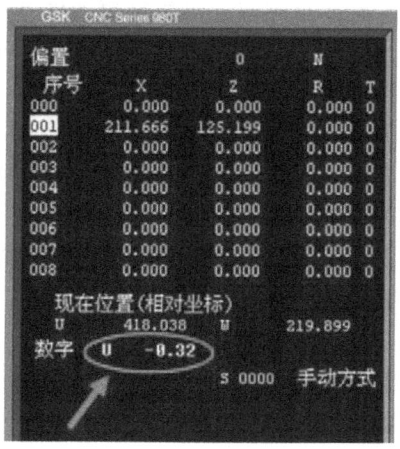
图 2-16　修正刀补值

扩展知识

难切削材料的加工

1. 难切削材料的种类

难切削材料，科学地说，就是切削加工性差的材料，即硬度大于 250 HBW，抗拉强度大于 1000MPa、断后伸长率大于 30%、热导率小于 41.8W/(m·K) 的材料。但在日常生产中，切削加工所用的材料种类繁多，性能各异，某一种材料性能的有关数据并非全面达到或超过以上指标,故有一项以上者超过上述指标,也属于难切削材料。

难切削材料种类很多,从金属到非金属材料的范围也很广,一般可分为以下八大类:

(1) 微观高硬度材料　如玻璃钢、岩石、可加工陶瓷、碳棒、碳纤维、各种塑料、胶木、树脂、合成材料、硅橡胶、铸铁等。这类材料的特点是含有硬质点相,其中有的研磨性很强,切削时起磨料作用,故刀具主要承受磨料磨损,高速切削时也伴随着物理、化学磨损。

(2) 宏观高硬度材料　如淬火钢、硬质合金、陶瓷、冷硬铸铁、合金铸铁、喷涂材料(镍基、钴基)等。这类材料的主要特点是硬度高(55~66HRC)。切削这类材料时,由于切削力大,切削温度高,刀具失效主要是磨料磨损和崩刃。

(3) 加工时硬化倾向严重的材料　如不锈钢、高锰钢、耐热钢、高温合金等。这类材料的塑性高、韧性好、强度高、强化系数高(一般为100%以上),切削加工时表面硬化现象严重。由于这类材料的强度高,热导率低,切削温度高,切削力大,刀具主要承受磨料磨损、粘结磨损和热裂磨损。

(4) 切削温度高的材料　如合成树脂、木材、硬质橡胶、石棉、酚醛塑料、高温合金、钛合金等。这类材料的导热系数很低,刀具易产生磨料、粘结、扩散和氧化磨损。

(5) 高塑性材料　如纯铁、纯镍、纯铜等。由于这类材料断后伸长率大于50%,塑性很高,切削时塑性变形很大,易产生积屑瘤和鳞刺,刀具主要是磨料磨损和粘结磨损。

(6) 高强度材料　是指抗拉强度 $\sigma_b > 1000$MPa 的材料,如奥氏体不锈钢、高锰钢、高温合金和部分合金钢。由于它们的强度高,切削时的切削力大,切削温度高,不仅刀具易磨损,而且切屑不易处理。

(7) 化学活性大的材料　如钛、镍、钴及其他的合金。这类材料化学活性大、亲和性强,切削加工时易粘结在刀具上,与刀具材料产生化学、物理反应,相互扩散。

(8) 稀有高熔点材料　熔点高于1700℃的难熔金属材料,如钨、钼、铌、钽、锆、铪、钒、铼的纯金属及其合金。由于这些材料本身的熔点高,切削加工时切削力大,切削变形也大,刀具主要是磨料磨损和粘结磨损。

2. 难切削材料的切削特点

(1) 切削力大　难切削材料大都具有高的硬度和强度,原子密度和结合力大,抗断裂韧性和持久塑性高,在切削过程中切削力大。一般难切削材料的单位切削力是切削45钢单位切削力的1.25~2.5倍。

(2) 切削温度高　多数难切削材料,不仅具有较高的常温硬度和强度,而且具有高温硬度和高温强度。因此消耗的切削变形功率大,加之材料本身的热导率低,形成了很高的切削温度。例如,切削速度为75m/min时,不同材料的切削温度比切削45号钢的切削温度高的情况是:TC-4高435℃,GH2132高320℃,1Cr18Ni9Ti高195℃。

(3) 加工硬化倾向大　一部分难切削材料,由于塑性、韧性高,强化系数高,在切削力和切削热的作用下,产生很大的塑性变形,造成加工硬化。无论是冷硬的程度还是硬化层深度都比切削45钢高好几倍。加之在切削热的作用下,材料吸收周围介质中的氢、氧、氮等元素的原子,而形成硬脆的表层,给切削带来很大的困难。如高温合金切削后的表层硬化程度比基体高50%~100%,1Cr18Ni9Ti奥氏体不锈钢高85%~95%,高锰钢(Mn13)高200%,其硬化层深度达0.1mm以上。

单元2 圆锥和圆弧面零件的编程与加工

（4）刀具磨损大　难切削材料的切削力大，切削温度高，刀具与切屑之间的摩擦加剧，刀具材料与工件材料产生亲和作用。材料硬质点的存在和严重的加工硬化现象的产生，使刀具在切削过程中产生粘结磨损、扩散磨损、磨料磨损、边界磨损和沟纹磨损，使刀具丧失切削的能力。

（5）切屑难处理　材料的强度高，塑性和韧性大，切削时的切屑呈带状的缠绕屑，既不安全，又影响切削过程的顺利进行，而且也不便于处理。

3. 改善难切削材料切削加工性的基本途径

（1）选用合理的刀具材料　根据被加工材料的性能、加工方法、加工的技术条件和合理选用刀具材料。很多难切削材料在切削时，刀具材料十分关键。

（2）改善切削条件　切削难切削材料时，由于切削力大，应选择有足够功率和刚性的机床及工艺装备。

（3）选择合理的刀具几何参数和切削用量　根据不同的刀具材料、工件材料的性能和工艺条件，进行综合考虑，选择合理的刀具几何参数与切削用量，做到既发挥刀具材料的切削性能，又保证一定的刀具寿命，使切削顺利进行，获得合理的加工质量和效率。

（4）对被加工材料进行适当的热处理　通过热处理来改变被加工材料的性能和金相组织，达到改善材料切削加工性的目的。

（5）重视切屑控制　加工难切削材料时，切屑控制是一个普遍存在的问题。特别是自动化程度高的机床，更为重要。只有具有可靠的断屑措施，才能顺利地进行切削。

（6）采用其他加工措施　如采用等离子加热切削、振动切削、电熔爆切削，都可以获得良好的加工效果。

考证要点

1. 判断题

（1）数控车床上，刀尖圆弧只有在加工圆弧面时才产生加工误差。　　　　　　（　　）
（2）恒线速切削指令 G96　S_ 中的 S 的单位是 m/min。　　　　　　　　　　（　　）
（3）G94 与 G90 循环轨迹的区别：G94 第一步先走 Z 轴，G90 则是先走 X 轴。（　　）
（4）如果程序段"ns"和"nf"之间没有给出 F、S 值，则 G70 执行过程中沿用 G71 执行过程中的 F、S 值。　　　　　　　　　　　　　　　　　　　　　　　　（　　）
（5）G41 或 G42 必须与 G40 成对使用。　　　　　　　　　　　　　　　　　（　　）

2. 选择题

（1）沿刀具前进方向观察，刀具偏在工件轮廓的左边是_____指令，刀具偏在工件轮廓的右边是_____指令。
A. G40　　　　　　　　B. G41　　　　　　　　C. G42
（2）在轴向粗车循环 G71　U(Δd)　R(e)中，Δd 表示(　　)。
A. Z 方向精加工余量　B. X 方向精加工余量　C. 每次径向背吃刀量
D. 总径向背吃刀量

3. 简答题

（1）什么是刀尖圆弧半径补偿？
（2）加工圆锥或圆弧面时，产生欠切或过切的原因是什么？如何解决？

(3) G71 指令适合加工何种类型的零件？
4. 完成如图 2-17 和如图 2-18 所示零件的编程和加工。要求：
(1) 合理选择工件坐标系。
(2) 分析并制订工件加工工艺。
(3) 编写零件加工程序并完成加工过程。

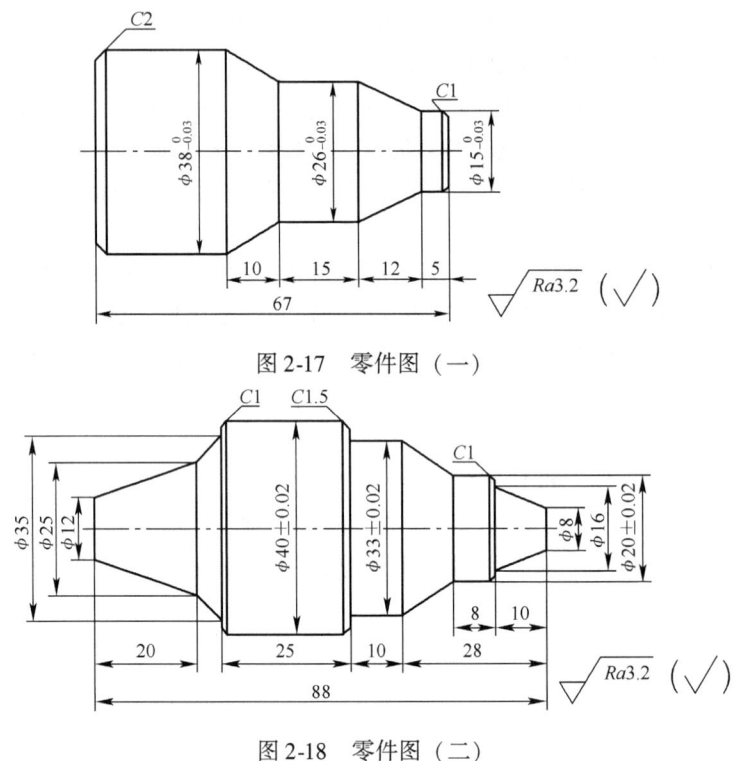

图 2-17 零件图（一）

图 2-18 零件图（二）

任务 2 加 工 轴 头

 任务描述

如图 2-19 所示为一轴头零件图。如图 2-20 所示为轴头实体图形。它的生产类型为单件或小批量生产，无热处理工艺要求，试正确设定工件坐标系，制订加工工艺方案，选择合理的刀具和切削工艺参数，正确编制数控加工程序并完成零件的加工。

任务分析

本零件加工内容包括外圆、阶台、圆锥、圆弧面等，各尺寸精度要求一般，表面粗糙度全部为 $Ra3.2\mu m$。圆弧面的加工在普通车床上难度较大（尤其是大圆弧车削），而在数控车床上将变得很简单，需用到圆弧加工指令 G02 或 G03。此零件外形起伏变化较大，不符合单调变化规律，因此不能用轴向粗车循环指令 G71 编程加工，而应选择适合本零件外形变化的新编程加工指令即：封闭切削循环指令 G73 加工。加工 R20 圆弧时应选择合适的刀具，防止发生干涉现象。零件上各点坐标值明确，无需计算。

单元 2　圆锥和圆弧面零件的编程与加工

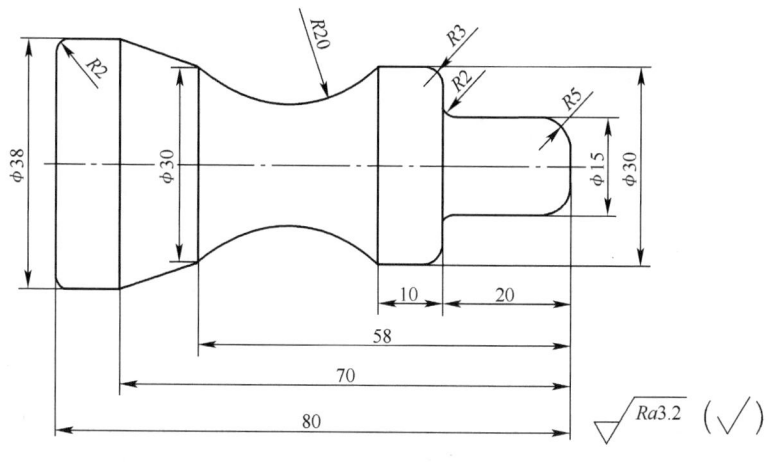

图 2-19　轴头

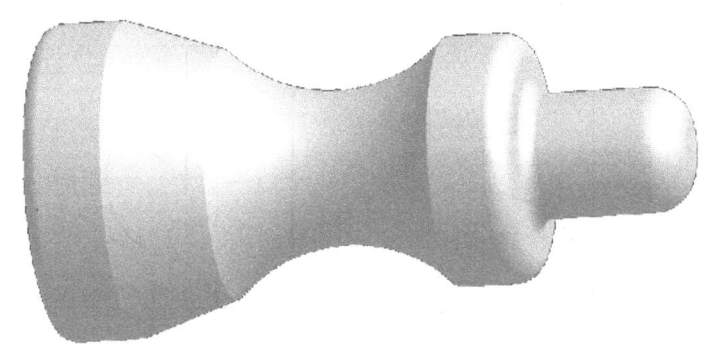

图 2-20　轴头实体图

问题与思考

1. 加工本零件时，所选车刀应具备什么特点？
2. 本零件加工时应选择哪些编程指令？

相关知识

1. 加工刀具选择

由于零件外形不符合单调性变化规律，如选用普通 90°外圆车刀，车削时会因副偏角过小发生刀具干涉现象，因此工件外形加工应选择刀尖角为 35°的外圆车刀。

2. 圆弧加工工艺路线

在数控车床上加工半径值较大的圆弧时，由于加工余量大而无法一刀车出时，可以考虑多刀加工，将余量去除后再精车得到所需圆弧。常见车圆弧时的加工路线如下：

（1）阶梯形车削圆弧路线　图 2-21a、2-21b 所示为车圆弧的阶梯形切削路线，先粗车成阶梯形，最后再精车出圆弧。此方法在确定每次背吃刀量后，需计算出粗车的终刀距 S，即圆弧与直线的交点。此法刀具切削路径较短，但数值计算较复杂。

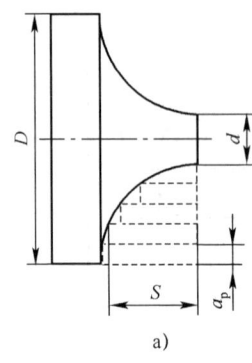 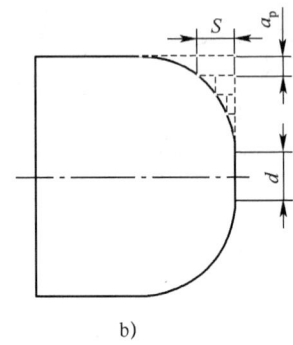

图 2-21 阶梯形车削圆弧路线

(2) 同心圆法车削圆弧路线 图 2-22a、2-22b 所示为同心圆法车圆弧的切削路线,即沿不同半径的圆弧来车削,最后将所需圆弧加工出来。此方法在确定了背吃刀量后,对圆心角为 90°圆弧的起点、终点坐标较易确定,数值计算简单,编程方便。

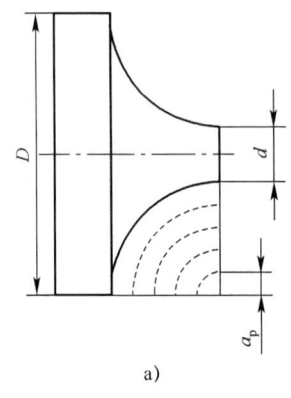 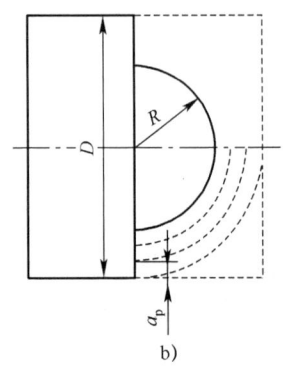

图 2-22 同心圆法车削圆弧路线

(3) 车圆锥法加工圆弧切削路线 图 2-23 所示为车圆锥法加工圆弧切削路线,即粗车时先车出一个圆锥,再车圆弧。注意应正确计算出图中 AC、BC 的长度,其计算方法为:$AC = BC = \sqrt{2}CD = \sqrt{2}(OC - OD) = \sqrt{2}(\sqrt{2}R - R) \approx 0.585R$,此法数值计算较复杂,刀具切削路线短。

以上是加工较大直径圆弧时的几种方法,往往用到一些相关的数学计算。实际生产中可以应用复合循环指令来加工,把复杂的数学计算让机床数控系统来完成,从而减少编程时的计算工作量。

3. 编程指令

(1) 圆弧插补指令 G02、G03

1) 指令功能。G02 指令运动轨迹为从起点到终点的顺时圆弧(CW),如图 2-24 所示。G03 指令运动轨迹为从起点到终点的逆时针圆弧(CCW),如图 2-25 所示。

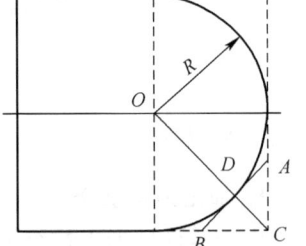

图 2-23 车圆锥法加工圆弧切削路线

2) 指令格式:
G02(G03) X(U)_ Z(W)_ R_ F_;

G02(G03) X(U)_ Z(W)_ I_ K_ F_;

其中，X，Z 为圆弧的终点坐标；U，W 为终点相对于起点的增量坐标；R 为不带符号的圆弧半径；I 为圆心与圆弧起点在 X 方向的差值，带符号；K 为圆心与圆弧起点在 Z 方向的差值，带符号，如图 2-24 和 2-25 所示。

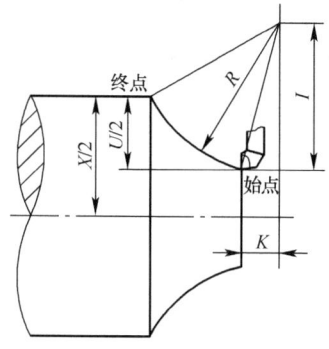
图 2-24 顺时针圆弧插补 G02

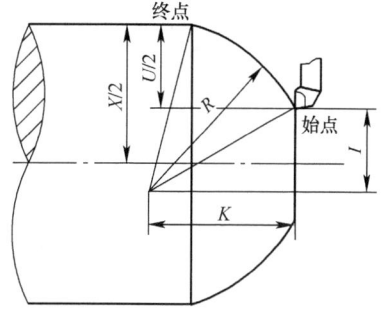
图 2-25 逆时针圆弧插补 G03

> **注意事项**
> - G02、G03 为模态 G 指令。
> - 判定圆弧顺时针或逆进针方向插补时，无论数控车床是前置刀架还是后置刀架，都以后置刀架为准，判定结果同样适用于前置刀架。
> - I、K 和 R 同时输入时，R 有效，I、K 无效。
> - R 值必须等于或大于起点到终点的一半，否则系统报警。
> - R 负值时为大于 180° 的圆弧，R 正值时为小于或等于 180° 的圆弧。

（2）封闭切削循环指令 G73

1）指令运动轨迹。系统根据精车余量，退刀量、切削次数等数据自动计算粗车偏移量、粗车的单次进给量和粗车轨迹，每次切削的轨迹都是精车轨迹的偏移，切削轨迹逐步靠近精车轨迹，最后一次切削轨迹为按余量偏移的精车轨迹，G73 的起点和终点相同。本指令适用于成型毛坯的粗车，运动轨迹如图 2-26 所示。

精车轨迹为 A 点→B 点→C 点；粗车轨迹为精车轨迹的一组偏移轨迹，粗车轨迹数量与切削次数相同。坐标偏移后精车轨迹的 A、B、C 点分别对应粗车轨迹的 A_n、B_n、C_n 点（n 为切削次数），第一次切削相对于精车轨迹的坐标偏移量为 $(\Delta i \times 2 + \Delta u, \Delta k + \Delta w)$，最后一次切削相对于精车轨迹的坐标偏移量为 $(\Delta u, \Delta w)$。

2）指令执行过程。

① $A \rightarrow A_1$：快速移动。

② 第一次粗车，$A_1 \rightarrow B_1 \rightarrow C_1$。其中，$A_1 \rightarrow B_1$：ns 程序段一般是 G00 快速移动；$B_1 \rightarrow C_1$ 为切削进给。

③ $C_1 \rightarrow A_2$：快速移动。

④ 第二次粗车，$A_2 \rightarrow B_2 \rightarrow C_2$。其中，$A_2 \rightarrow B_2$：ns 程序段 G00 快速移动；$B_2 \rightarrow C_2$ 为切削进给。

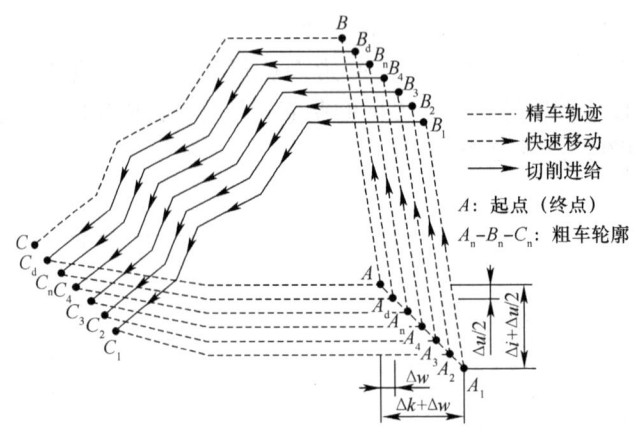

图 2-26　G73 指令运动轨迹

……

第 n 次粗车，$A_n \rightarrow B_n \rightarrow C_n$：

……

最后一次粗车，$A_d \rightarrow B_d \rightarrow C_d$。其中，$A_d \rightarrow B_d$：ns 程序段 G00 快速移动；$B_d \rightarrow C_d$ 为切削进给。

3）指令格式：

G73　U（Δi）　W（Δk）　R（d）　F_　S_　T_；

G73　P（ns）　Q（nf）　U（Δu）　W（Δw）；

N_　（ns）……；

……

……F；

……S；

……

N_　（nf）……；

其中，Δi 为 X 轴粗车退刀量（半径值，有符号），等于 A_1 点相对于 A_d 点的 X 轴坐标偏移量；Δk 为 Z 轴粗车退刀量（有符号），Δk 等于 A_1 点相对于 A_d 点的 Z 轴坐标偏移量；d 为切削次数；ns 为精车轨迹的第一个程序段号；nf 为精车轨迹的最后一个程序段号；Δu 为 X 轴的精加工余量（直径值，有符号）；Δw 为 Z 轴的精加工余量（有符号）；F 为切削进给速度；S 为主轴转速；T 为刀具号、刀具偏置号。

4）粗、精车时坐标的偏移方向。Δi、Δk 反映了粗车时坐标偏移方向，Δu、Δw 反映了精车时坐标偏移方向；Δi、Δk、Δu、Δw 可以有多种组合，一般 Δi 和 Δu 的符号一致，Δk 和 Δw 的符号一致，常见的有四种组合，如图 2-27a、2-27b、2-27c、2-27d 所示。图 2-27 中 $B \rightarrow C$ 为工件轮廓，$B' \rightarrow C'$ 为粗车轮廓，$B'' \rightarrow C''$ 为精车轨迹，A 为起刀点。

通过上图所示，在确定 Δi、Δk、Δu、Δw 的正负号时，我们可以简单地总结出两句话：当 X 轴方向向远离工件的方向偏移和留余量时，Δi、Δu 的符号为正，反之为负；当 Z 轴方向向远离工件的方向偏移和留余量时，Δk、Δw 的符号为正，反之为负。

5）指令说明。

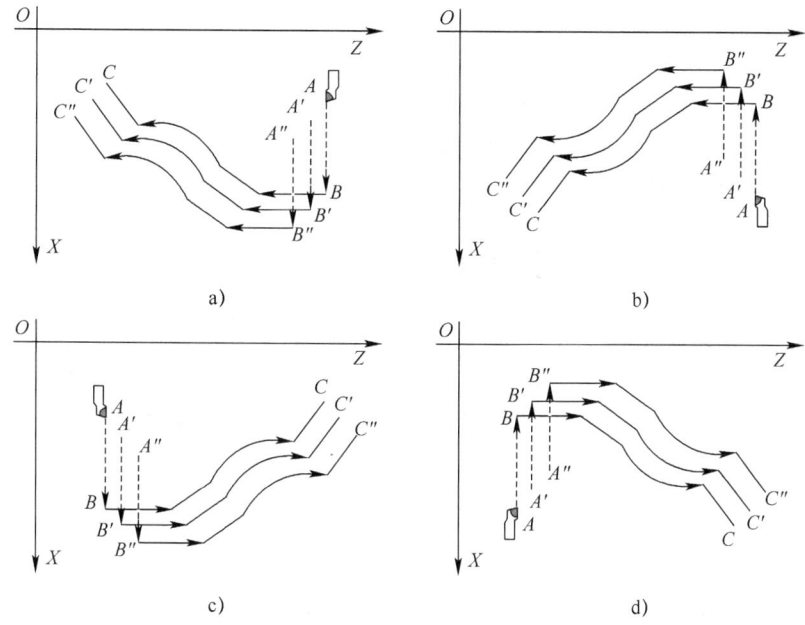

图 2-27　Δi、Δk、Δu、Δw 正负号的确定

a) $\Delta i<0$、$\Delta k>0$、$\Delta u<0$、$\Delta w>0$　b) $\Delta i>0$、$\Delta k>0$、$\Delta u>0$、$\Delta w>0$
c) $\Delta i<0$、$\Delta k<0$、$\Delta u<0$、$\Delta w<0$　d) $\Delta i>0$、$\Delta k<0$、$\Delta u>0$、$\Delta w<0$

① ns～nf 程序段必须紧跟在 G73 程序段后编写。
② 执行 G73 时，ns～nf 程序段仅用于计算粗车轮廓，程序段并未被执行。ns～nf 程序段中的 F、S、T 指令在执行 G73 时无效，G73 程序段的 F、S、T 指令有效。执行 G70 精加工循环时，ns～nf 程序段中的 F、S、T 指令有效。
③ ns 程序段只能是 G00、G01、G02、G03 指令。
④ G96、G97、G98、G99、G40、G41、G42 指令执行 G73 循环中无效，执行 G70 精加工循环时有效。

注意事项

- GSK980TA 系统编程时，切削次数 d 的值应除以一千。
- ns～nf 程序段中，不能有子程序调用指令（如 M98/M99）。
- 同一程序中多次使用复合循环指令时，ns～nf 不允许有相同程序段号。
- 使用 G73 指令（有刀尖圆弧半径补偿）加工形状有凹凸变化特征的零件时，精加工余量 u 的值应取大些，否则会因过切而产生废品。

任务准备

1. 设备选择

选用 GSK980T 系统数控车床；计算机及仿真软件。

2. 零件毛坯

选用 ф42mm×120mm 圆棒料，多件加工时可选用加长棒料，材质 45 钢。

3. 刀具类型

制订刀具卡片，见表 2-8。

4. 量具选用

1) 钢直尺：0~300mm。
2) 游标卡尺：0.02mm/0~150mm。
3) 外径千分尺：0.01mm/0~25mm，0.01mm/25~50mm。
4) R规：$R2$、$R3$、$R5$、$R20$。
5) 表面粗糙度样板。

表2-8 数控加工刀具卡片

产品名称或代号：			零件名称：轴头		零件图号：	
序号	刀具号	刀具规格及名称	材质	数量	加工表面	备注
1	T01	35°外圆车刀	P10	1	粗、精车外圆、圆弧面	$R0.2$
2	T02	4mm 切断刀	P10	1	切断工件	
编制：			审核：			

任务实施

1. 确定加工工艺

以零件轴线与右端面交点为零件编程坐标系原点，从右到左加工，工艺路线安排如下：

1) 自定心卡盘夹持工件一端，伸出长度90mm左右，车削零件右端面。
2) 粗车零件 $\phi15$mm、$\phi30$mm、$\phi38$mm 外圆及 $R20$ 圆弧面，留精加工余量0.8mm。
3) 精车零件 $\phi15$mm、$\phi30$mm、$\phi38$mm 外圆、$R20$ 圆弧面及圆角至尺寸。
4) 切断工件并倒圆角。

制订加工工艺卡片，见表2-9。

表2-9 数控加工工艺卡片

零件名称	轴头	零件图号		工件材质	45钢	
工序号	程序编号	夹具名称		数控系统	车间	
1	O0001	自定心卡盘		GSK980T		
工步号	工步内容	刀具号	主轴转速/(r/min)	进给量/(mm/r)	背吃刀量/mm	备注
1	车右端面	T01	900	0.15	1	自动
2	粗车外圆及圆弧面	T01	900	0.15	1.5	自动
3	精车外圆及圆弧面	T01	1000	0.1	0.2	自动
4	切断	T02	500	0.1	4	自动
编制		审核		批准		

2. 程序的编制和输入

轴头的加工程序编制见表2-10。

3. 零件加工模拟

按下机床锁定和辅助功能锁定按钮，指示灯亮后，进入自动方式进行程序运行模拟，判断程序正误，无误后可进行机械回零操作。轴头加工过程模拟如图2-28所示。

表2-10 轴头的加工程序

加工程序				程序说明	实物图
O0001;				程序号	
G99	M03	S900	T0101	主轴正转，转速为900r/min，1号刀及1号刀补	
F0.15;					

（续）

加工程序	程序说明	实物图
G00　X44.0　Z2.0；	1号刀快速到达循环起点	
G94　X-1.0　Z1.0　F0.15；	G94循环车右端面	
Z0；		
G73　U17.3　W0　R0.012；	G73复合循环粗车外圆	
G73　P10　Q11　U0.4　W0；		
N10　G00　X5.0；	外圆精加工程序	
G01　G42　Z0　F0.1；		
G03　X15.0　Z-5.0　R5.0；		
G01　Z-18.0；		
G02　X19.0　Z-20.0　I2.0　K0.0；		
G01　X24.0；		
G03　X30.0　Z-23.0　R3.0；		
G01　Z-30.0；		
G02　X30.0　Z-58.0　R20.0；		
G01　X38.0　Z-70.0；		
Z-85.0；		
N11　G01　G40　X43.0；		
S1000；	精车主轴转速为1000r/min	
G70　P10　Q11；	G70复合循环精车外圆	
G00　X100.0　Z100.0；	1号刀快速退刀	
T0202　S500　F0.1；	换2号刀及2号刀补，主轴转速为500r/min	
G00　X44.0　Z2.0；	2号刀快速靠近工件	
Z-84.0；	2号刀快速到达切断位置	
G01　X33.0；	切断刀车至φ33mm	
G00　X39.0；	切断刀快速退刀	
Z-82.0；	Z向移动2mm准备倒角	
G01　X38.0；	切断刀靠近φ38mm外圆	
G03　X34.0　Z-84.0　R2.0；	工件左端R2倒圆角	
G01　X0；	切断工件	
G00　X100.0　Z100.0；	2号刀快速退刀	
M30；	程序结束，光标返回程序头	

4. 工件与刀具的安装

工件装夹在自定心卡盘上，装夹要牢固。刀具在刀架上安装时，号码应与程序中的刀具号一致，车刀安装时不宜伸出过长，刀尖高度应与机床中心等高，切断刀刀头的中心线必须

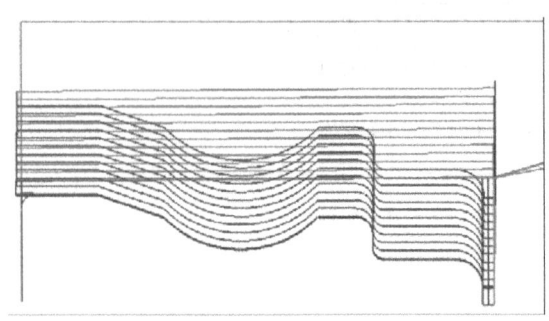

图 2-28 轴头加工模拟

与工件中心线垂直,以保证副偏角的对称,底平面应平整,以保证两个副后角的对称。

5. 对刀并输入刀补值

两把刀分别对刀,注意切断刀对刀刀尖应与程序中的一致,然后正确输入对应的刀补值,对刀结束。

6. 数控加工与精度控制

(1) 加工 首件加工应单段运行,通过机床控制面板上的"倍率选择"按钮适当降低刀具运动速度,第一件加工无误后方可正常运行加工,当程序暂停时可以对加工尺寸检测,以保证尺寸精度要求。

(2) 精度控制 加工过程中,各尺寸精度都要保证在公差允许范围之内,如出现误差应及时修改程序或修改刀补予以解决。

7. 零件检测

1) 修整工件,去毛刺等。

2) 尺寸精度检测:用游标卡尺测量零件阶台、圆锥、总长等尺寸;用外径千分尺检测零件外圆;用 R 规检测圆弧尺寸。

3) 表面质量检测:用粗糙度样板对比检测零件表面加工质量。

 检查评议

轴头的编程与加工评分标准,见表 2-11。

表 2-11 轴头的编程与加工评分标准

姓名		零件名称	轴头	时间	60min	总得分	
项目	序号	技术要求		配分	评分标准	检测记录	得分
零件加工 (55 分)	1	各外圆尺寸正确		12	不正确每处扣 3 分		
	2	阶台及各长度尺寸正确		12	不正确每处扣 3 分		
	3	圆弧尺寸正确		7	不正确每处扣 2 分		
	4	圆锥尺寸正确		6	不正确每处扣 2 分		
	5	倒角尺寸合格		4	不合格每处扣 1 分		
	6	表面粗糙度符合图样要求		14	每处降低一级扣 3 分		

单元2 圆锥和圆弧面零件的编程与加工

(续)

姓名		零件名称		轴头	时间	60min	总得分		
项目	序号	技术要求			配分	评分标准		检测记录	得分
程序与工艺 (25分)	7	程序正确、完整			6	不正确每处扣1分			
	8	程序格式规范			5	不规范每处扣0.5分			
	9	加工工艺合理			5	不合理每处扣1分			
	10	程序参数选择合理			4	不合理每处扣0.5分			
	11	指令选用合理			5	不合理每处扣1分			
机床操作 (15分)	12	零件装夹合理			2	装夹不合理每次扣1分			
	13	刀具选择及安装正确			2	不正确每次扣1分			
	14	对刀及坐标系设定正确			4	不正确每次扣1.5分			
	15	机床面板操作正确			4	误操作每次扣1分			
	16	意外情况处理正确			3	不正确每次扣1.5分			
文明生产 (5分)	17	安全操作			2.5	违反安全操作规程全扣			
	18	机床整理			2.5	不合格全扣			
记录员			监考人			检验员		考评人	

问题及防治

在数控车床上加工圆弧时,经常遇到的问题、产生原因及解决方法见表2-12。

表2-12 圆弧加工误差分析

问题现象	产生原因	解决方法
切削过程出现干涉现象	1. 刀具参数不正确 2. 刀具安装不正确	1. 正确选择刀具参数 2. 正确安装刀具
圆弧凹凸方向不对	程序错误	重新判定圆弧方向,修改程序
圆弧尺寸不符合要求	1. 程序错误 2. 刀具磨损 3. 没使用刀尖圆弧半径补偿	1. 修改程序 2. 及时更换或刃磨刀具 3. 使用刀尖圆弧半径补偿

师傅说现场

合理使用封闭切削循环 G73 指令

封闭切削循环 G73 指令在切削工件时,刀具轨迹为封闭回路,刀具逐渐进给,使封闭切削回路逐渐向零件最终形状靠近,最终切削成工件的形状。因此对铸造、锻造等粗加工中已初步成形的工件,G73 指令能进行高效率切削。与轴向切削循环 G71 指令相比,G73 指令既能加工形状具有单调变化规律的零件,又能加工形状带有凹槽或凹圆弧类的零件。G71 指令能加工的零件,G73 指令均能加工,而 G73 指令能加工的零件 G71 指令不一定能加工。从这一点来讲,G73 指令加工范围比 G71 指令广泛。但 G73 指令的运行轨迹是零件精加工轨迹的偏移,当零件毛坯为非初步成形工件,比如说棒料时，G73 指令加工过程中有相当多的时间是在空走刀，因此加工过程费时，生产效率低下，经济效益差。实际生产中，遇到切削余量较大的棒料毛坯零件，必须使用 G73 指令加工时，能用 G71 指令加工的部分，一般可先采用 G71 指令去掉大部分加工余量后，再用 G73 指令加工。这样可以节省时间，提高生产效率。

在使用 G73 指令时，如果加工的零件形状具有单调变化规律（图 2-29），G73 指令中 Δk 和 Δw 的值可以是非零的数值，但其绝对值宜小不宜大（一般在 0.5mm 以内）。如果加工的零件形状带有凹槽或凹圆弧（图 2-30），G73 指令中 Δk 和 Δw 的值应为零。这是因为非零的数值会造成槽两边锥面加工余量不均匀，影响零件精度和表面质量，甚至会因车不起来而造成废品。

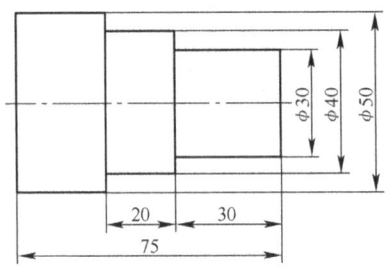
图 2-29　零件形状单调性变化

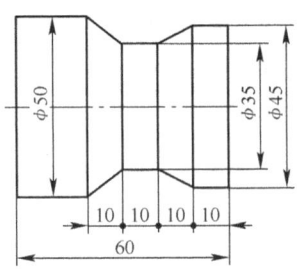
图 2-30　零件形状带有凹槽

G73 指令加工孔内有凹槽的零件时，Δi 和 Δu 均为负值，Δk 和 Δw 的值为零，加工过程中注意刀杆在孔内应有足够的偏移空间，防止车孔刀偏移时与孔壁碰撞。

扩展知识

车削塑性材料时断屑的方法

断屑的方法主要有三种，即改变切削条件断屑、利用断屑器断屑和应用特殊方法断屑。

1. 改变切削条件断屑

切屑折断的难或易，取决于金属的塑性。金属经过塑性变形后，它的硬度和强度提高，塑性和韧性下降，受弯曲载荷冲击，切屑就容易折断。只要采取措施，增大切屑变形，切屑才有断的可能。

1）前角增大，切屑变形减小。采用较小的前角，增大切屑变形，有利于断屑。

2）加大主偏角，可以增大切削厚度，较厚的切屑在卷曲变形时，塑性变形大，比较容易断屑，主偏角在 75°～90°范围较好。

3）在主切削刃上磨出负倒棱，使切削区塑性变形加大，有利于断屑。

4）当主偏角一定时，若加大进给量，也可以得到同样的效果。

5）切削速度高，切屑变形小。有时适当降低切削速度，使切屑变形增大，有利于达到

断屑的目的。

改变切削条件断屑的方法，有很大的局限性。如减小前角，就增大了切削力，不利于塑性金属的切削；降低切削速度，就要降低生产率等。

2. 断屑器断屑

它是控制切屑使其断屑的有效措施。在刀具前刀面上制成断屑槽或整体式、压板式的断屑台，用以控制切屑的卷曲半径、流向和长度。

1）断屑槽的形状和尺寸。在刀具的前刀面上研磨出小月牙洼断屑槽。断屑槽的形状和尺寸在刀具正交平面（主剖面）内测量。常用的断屑槽形状有直线圆弧形、直线形和圆弧形三种，如图2-31所示。

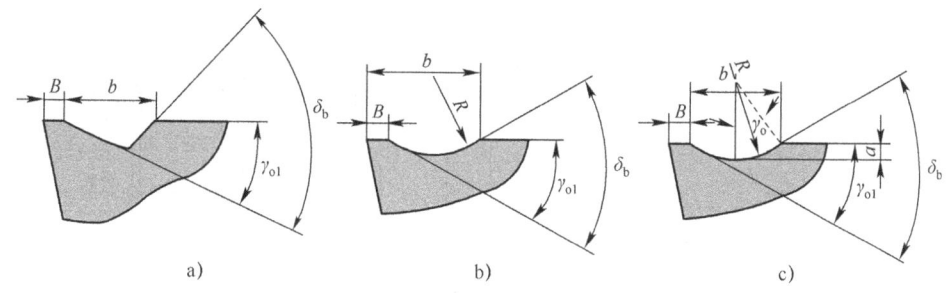

图 2-31 断屑槽的形状
a) 直线形　b) 直线圆弧形　c) 圆弧形

2）整体式和压板式断屑台。整体式和压板式断屑台是在前刀面磨出一定高度的断屑台，或用硬度高的压板形成一定角度的断屑台，增大切屑的塑性变形，达到断屑和控制切屑流向的目的。

3. 特殊断屑方法

为了有效地对难断屑材料进行断屑，利用机械或液压的方法，周期性地改变进给量，使切削厚度发生变化，达到断屑的目的。

 考证要点

1. 判断题

（1）G73循环加工的轮廓形状，没有单调递增或单调递减形式的限制。　　（　　）

（2）车刀刀尖圆弧半径值越大，加工圆锥或圆弧时的误差就越小。　　　（　　）

（3）圆弧插补用半径R编程时，当圆弧所对应的圆心角大于180°时半径取负值。

（　　）

（4）数控机床的滚珠丝杠具有传动效率高、精度高，无爬行的特点。　　（　　）

（5）实际生产中，加工余量大并带有凹槽类的零件时，如果毛坯是棒料，先用G71指令去掉大部分加工余量后，再用G73指令加工。这样可以节省时间，提高生产效率。

（　　）

2. 选择题

（1）车刀的主偏角为__时，其刀尖强度和散热性能最好。
A. 45°　　　　　　　　B. 75°　　　　　　　　C. 90°

（2）G73指令中的R是指（　　）。

A. X 向退刀量　　　　B. Z 向退刀量　　　C. 总退刀量　　　D. 分层切削次数

3. 简答题

（1）G73 复合循环指令适合加工哪种类型的零件？

（2）G71 指令与 G73 指令有什么区别？

（3）加工圆弧时的编程方法有哪些？

4. 完成如图 2-32 ~ 图 2-35 所示零件的编程和加工。要求如下：

（1）合理选择工件坐标系。

（2）分析并制订工件加工工艺。

（3）编写零件加工程序并完成加工过程。

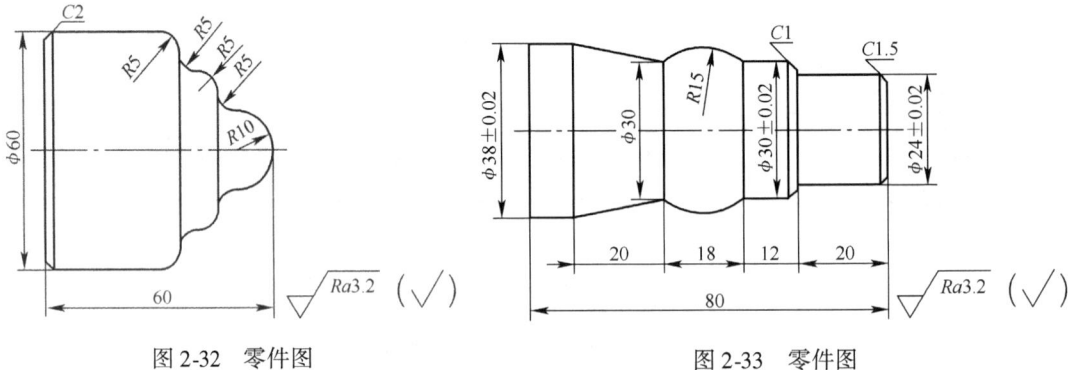

图 2-32　零件图

图 2-33　零件图

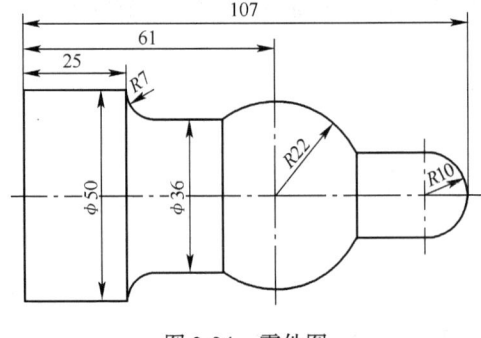

图 2-34　零件图

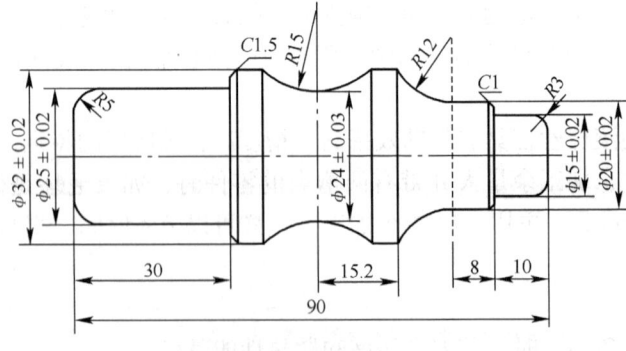

图 2-35　零件图

单元3 套类零件的编程与加工

知识目标：
1. 了解内孔加工的工艺特点。
2. 熟练应用相应的编程指令编写套类零件的加工程序。
3. 会分析零件加工过程中产生废品的原因及解决方法。

技能目标：
1. 熟练掌握数控程序的手工输入与编辑。
2. 能选择工件装夹方法、刀具及切削用量。
3. 能在数控机床上完成零件的加工。
4. 能正确测量零件尺寸。

任务1 加工阶台孔套

 任务描述

实际生产中，套类零件中的孔一般有直孔、锥孔、阶台孔、通孔、不通孔等形式，它们的加工、测量均比轴类零件困难。图3-1所示为一阶台孔套零件。图3-2所示为实体图。它的生产类型为单件或小批量生产，无热处理工艺要求，试正确设定工件坐标系，制订加工工

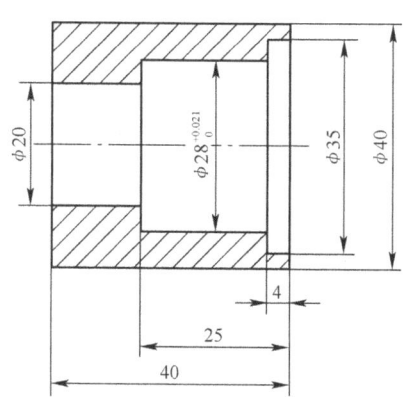

图3-1 阶台孔套

图3-2 阶台孔套实体图

艺方案,选择合理的刀具和切削工艺参数,正确编制数控加工程序并完成零件的加工。

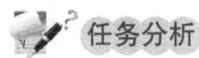 任务分析

此零件除 $\phi 28_{0}^{+0.021}$ mm 的内孔有较高的精度要求外,其他内孔精度要求一般,表面粗糙度全部为 $Ra3.2\mu m$,内孔结构较为简单,只注意保证精度要求即可。内孔尺寸变化不大,用 G00、G01 指令编程加工时,程序会变得冗长,编程容易出错,如果用循环指令 G90、G71 编程加工,会使程序简洁。

为了保证加工质量,加工时需选用合适的刀具及切削用量。结合普通车床的加工,请回忆并思考下列问题:

1)加工套类零件应选用什么刀具?刀具角度有哪些?刃磨有什么技巧?
2)车孔的关键技术是什么?如何增加内孔车刀的刚性?

 相关知识

1. 孔加工刀具分类

孔加工刀具按其用途可分为两大类:一类是钻头,它主要用于在实心材料上钻孔(有时也用于扩孔)。根据钻头构造及用途不同,又可分为麻花钻、扁钻、中心钻及深孔钻等;另一类是对已有孔进行再加工的刀具,如车孔刀、扩孔钻及铰刀等。车孔刀分通孔和不通孔两种。

2. 切削用量的选择

由于内孔车刀的刀体强度较差,在选择切削用量时,应适当减小其数值。总的来说,内孔车刀的切削用量主要根据其截面尺寸、刀具材料,工件材料以及加工性质等因素来选择,刀杆截面尺寸大的切削用量选的大些,硬质合金内孔车刀比高速钢内孔车刀选用的切削用量要大,车塑性材料时的切削速度比车脆性材料时的切削速度要高,而进给量要略小一些。

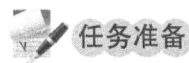 任务准备

1. 设备选择

选用 GSK980T 系统数控车床;计算机及仿真软件;采用自定心卡盘装夹。

2. 零件毛坯

选用 $\phi 42mm \times 65mm$ 圆钢,毛坯材质为 45 钢。

3. 刀具类型

选用 90°外圆车刀、主偏角为 93°内孔车刀及刀宽为 4mm 的切断刀。制订数控加工刀具卡片,见表 3-1。

表 3-1 数控加工刀具卡片

产品名称或代号:			零件名称:阶台孔套		零件图号:	
序号	刀具号	刀具规格及名称	材质	数量	加工表面	备注
1		$\phi 18mm$ 钻头	高速钢	1	钻孔	
2	T01	90°外圆车刀	P10	1	粗、精车端面及外圆	$R0.2$
3	T02	93°内孔车刀	P10	1	粗、精车内孔	$R0.2$
4	T03	4mm 切断刀	P10	1	零件切断	
编制:			审核:			

单元 3 套类零件的编程与加工

4. 量具选用

1）钢直尺：0~300mm。
2）游标卡尺：0.02mm/0~150mm。
3）外径千分尺：0.01mm/25~50mm、内卡钳。
4）塞规：ϕ28mm。
5）表面粗糙度样板。

任务实施

任务实施可分为两部分进行：先在数控仿真软件上进行模拟加工，操作较为熟练后再在数控车床上进行加工。

1. 确定加工工艺

以零件右端面与轴线交点为工件坐标系原点，采用从右到左的加工方式。工艺路线安排如下：

1）钻孔 ϕ18mm。
2）车工件右端面。
3）车 ϕ40mm 外圆至尺寸。
4）粗车零件 ϕ20mm、$\phi 28_{0}^{+0.021}$mm、ϕ35mm 内圆柱面，留精加工余量 0.3mm。
5）精车零件 ϕ20mm、$\phi 28_{0}^{+0.021}$mm、ϕ35mm 内圆柱面至尺寸。
6）切断。

制订加工工艺卡片，见表 3-2。

表 3-2 数控加工工艺卡片

零件名称		阶台孔套	零件图号		工件材质		45 钢
工序号		程序编号	夹具名称		数控系统		车间
1		O0001	自定心卡盘		GSK980T		
工步号	工步内容		刀具号	主轴转速 /(r/min)	进给量 /(mm/r)	背吃刀量 /mm	备注
1	钻孔			500			手动
2	车右端面		T01	1000	0.15	1	自动
3	车 ϕ40mm 外圆至尺寸		T01	1000	0.15	1	自动
4	粗车内圆柱面，留余量 0.3mm		T02	800	0.15	1	自动
5	精车内圆柱面至尺寸		T02	900	0.1	0.15	自动
6	切断		T03	500	0.1	4	自动
编制			审核	批准			

2. 程序的编制和输入

本任务是套类零件中较简单的，可以采用 G01 指令进行加工，也可以采用循环指令 G90、G71 编程加工。下面就用两种指令分别编写本任务的加工程序，见表 3-3 和表 3-4。

（1）程序方案一

表 3-3　阶台孔套加工程序（用固定循环指令 G90 编写）

加工程序	程序说明	实物图
O0001;	程序名	
G99　M03　T0101　S1000　F0.15;	主轴正转，转速为 1000r/min，选择 1 号刀及 1 号刀补	
G00　X44.0　Z2.0;	1 号刀快速移动到循环起点	
G94　X17.0　Z1.0　F0.15;	粗、精车工件右端面	
Z0;		
G90　X39.8　Z-45.0　F0.15	车工件外圆至尺寸	
G00　X100.0　Z100.0;	1 号刀快速退刀	
T0202　S800;	换 2 号刀及 2 号刀补，转速 800r/min	
G00　X17.0　Z2.0;	2 号刀快速到达循环起点	
G90　X19.5　Z-42.0　F0.15;	粗车 φ20mm 内孔	
X21.5　Z-25.0;	粗车 φ28mm 内孔	
X23.5;		
X25.5;		
X27.5;		
G00　X27.0;	2 号刀改变切削循环起点	
G90　X29.5　Z-4.0　F0.15;	粗车 φ35mm 内孔	
X31.5;		
X33.5;		
X34.5;		
S900;	精车内孔主轴转速为 900r/min	
G00　X35.1;	精车内孔	
G01　Z-4.0　F0.1;		
X28.01;		
Z-25.0;		
X20.1;		
Z-42.0;		
X17.0;		
G00　Z120.0;	2 号刀 Z 轴快速退刀	
X120.0;	2 号刀 X 轴快速退刀	
M00;	程序暂停，测量零件尺寸	
M03　T0303　S500;	换 3 号刀及 3 号刀补，机床转速 500r/min	
G00　X44.0　Z2.0;	3 号刀快速靠近工件	
Z-44.0;	3 号刀快速到达切断位置	
G01　X18.0　F0.1;	切断工件	
G00　X100.0　Z100.0;	3 号刀快速退刀	
M30;	程序结束光标回程序头	

（2）程序方案二

表 3-4　阶台孔套加工程序（用复合循环指令 G71 编写）

加工程序	程序说明	实物图
O0002;	程序名	
G99　M03　T0101　S1000　F0.15;	主轴正转，转速为 1000r/min，选择 1 号刀及 1 号刀补	
G00　X44.0　Z2.0;	1 号刀快速移动到循环起点	
G94　X17.0　Z1.0　F0.15; Z0;	粗、精车工件右端面	
G90　X39.8　Z-45.0　F0.15	车工件外圆至尺寸	
G00　X120.0　Z120.0;	1 号刀快速退刀	
T0202　S800　F0.15;	换 2 号刀及 2 号刀补，转速 800r/min	
G00　X17.0　Z2.0;	2 号快速到达循环起点	
G71　U1.0　R0.5;	G71 复合循环粗加工内孔	
G71　P10　Q11　U-0.5　W0.03;		
N10　G00　X35.1;	内孔精加工程序	
G01　Z-4.0　F0.1;		
X28.01;		
Z-25.0;		
X20.1;		
Z-42.0;		
N11　G01　X17.0;		
S900;	精车内孔主轴转速为 900r/min	
G70　P10　Q11;	G70 复合循环精加工内孔	
G00　X120.0　Z120.0;	2 号刀快速退刀	
M00;	程序暂停，测量尺寸	
M03　T0303　S500;	换 3 号刀及 3 号刀补，机床转速 500r/min	
G00　X44.0　Z2.0;	3 号刀快速靠近工件	
Z-44.0;	3 号刀快速到达切断位置	
G01　X19.0　F0.1;	切断工件	
G00　X120.0　Z120.0;	3 号刀快速退刀	
M30;	程序结束，光标返回程序头	

注意事项

- 用 G71 复合循环指令加工内孔时，孔的精加工余量 U 的值应为负值。

3. 零件加工模拟

按下机床锁定和辅助功能锁定按钮，指示灯亮后，进入自动方式进行程序运行模拟，判断程序正误。阶台孔套的加工过程模拟如图3-3所示。

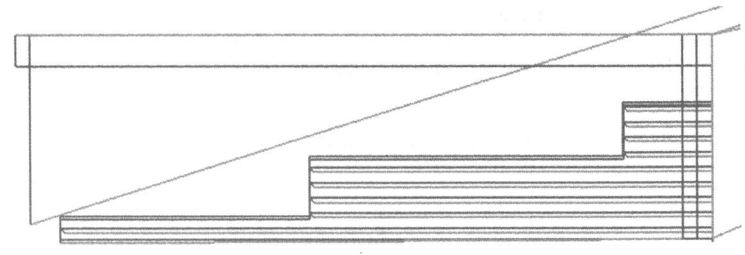

图3-3　阶台孔套的加工过程模拟

4. 工件与刀具的安装

工件装夹在自定心卡盘软爪上，毛坯右端面伸出50mm左右，装夹要牢固。车刀安装时不宜伸出过长，车孔刀刀尖高度应与机床中心等高或略高，保证主偏角大于90°，以保证阶台面与轴线垂直。

5. 对刀并输入刀补值

3把刀分别对刀，然后正确输入对应的刀补值。

 教你一招

如何消除对刀过程中产生的刀具间的偏差？

在零件加工过程中，往往一把刀不能完成所有几何尺寸的加工，而需要多把刀具共同来完成。比如本任务就需要3把车刀来完成加工，不同的刀具在加工零件不同的几何尺寸时，就会因刀具间的对刀偏差而出现尺寸不合格现象。比如本任务的右端面是由1号车刀（90°车刀）加工完成的，零件右端面加工完成后又作为了内孔深度尺寸（4mm、25mm）的测量基准。2号内孔车刀Z轴是在已加工过的工件右端面上对刀，对刀时就会与一号车刀Z轴方向产生一定的对刀偏差，从而可能使得内孔深度尺寸超差，同理3号切槽刀也会出现类似的情况。因此我们就需要调整2号车孔刀和3号切槽刀相对1号车刀的Z向位置，消除存在的偏差，使加工的尺寸合格。那么怎样才能消除存在的偏差呢？下面就以本任务为例说明调整方法如下：

对刀完成后运行程序进行首件加工，（为防止出现零件废品，可事先在Z轴方向留出0.5mm的加工余量，调整好车刀位置后再消除）然后测量孔深尺寸，如果此时孔的实际深度尺寸大 Δz（假设 Δz 等于0.05mm），说明2号车孔刀相对于1号车刀Z轴方向偏左，需要往右调整2号车孔刀 Δz 的距离，此时按 [刀补OFT] 键，进入刀补"001"界面，按 [↓] 键，使光标移动到"002"位置，输入"W0.05"（远离工件方向数值为正），然后按 [输入IN] 键即可。如图3-4所示。相反，如果此时孔的实际深度尺寸小 Δz（假设 Δz 等于0.05mm），说明2号车孔刀相对于1号车刀Z轴方向偏右，需要往左调整2号车孔刀，应在刀补界面输入"W-0.05"（靠近工件方向数值为负），然后按 [输入IN] 键即可。3号切断刀的调整方法同理，不再赘述。

如果零件 X 轴方向（零件直径尺寸）出现了偏差，调整方法类似。运行程序零件加工完成后测量，假设加工后零件直径实际尺寸大 ΔX（假设 ΔX 等于 0.05mm），在刀补"001"界面，按 ⬇ 键，使光标移动到"002"位置，输入"U-0.05"（靠近工件方向数值为负），然后按 输入 键即可。如图 3-5 所示。如果零件实际直径尺寸小 ΔX（假设 ΔX 等于 0.05mm），那么应输入"U0.05"（远离工件方向数值为正），然后按 输入 键完成车刀 X 轴方向调整。注意：U 后面的数值是直径尺寸。

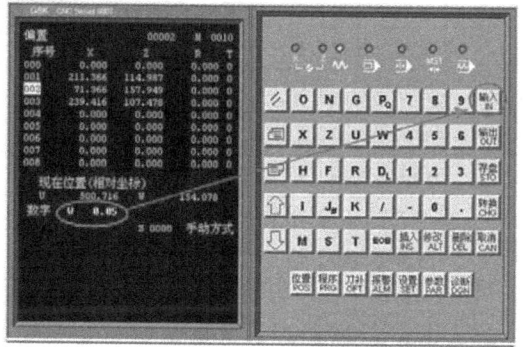
图 3-4　Z 轴方向调整刀具偏差

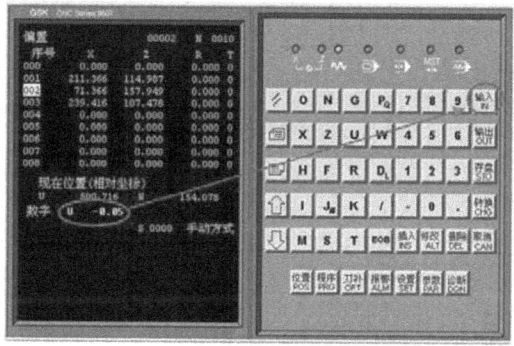
图 3-5　X 轴方向调整刀具偏差

6. 数控加工与精度控制

（1）加工　首件加工应单段运行，通过机床控制面板上的"倍率选择"按钮修正加工参数，然后自动运行加工，当程序暂停时可以对加工尺寸检测，以保证精度要求。

（2）精度控制　加工过程中，各尺寸精度都要保证在公差范围之内，如出现误差可采用刀补修正法进行修正。

7. 零件检测

1）修整工件，去毛刺等。

2）尺寸精度检测：用游标卡尺测量 ϕ40mm 外圆尺寸，ϕ20mm、ϕ35mm 内孔尺寸，深度 25mm、4mm 及总长 40mm 尺寸，用内卡钳配合外径千分尺或塞规检测 $\phi 28^{+0.021}_{0}$ mm 内孔。

3）表面质量检测：用粗糙度样板对比检测零件加工表面质量。

小组讨论

根据零件加工过程中出现的问题，同学们讨论如何解决并提出解决方案。

检查评议

阶台孔套的编程与加工评分标准见表 3-5。

表 3-5 阶台孔套的编程与加工评分标准

姓名		零件名称	阶台孔套	时间	90min	总得分	
项目	序号	技术要求		配分	评分标准	检测记录	得分
零件加工 (50分)	1	φ40mm 外圆尺寸正确		6	超差不得分		
	2	$\phi 28^{+0.021}_{0}$ mm 尺寸正确		13	超差 0.01mm 扣 4 分		
	3	φ20、φ35mm 尺寸正确		10	每处超差扣 5 分		
	4	4mm、25mm 及总长 40mm 尺寸正确		9	每处超差扣 3 分		
	5	表面粗糙度符合要求		12	每处降低一级扣 3 分		
程序与工艺 (25分)	6	程序正确、完整		6	不正确每处扣 1 分		
	7	程序格式规范		5	不规范每处扣 0.5 分		
	8	工艺合理		5	不合理每处扣 1 分		
	9	程序参数选择合理		4	不合理每处扣 0.5 分		
	10	指令选用合理		5	不合理每处扣 1 分		
机床操作 (17分)	11	零件装夹合理		3	零件装夹不合理每次扣 1 分		
	12	刀具选择及安装正确		3	不正确每次扣 1 分		
	13	对刀及坐标系设定正确		4	不正确每次扣 1.5 分		
	14	机床面板操作正确		4	误操作每次扣 1 分		
	15	意外情况处理合理		3	不正确每次扣 1.5 分		
文明生产 (8分)	16	安全操作		4	违反安全操作规程全扣		
	17	机床整理		4	不合格全扣		
记录员		监考人		检验员		考评人	

 问题及防治

在数控车床上进行套类零件加工时,经常遇到的问题、产生原因及解决方法见表 3-6。

表 3-6 孔的加工问题、产生原因及解决方法

问题现象	产生原因	解决方法
切削过程出现干涉现象	1. 刀具参数不正确 2. 刀具安装不正确	1. 正确设置刀具参数 2. 正确安装刀具
尺寸不对	1. 对刀不正确 2. 产生积屑瘤 3. 程序中计算错误	1. 仔细对刀,认真测量 2. 研磨前刀面,使用切削液,增大前角,选择合理的切削速度 3. 认真计算
内孔有锥度	1. 刀具磨损 2. 刀柄刚性差,产生"让刀"现象	1. 采用耐磨的车刀材料 2. 尽量采用大尺寸的刀柄,减小切削用量
内孔表面粗糙度差	1. 车刀磨损 2. 车刀刃磨不良,表面粗糙度大 3. 车刀几何角度不合理,装刀低于中心 4. 切削用量选择不当 5. 刀柄细长,产生振动	1. 重新刃磨或更换车刀 2. 保证切削刃锋利,研磨车刀前后刀面 3. 精车装刀时可略高于工件中心 4. 适当降低切削速度,减小进给量 5. 加粗刀柄和降低切削速度

单元3 套类零件的编程与加工

 扩展知识

精密车孔时加工质量的保证措施

车孔质量的保证措施很多，为了更好地掌握精密车孔技术，必须掌握一下三个方面的技能：

1）半精加工和精加工时，由于切削余量少，为保证已加工表面精度和表面粗糙度要求，要防止切屑划伤已加工表面。设计刀具时要注意控制切削刃部的角度，使切屑成小碎状卷屑随切削液向外排出。考虑到制造和检验方便，并能提高刀具的使用寿命（提高重磨次数），故采用直刀槽。同样为保证工件的圆柱度要求和减少切削时的振动，在刀头前后端轴向应布置导向条。切削时，为使切削液能直接射向切削区，故在刀杆尾部设计油嘴，切削液经油嘴通过刀杆内孔从刀头小孔中射向切削区，保证了切削区的润滑与排热。

2）车削有色金属（非铁金属）时，由于切削变形和强烈地摩擦，会造成工件温度升高。在粗车时，如果选用的车削用量较大，工件的温度就会升高的较快，这时，若紧接着进行精车，工件不能很快的冷却下来，由于非铁金属工件的膨胀系数大，测量出的尺寸都比实际尺寸要大。当过一定的时间后，工件慢慢冷却恢复正常，再测量时就发现工件的尺寸变小了，出现与图样不符合的现象。根据这种情况，在切削过程中减少粗车时的温度是解决问题的关键。减少工件发热可从以下两方面解决：

① 减少切削过程中的发热量。车削时，切削速度对温度影响很大。在一定的范围内，切削速度加大，温度也升高。背吃刀量增加，对切削温度影响较小。进给量增加，对温度的影响比切削速度影响小。因此，在粗车时，切削速度不要选得太高，可以把背吃刀量选大些，进给量也可以适当选大些，这样，有利于控制切削温度。

切屑在车刀前刀面流动的难易程度对切削温度影响也很大。车刀前角增大，就使前刀面倾斜角度大，切屑容易流出，减少了切屑在前刀面的摩擦和切屑的变形，可使切削过程中的温度降低。

② 改善切削过程中的散热条件。切削过程中，车刀主偏角的变化，影响着主切削刃的工作长度，在相同的背吃刀量条件下，主切削刃工作长度越短，散热越慢。如果把主偏角选小些，使主切削刃长度增加，对散热会比较有利。另外在车削时，要有足够的切削液，它可以加速散热，有利于降低工件的温度。

3）车削铝件时，往往发生粘刀和车不平的现象，这是由于铝和普通工具钢能在高温下形成一种合金，使切屑粘在刃口上不易脱落。因为铝的性质较软，为了切削中不粘刀和把工件车得光洁一些，可使用煤油或少许调和均匀的卤水作为切削液，其配方如下：水 60~70g，卤料末 30~40g，调和均匀后即可使用。

考证要点

1. 判断题

（1）由于内孔车刀的刀体强度差，在选择切削用量时，应适当减小其数值。　　　（　）

（2）内孔表面粗糙度差的唯一原因是刀具磨损。　　　（　）

（3）选用高速钢和硬质合金内孔车刀时，切削用量相同。　　　（　）

（4）通孔和不通孔车刀的主要区别是主偏角的数值不同。　　　（　）

(5）加工内孔和外圆的指令完全不同。   （   ）

2. 选择题

（1）内孔有锥度的原因其一是刀柄刚性差，产生"让刀"现象，其二是（   ）。

A. 刀具磨损　　　　　　B. 积屑瘤　　　　　　C. 尺寸计算错误

（2）不通孔车刀刀尖与刀杆外端的距离应（   ）内孔半径，否则孔的底平面无法车平。

A. 小于　　　　　　　　B. 大于　　　　　　　C. 等于

3. 简答题

（1）内孔刀具有哪几种？如何选用？

（2）内孔产生锥度的原因是什么？如何解决？

4. 根据图 3-6、图 3-7、图 3-8 完成以下任务：

（1）分析并制订工件加工工艺。

（2）合理选择刀具。

（3）完成零件的编程与加工。

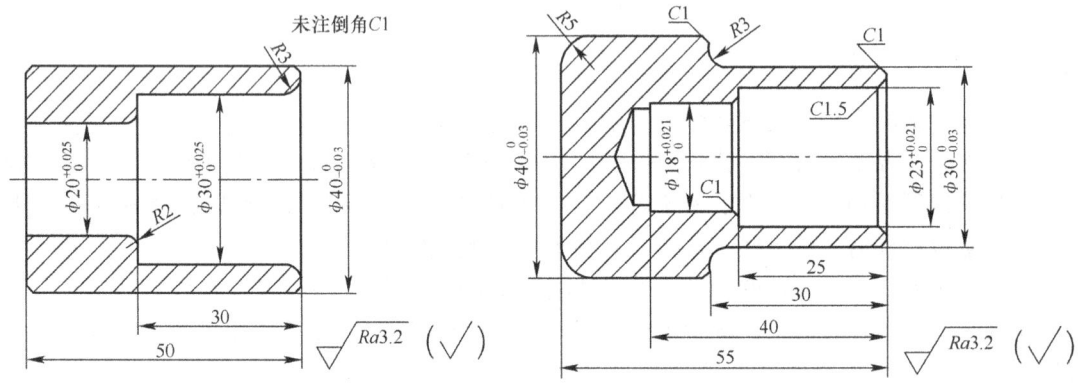

图 3-6　零件图（一）　　　　　　　图 3-7　零件图（二）

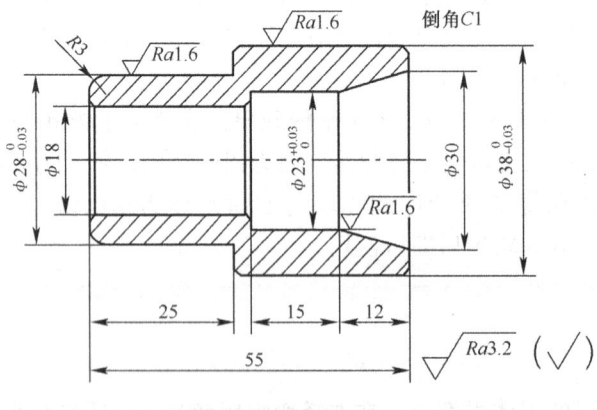

图 3-8　零件图（三）

任务 2　加工薄壁套

任务描述

图 3-9 所示为一薄壁套零件。图 3-10 所示为薄壁套实体图。它的生产类型为单件或小批量生产，无热处理工艺要求，试正确设定工件坐标系，制订加工工艺方案，选择合理的切削工艺参数，正确编制数控加工程序并完成零件的加工。

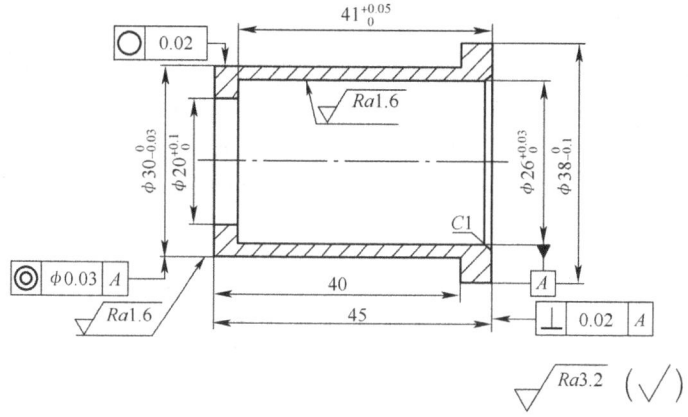

图 3-9　薄壁套

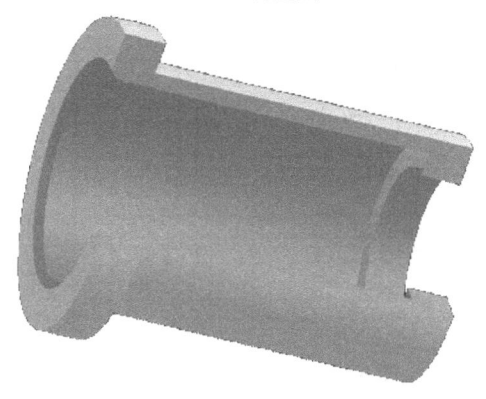

图 3-10　薄壁套实体图

任务分析

薄壁套类零件孔壁较薄，装夹过程中很容易变形，因此装夹难度较大，一般可采用以外圆定位和内孔定位夹紧的方法来完成，外圆定位时可使用特制的软卡爪装夹，内孔定位时可使用心轴来装夹。该任务即为一薄壁套零件，零件外圆、内孔精度及表面粗糙度要求较高；右端面与 $\phi 26_{\ 0}^{+0.03}$ mm 孔轴线有垂直度要求，加工时应在一次装夹中完成；$\phi 30_{-0.03}^{\ 0}$ mm 外圆既有圆度形位公差要求，又有同轴度要求，又因内孔存在阶台，无法一次装夹工件完成全部加工内容，因此可采取先加工完零件右端面及内孔，再使用心轴装夹完成零件外圆加工的方法。

相关知识

1. 编程指令

（1）深孔加工多重循环指令 G74

1）指令格式：

G74　R(e)；

G74　X(u)_　Z(w)_　P(Δi)　Q(Δk)　R(Δd)　F_　S_　T_；

其中，e 为每次沿 Z 方向切削 Δk 后的退刀量；X—切削循环终点 X 方向的绝对坐标值；u 为切削循环终点与循环起点 X 轴方向的差值；Z 为切削循环终点 Z 方向的绝对坐标值；w 为切削循环终点与循环起点 Z 轴方向的差值；Δi 为 X 方向的每次循环移动量（不带符号），半径值指定，单位为 μm；Δk 为 Z 方向的每次循环移动量（不带符号），单位为 μm；Δd 为切削到终点时 X 方向的退刀量（半径值）；F 为切削进给速度；S 为主轴转速；T 为刀具号、刀具偏置号。

2）说明。

① G74 指令的运动轨迹如图 3-11 所示。刀具从循环起点 A 开始，按照指令指定的参数加工，加工完成后快速退回到循环起点，结束粗车循环所有动作。

② 该循环可处理钻削，如果省略 X（u）、P（Δi），结果只在 Z 轴操作，用于钻孔。

③ e 和 Δd 都用地址 R 指定，它们的区别在于有无指定 X（u），如果 X（u）被指定了，则为 Δd，否则为 e。

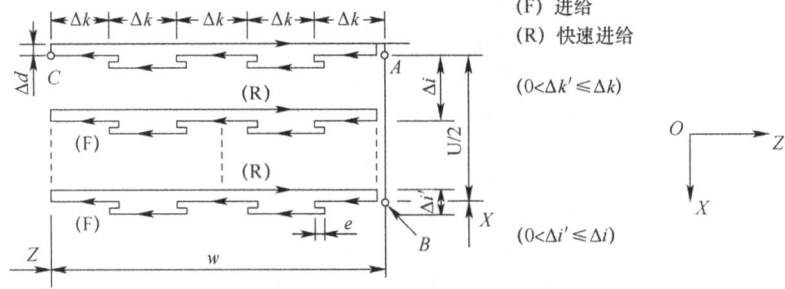

图 3-11　G74 指令运动轨迹图

任务准备

1. 设备选择

选用 GSK980T 系统数控车床；选择计算机及仿真软件；采用自定心卡盘及心轴装夹。

2. 零件毛坯

选用 φ42mm×50mm 圆棒料，毛坯材质为 45 钢。

3. 刀具类型

选用 90°外圆车刀、内孔车刀。制订刀具卡片见表 3-7。

4. 量具选用

1）钢直尺：0～300mm。

2）游标卡尺：0.02mm/0～150mm。

表 3-7 数控加工刀具卡片

产品名称或代号:			零件名称:薄壁套			零件图号:	
序号	刀具号	刀具规格及名称	材质	数量	加工表面		备注
1	T01	90°外圆车刀	P10	1	粗、精车外圆、端面		
2	T02	φ18mm 麻花钻	高速钢	1	钻 φ18mm 底孔		
3	T03	内孔车刀	P10	1	粗、精车内孔		
编制:			审核:				

3）深度游标卡尺：0.02mm/0~150mm。
4）外径千分尺 0.01mm/25~50mm。
5）内径百分表或 φ26mm 塞规。
6）磁力表座及指示表（如百分表）。
7）表面粗糙度样板。

任务实施

1. 确定加工工艺

以零件轴线与右端面的交点为编程原点，采用从右到左加工的原则。工艺路线安排如下：

1）自定心卡盘夹持工件一端约 20mm 左右，车端面（车平即可）。
2）车外圆至 φ40mm，长 23mm。
3）调头软卡爪夹持 φ40mm 外圆，夹持长度 20mm 左右，钻孔 φ18mm。
4）车另一端面至总长 45mm。
5）车外圆 $\phi38_{-0.1}^{\ 0}$ mm 至尺寸，长 23mm。
6）分别加工 $\phi20_{\ 0}^{+0.1}$ mm、$\phi26_{\ 0}^{+0.03}$ mm 孔、深度 $41_{\ 0}^{+0.05}$ mm 及倒角至尺寸，如图 3-12 所示。
7）在机床主轴上安装心轴，零件安装到心轴上，以内孔定位轴向螺母夹紧，加工零件 $\phi30_{-0.03}^{\ 0}$ mm 外圆、长度 40mm 至尺寸要求，如图 3-13 所示。

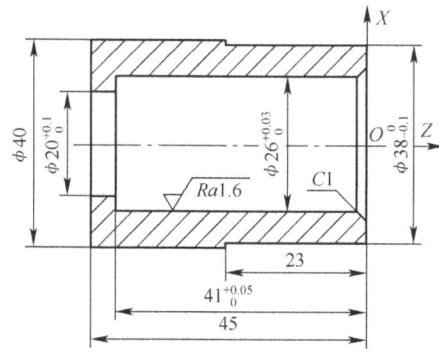

图 3-12 薄壁套工序图

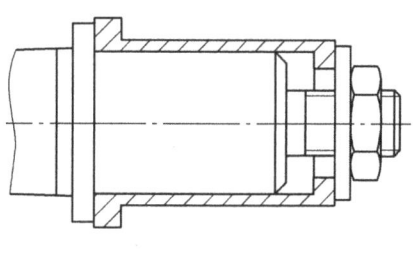

图 3-13 薄壁套工序图

制订加工工艺卡片，见表 3-8。

2. 程序的编制和输入

薄壁套的加工程序见表3-9。

3. 工件与刀具的安装

工件和刀具在数控车床上的安装方法同普通车床要求基本相同。夹紧力大小适当。车刀安装时不宜伸出过长，刀尖高度应与机床中心等高。

表3-8 数控加工工艺卡片

零件名称		薄壁套		零件图号		工件材质		45钢
工序号		程序编号		夹具名称		数控系统		车间
				自定心卡盘		GSK980T		
1	车薄壁套左端							
	工步号	工步内容		刀具号	主轴转速 /(r/min)	进给量 /(mm/r)	背吃刀量 /mm	备注
	1	车端面		T01	900	0.15	1	自动
	2	车外圆至ϕ40mm 长23mm		T01	900	0.15	1	自动
2	调头软卡爪夹持ϕ40mm外圆，夹持长度20mm左右，加工零件右端外圆及内孔							
	1	车端面至总长45mm		T01	900	0.15	1	自动
	2	钻孔ϕ18mm		T02	500	0.15		自动
	3	车外圆$\phi38_{-0.1}^{0}$mm 至尺寸		T01	900	0.15	1	自动
	4	粗车$\phi20_{0}^{+0.1}$mm、$\phi26_{0}^{+0.03}$mm 孔，留余量0.3mm		T03	700	0.12	1	自动
	5	精车$\phi20_{0}^{+0.1}$mm、$\phi26_{0}^{+0.03}$mm 孔、深度$41_{0}^{+0.05}$mm 及倒角至尺寸		T03	800	0.08	0.15	自动
3	在心轴上安装工件							
	1	粗车$\phi30_{-0.03}^{0}$mm外圆，留余量0.5mm		T01	900	0.2	1.5	自动
	2	精车$\phi30_{-0.03}^{0}$mm外圆及长度40mm至尺寸		T01	1000	0.1	0.25	自动
4	修毛刺							手动
编制				审核		批准		

表3-9 薄壁套的加工程序

加工程序1（零件左端）	程序说明	零件实体图
O0001;	程序号	
G99 M03 S900 T0101 F0.15;	主轴正转，转速为900r/min，1号刀及1号刀补，进给量为0.15mm/r	
G00 X44.0 Z2.0;	刀具快速靠近工件	
G94 X-1.0 Z0 F0.15;	车削工件左端面	
G90 X40.0 Z-23.0 F0.15;	车削工件外圆至ϕ40mm 长23mm	
G00 X100.0 Z100.0;	1号刀具快速离开工件	
M30;	程序结束	

(续)

加工程序2(零件右端)	程序说明	零件实体图
O0002；	程序号	
G99 M03 S500 T0202 F0.15；	主轴正转，转速500r/min，2号刀及2号刀补，进给量为0.15mm/r	
G00 X0 Z6.0 M08；	切削液开，钻头快速到达循环起点	
G74 R0.5；	G74多重循环指令钻孔	
G74 Z-65.0 Q5000 F0.15；		
G00 X100.0 Z100.0 M09；	切削液关，钻头快速离开工件	
S900 T0101；	主轴转速900r/min，换1号刀及1号刀补	
G00 X44.0 Z3.0；	1号刀具快速到达循环起点	
G94 X17.0 Z1.0 F0.15；	粗、精车工件右端面	
Z0；		
G90 X40.0 Z-23.0 F0.15；	G90指令粗、精车外圆$\phi38_{-0.1}^{0}$ mm至尺寸	
X37.95；		
G00 X100.0 Z100.0；	刀具快速离开工件	
T0303 S700；	换3号刀及3号刀补，主轴转速700r/min	
G00 X17.0 Z2.0；	车刀快速靠近工件	
G74 R0.5；	G74多重循环指令粗车$\phi20_{0}^{+0.1}$ mm内孔	
G74 X19.7 Z-47.0 P1000 Q4000 R0.5 F0.12；		
G00 X18.0；	改变3号刀循环起点	
G74 R0.5；	G74多重循环指令粗车$\phi26_{0}^{+0.03}$ mm内孔	
G74 X25.7 Z-41.0 P1000 Q4000 R0.5 F0.12；		
S800；	精车内孔主轴转速为800r/min	
G00 X28.0 S800；		
G01 Z0 F0.08；		
X26.015 Z-1.0；	精车$\phi20_{0}^{+0.1}$ mm、$\phi26_{0}^{+0.03}$ mm内孔	
Z-41.025；		
X20.05；		
Z-46.0；		
G00 X18.0；		
Z100.0；	Z向及X向快速退刀	
X100.0；		
M30；	程序结束	

(续)

加工程序 3	程序说明	零件实体图
O0003；	程序名	
G99　M03　S900　T0101　F0.2；	主轴正转，转速 900r/min，1 号刀及 1 号刀补，进给量为 0.2mm/r	
G00　X42.0　Z2.0；	1 号刀具快速到达循环起点	
G90　X35.0　Z-40.0　F0.2； X30.5；	粗车 $\phi30_{-0.03}^{\ 0}$ mm 外圆，留余量 0.5mm	
S1000；	精车外圆，主轴转速为 1000r/min	
G90　X29.985　Z-40.0　F0.1；	精车 $\phi30_{-0.03}^{\ 0}$ mm 外圆至尺寸	
G00　X100.0　Z100.0；	1 号刀具快速离开工件	
M30；	程序结束	

4. 对刀并输入刀补值

麻花钻的钻尖、外圆车刀的刀尖、内孔车刀的刀尖为刀位点，正确对刀后输入刀补值。

5. 数控加工与精度控制

（1）加工　首件加工应单段运行，通过机床控制面板上的"倍率选择"按钮修正加工参数，然后自动运行加工，以保证精度要求。

（2）精度控制　加工过程中，各尺寸精度都要保证在公差范围之内，如出现误差可采用刀补修正法进行修正。

6. 零件检测

1）修整工件，去毛刺等。

2）尺寸精度检测：用游标卡尺测量 $\phi38_{-0.10}^{\ 0}$ mm、$\phi20_{\ 0}^{+0.10}$ mm 直径尺寸及 45mm、40mm 长度尺寸；千分尺测量 $\phi30_{-0.03}^{\ 0}$ mm 外圆尺寸；内径百分表测量 $\phi26_{\ 0}^{+0.03}$ mm 内孔尺寸；深度游标卡尺测量深度尺寸 $41_{\ 0}^{+0.05}$ mm；磁力指示表（如百分表）测量圆度、同轴度、垂直度误差。

3）表面质量检测：用粗糙度样板对比检测零件加工表面质量。

> **小组讨论**
>
> 根据零件加工过程中出现的问题，同学们讨论如何解决并提出解决方案。

检查评议

薄壁套的编程与加工评分标准见表 3-10。

表 3-10　薄壁套的编程与加工评分标准

姓名		零件名称	薄壁套	时间	120min	总得分	
项目	序号	技术要求		配分	评分标准	检测记录	得分
零件加工 (52 分)	1	$\phi38_{-0.10}^{\ 0}$ mm 尺寸正确		5	每超差 0.01mm 扣 1 分		
	2	$\phi30_{-0.03}^{\ 0}$ mm 尺寸正确		9	每超差 0.01mm 扣 3 分		

(续)

姓名		零件名称	薄壁套	时间	120min	总得分		
项目	序号	技术要求		配分	评分标准		检测记录	得分
零件加工 (52 分)	3	$\phi 26^{+0.03}_{0}$mm 尺寸正确		9	每超差 0.01mm 扣 3 分			
	4	$\phi 20^{+0.10}_{0}$mm 尺寸正确		5	每超差 0.01mm 扣 1 分			
	5	45mm、40mm 尺寸正确		5	不正确不得分			
	6	表面粗糙度符合图样要求		10	每处降低一级扣 3 分			
	7	圆度 0.02mm		3	超差不得分			
	8	同轴度 ϕ0.03mm		3	超差不得分			
	9	垂直度 0.02mm		3	超差不得分			
程序与工艺 (25 分)	10	程序正确、完整		6	不正确每处扣 1 分			
	11	程序格式规范		5	不规范每处扣 0.5 分			
	12	工艺合理		5	不合理每处扣 1 分			
	13	程序参数选择合理		4	不合理每处扣 0.5 分			
	14	指令选用合理		5	不合理每处扣 1 分			
机床操作 (15 分)	15	零件装夹合理		2	零件装夹不合理每次扣 1 分			
	16	刀具选择及安装正确		2	不正确每次扣 1 分			
	17	对刀及坐标系设定正确		4	不正确每次扣 1.5 分			
	18	机床面板操作正确		4	误操作每次扣 1 分			
	19	意外情况处理合理		3	不正确每次扣 1.5 分			
文明生产 (8 分)	20	安全操作		4	违反安全操作规程全扣			
	21	机床整理		4	不合格全扣			
记录员		监考人			检验员		考评人	

问题及防治

在数控车床上进行薄壁套加工时,经常遇到的问题、产生原因及解决方法见表3-11。

表 3-11 薄壁套的加工问题、产生原因及解决方法

问题现象	产生原因	解决方法
等直径变形 或变形	1. 夹紧力的作用 2. 切削热会引起工件热变形	1. 工件分粗、精车阶段 2. 选择合理的切削用量 3. 合理选择车刀几何角度 4. 增加装夹接触面 5. 改变夹紧力的方向和着力点 6. 增加工艺肋或辅助支承 7. 浇注充分切削液

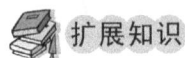 扩展知识

切削刀具的选用原则

1. 选择刀片或刀具应考虑的因素

选择刀片或刀具应考虑的因素是多方面的。随着机床种类、型号的不同，生产经验和习惯的不同以及其他因素而得到的效果是不相同的，归纳起来应该考虑的要素有以下几点：

1）被加工工件材料的类别。常用的材料有：有色金属（铜、铝、钛及其合金）、黑色金属（碳钢、低合金钢、工具钢、不锈钢、耐热钢等）、复合材料、塑料等。

2）被加工工件材料的性能包括硬度、韧性、组织状态等。

3）切削工艺的类别包括车、钻、铣、镗、粗加工、精加工、超精加工、内孔、外圆、切屑流动状态、刀具变位时间间隔等。

4）被加工工件的几何形状（影响到连续切削或间断切削、刀具的切入或退出角度）、零件精度（尺寸公差、几何公差、表面粗糙度）和加工余量等因素。

5）要求刀片（刀具）能承受的切削用量（背吃刀量、进给量、切削速度）。

6）生产现场的条件（操作间断时间、振动、电力波动或突然中断）。

7）被加工工件的生产批量，影响到刀片（刀具）的经济寿命。

2. 选择内孔刀具的考虑要点

镗孔刀具的选择，主要是要保证刀杆的刚度，要尽量防止或消除振动。其考虑要点如下：

1）尽可能选择大的刀杆直径，接近内孔直径。

2）尽可能选择短的刀杆（工作长度），当工作长度小于4倍刀杆直径时可用钢制刀杆，加工要求深孔时最好采用硬质合金制作刀杆；当工作长度为4～7倍刀杆直径时，小孔用硬合金制作刀杆，大孔用减振刀杆；当工作长度为7～10倍刀杆直径时，要采用减振刀杆。

3）选择主偏角（切入角 κ_r）大于75°，接近90°。

4）选择无涂层的刀片品种（切削刃圆弧小）和小的刀尖半径（$r_\varepsilon = 0.2$mm）。

5）精加工采用大前角的刀片和刀具，粗加工采用小前角的刀片和刀具。

6）镗深的不通孔时，采用压缩空气或切削液排屑和冷却。

7）选择正确的、快速的镗刀柄夹具。

 考证要点

1. 判断题

（1）加工薄壁套时，夹紧力过大，易引起等直径变形。（　　）

（2）G74复合循环指令解决了深孔车削时的断屑问题。（　　）

（3）在设计薄壁工件夹具时，夹紧力方向多考虑沿轴向夹紧。（　　）

（4）加工薄壁套时，工件不分粗、精车阶段。（　　）

（5）铰削铸铁件时一般加乳化液进行冷却。（　　）

2. 选择题

（1）加工薄壁套筒类零件的关键是（　　）。

A. 装夹问题　　　　B. 刀杆刚性　　　　C. 排屑　　　　D. 切削用量的选择

（2）对于薄壁套筒类零件，以外圆定位时，为了保证其加工精度，在装夹时，一般用特制的（　　）安装。

A. 软卡爪　　　　　B. 自定心卡盘　　　　C. 单动卡盘　　　D. 都可以

3. 简答题

（1）选择内孔刀具应注意哪些问题？

（2）薄壁零件产生等直径变形的原因是什么？解决办法有哪些？

4. 完成如图 3-14 所示零件的编程和加工。要求如下：

（1）分析并制订工件加工工艺。

（2）合理选择并正确刃磨刀具。

（3）编写零件加工程序并完成加工过程。

提示：本题可采用特制软卡爪以外圆定位的方法装夹工件。

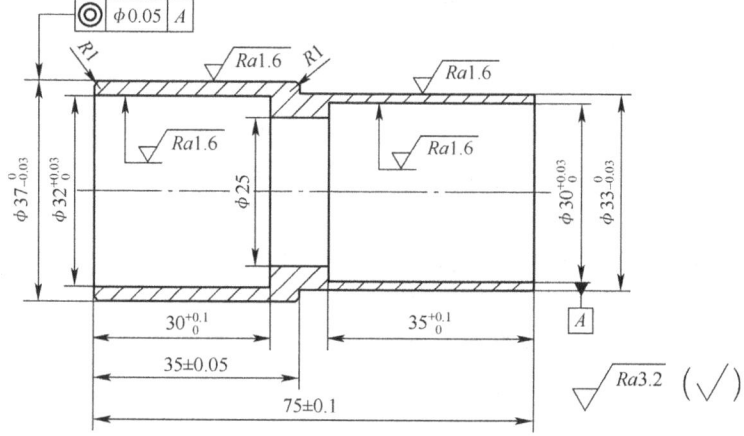

图 3-14　零件图

单元4　槽类零件的编程与加工

知识目标：
1. 读懂零件图，了解槽加工的工艺特点。
2. 理解加工槽时所用编程指令的含义和作用。
3. 掌握子程序的使用方法。
4. 熟练应用相应的编程指令编写盘类零件及槽的加工程序。
5. 会分析零件加工过程中产生废品的原因及解决方法。

技能目标：
1. 熟练掌握数控程序的输入与编辑。
2. 能选择工件装夹方法、刀具及切削用量。
3. 能在数控仿真软件上完成零件的加工。
4. 能熟练操作数控机床并完成零件的加工。

任务1　加工带轮

 任务描述

在数控机床上除了能加工轴类、套类、圆锥圆弧类、螺纹类等零件外，有时还会遇到盘类和槽类零件，例如常见的端盖、齿轮坯、棘轮等零件。图4-1所示为一带轮零件图。图4-2所示

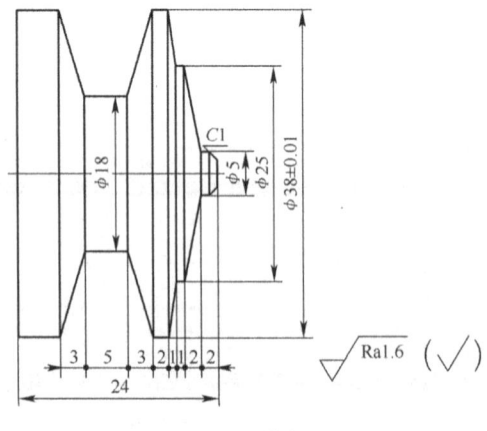

图4-1　带轮

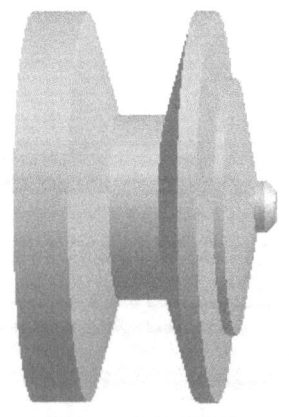

图4-2　带轮实体图

示为带轮实体图形。它的生产类型为单件或小批量生产，无热处理工艺要求，试正确设定工件坐标系，制订加工工艺方案，选择合理的刀具和切削工艺参数，正确编制数控加工程序并完成零件的加工。

任务分析

此零件除外圆有较高的精度要求外，其他内容精度要求一般，表面粗糙度 $Ra3.2\mu m$ 要求也不高，外圆端面加工较为简单，注意保证精度要求即可。零件右端的锥台部分可以用 G01 指令加工，也可用 G94 指令来加工，但这样编程会使程序变得冗长，且计算量较大，编程容易出错。如果采用轴向粗车复合循环指令 G71 加工，那么会因 Z 向长度较短，而使得机床频繁退刀，既浪费时间又增加了机床的磨损，因此可以采用新的指令—端面复合循环指令 G72 来加工。梯形槽在普通车床上加工时一般先用切槽刀车直槽，再用成形刀加工两侧锥面至尺寸要求，在数控车床上一般用一把切槽刀即可完成，如果用 G01 指令来加工，同样会使程序繁琐和计算量大，可以采用 G94 或 G72 指令来加工，使程序简洁。

为了保证加工质量，在加工过程中需选用合适的刀具（包括刀具类型、刀具材料）、合适的切削用量及切削液。如车刀有刀尖圆弧应使用刀尖圆弧半径的补偿（G40、G41、G42）功能。

> **问题与思考**
>
> 结合普通车床的加工，请同学们回忆并思考下列问题：
> 1) 加工槽类零件应选用什么刀具？刀具角度有哪些？刃磨有什么技巧？
> 2) 对于槽内复杂结构（比如圆锥或圆弧），应如何加工？
> 3) 带有槽的零件，制订加工工艺时应注意些什么？

相关知识

1. 车槽和切断时切削用量的选择

由于切断（槽）刀的刀体强度较差，在选择切削用量时，应适当减小其数值。总的来说，硬质合金切断刀比高速钢切断刀选用的切削用量要大，切断钢件材料时的切削速度比切断铸铁材料时的切削速度要高，而进给量要略小一些。

（1）背吃刀量（a_p） 切断、车槽均为横向进给切削，背吃刀量 a_p 是垂直于已加工表面方向所量得的切削层宽度的数值，所以切断时的背吃刀量等于切断刀刀体的宽度。

（2）进给量（f） 一般用高速钢车刀切断钢件时 $f=0.05\sim0.1mm/r$；切断铸铁料时 $f=0.1\sim0.2mm/r$；用硬质合金切断刀切断钢料时 $f=0.1\sim0.2mm/r$；切断铸铁料时 $f=0.15\sim0.25mm/r$。

（3）切削速度（v_c） 用高速钢车刀在钢料上车槽或切断时，$v_c=30\sim40m/min$；切断铸铁料时 $v_c=15\sim25m/min$；用硬质合金车刀在钢料上车槽或切断时，$v_c=80\sim120m/min$；切断铸铁料时 $v_c=60\sim100m/min$。

2. 编程指令

（1）暂停指令 G04

1)指令格式:

G04 X_;

或 G04 P_;

或 G04 U_;

2)指令功能。各轴运动停止,不改变当前的 G 指令模态和保持的数据、状态,延时给定的时间后,再执行下一个程序段。比如切断(槽)刀车槽,当切断(槽)刀切到槽底时,为了使槽底圆整,经常会用到此指令。

3)指令说明。G04 为非模态 G 指令;G04 延时时间由指令字 X_、P_或 U_指定;指令字 X_、P_或 U_指令值的时间单位,见表4-1。

表4-1 G04 指令值的时间单位

地址	P	X	U
单位	0.001s	s	s

注意事项

- X、P、U 在同一程序段,P 有效;X、U 在同一程序段,X 有效。

(2)端面粗车复合循环 G72

1)指令运动轨迹及功能。数控系统根据精车轨迹、精车余量、进给量、退刀量等数据自动计算粗加工路线,沿 X 轴平行的方向切削。通过多次进刀→切削→退刀的切削循环完成工件的粗加工,G72 的起点和终点相同,对于非成形棒料可一次成形。指令运动轨迹如图4-3 所示。

精车轨迹为 A 点→B 点→C 点;粗车轨迹为精车轨迹按精车余量(Δu、Δw)偏移后的轨迹,是执行 G72 形成的轨迹轮廓。精加工轨迹的 A、B、C 点经偏移后对应粗车轮廓的 A'、B'、C' 点,G72 指令最终的连续切削轨迹为 B' 点→C' 点。

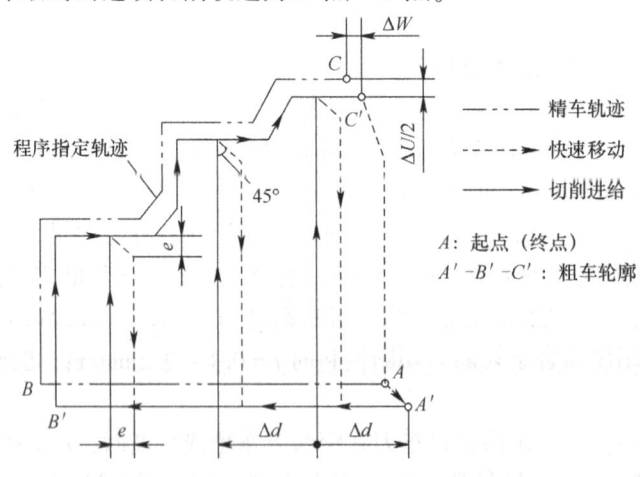

图4-3 端面粗车复合循环

2)指令的执行过程。

① 从起点 A 点快速移动到 A' 点,X 轴移动 ΔU、Z 轴移动 ΔW。

② 从 A' 点 Z 轴移动 Δd（进刀），ns 程序段是 G00 时按快速移动速度进刀，ns 程度段是 G01 时按 G72 的切削进给速度 F 进刀，进刀方向与 A' 点→B' 点的方向一致。

③ X 轴切削进给到粗车轮廓，进给方向与 X 轴平行。

④ X 轴、Z 轴快速退刀 e（45°直线），退刀方向与各轴进刀方向相反。

⑤ X 轴以快速退回到与 A' 点 X 轴绝对坐标相同的位置。

⑥ Z 轴再次进刀（$\Delta d + e$）后，重复以上车削动作，直至到达 B' 点。

⑦ 沿粗车轮廓从 B' 点切削进给至 C' 点。

⑧ 从 C' 点快速移动到 A 点，G72 循环结束。程序转到下一个程序段执行。

3）指令格式：

G72 W(Δd) R(e) F_S_T_；
G72 P(ns) Q(nf) U(Δu) W(Δw)；
N_ (ns) G00（G01）……；
G01……；
……F；
……S；
……T；
……；
N_ (nf) G00（G01）……；
……

其中，Δd 为粗车时 Z 轴背吃刀量，无符号，切入方向由 A→B 方向决定；e 为粗车时 Z 轴的退刀量，无符号；ns 为精加工轨迹的第一个程序段的程序段号；nf 为精加工轨迹的最后一个程序段的程序段号；Δu 为粗车时 X 轴留出的精加工余量，（直径值，有符号）；Δw 为粗车时 Z 轴留出的精加工余量，（有符号）；F 为切削进给速度；S 为主轴的转速；T 为刀具号、刀具偏置号。

4）留精车余量时坐标的偏移方向。Δu、Δw 反映了坐标偏移方向，按 Δu、Δw 的符号有四种不同的组合，如图 4-4 所示。图 4-4 中，B→C 为精车轨迹，B'→C' 为粗车轮廓，A 为起刀点。

由图 4-4 可知，在确定 Δu、Δw 的正负号时，可以简单地总结出一句话：当 X、Z 轴向远离工件的方向留余量时，Δu、Δw 的符号为正，反之为负。

5）指令说明

① ns～nf 程序段必须紧跟在 G72 程序后编写。

② 执行 G72 时，ns～nf 程序段仅用于计算粗车轮廓，程序段并未被执行，

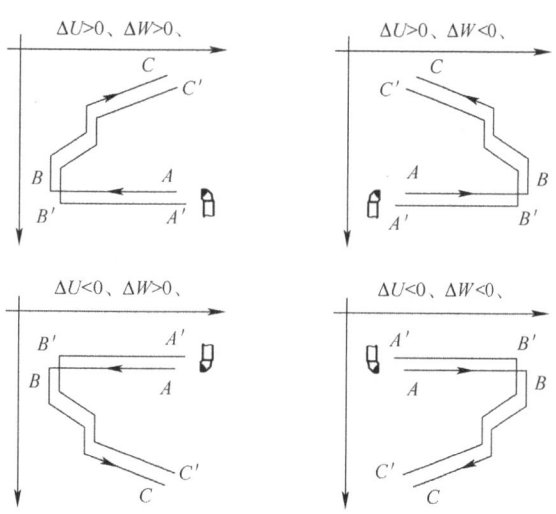

图 4-4　Δu、Δw 正负号的确定

ns～nf 程序段中的 F、S、T 指令在执行 G72 循环时无效,而 G72 程序段的 F、S、T 指令有效,ns～nf 程序段中的 F、S、T 指令只有在执行 G70 精加工循环时有效。

③ 刀尖圆弧半径补偿功能（G40、G41、G42）执行 G72 循环中无效,执行 G70 精加工循环时才有效。

④ Δd 和 Δw 两者都由地址 W 指定时,其区别在于程序段中有无 P 和 Q 指令字。

- ns 程序段只能含有 Z（W）坐标指令字（通常跟在 G00 指令后）。
- 精车轨迹（ns～nf 程序段）X、Z 轴的尺寸都必须是单调变化。
- ns～nf 程序段中只能有 G 功能,不能有子程序调用指令。
- 同一程序中多次使用复合循环指令时,ns～nf 不允许有相同程序段号。

1. 设备选择
选用 GSK980T 系统数控车床；计算机及仿真软件；采用自定心卡盘装夹。

2. 零件毛坯
选用 φ42mm×40mm 棒料,多件练习时也可以采用加长棒料,毛坯材质为 45 钢。

3. 刀具类型
选用 90°外圆右车刀；4mm 切断（槽）刀。制订刀具卡片,见表 4-2。

表 4-2　数控加工刀具卡片

产品名称或代号:			零件名称: 带轮		零件图号:	
序号	刀具号	刀具规格及名称	材质	数量	加工表面	备注
1	T01	90°外圆车刀	P10	1	粗、精车外圆、端面、锥面	
2	T02	4mm 切断（槽）刀	P10	1	车槽及切断	
编制:			审核:			

4. 量具选用
1) 钢直尺：0～200mm。
2) 游标卡尺：0.02mm/0～150mm。
3) 外径千分尺：0.01mm/25～50mm。
4) 表面粗糙度样板。

任务实施可分为两部分进行：先在数控仿真软件上进行模拟加工,操作较为熟练后再在数控车床上进行加工。

1. 确定加工工艺
以零件轴线与右端面交点为工件坐标系原点,采用从右到左加工,工艺路线安排如下：
1) 车削零件右端面。
2) 粗车零件 φ38±0.01mm 外圆,留精加工余量 0.5mm。

3）精车零件 $\phi38\pm0.01$ mm 外圆至尺寸要求。
4）粗车零件右端锥面及阶台。
5）精车零件右端锥面及阶台至尺寸要求。
6）加工梯形槽至尺寸要求。
7）切断工件，保证总长尺寸合要求。

制订加工工艺卡片，见表 4-3。

表 4-3 数控加工工艺卡片

零件名称	带轮		零件图号		工件材质	45 钢
工序号	程序编号		夹具名称		数控系统	车间
1	O0001		自定心卡盘		广数 980T	
工步号	工步内容		刀具号	主轴转速 /（r/min）	进给量 /（mm/r）	背吃刀量 /mm	备注
1	车右端面		T01	800	0.15	1	自动
2	粗车 $\phi38\pm0.01$ mm 外圆		T01	800	0.2	1.75	自动
3	精车 $\phi38\pm0.01$ mm 外圆		T01	1000	0.1	0.25	自动
4	粗车右端锥面、阶台		T01	900	0.15	1	自动
5	精车右端锥面、阶台		T01	1000	0.1	0.15	自动
6	加工梯形槽		T02	500	0.1		自动
7	切断工件		T02	500	0.1	4	自动
编制			审核		批准	

2. 程序的编制和输入

> 问题与思考
>
> 本任务梯形槽部分程序的编写难度较大，可以采用哪些编程指令？如何正确编写？

本任务主要由梯形槽和右端的锥台等组成，加工右端的锥面阶台部分较为简单，可以采用 G72 指令进行编程加工；梯形槽部分的加工有一定的难度，既可以采用 G72 指令编程加工，也可以采用 G94 指令编程加工。下面就用两种指令分别编写本任务的加工程序，见表 4-4 和表 4-5。

表 4-4 带轮的加工程序（G72 指令车梯形槽）

加工程序	程序说明	图示
O0001；	程序号	
G99 M03 S800 T0101 F0.15；	机床正转，转速为 800 r/min，用 1 号刀及 1 号刀补	
G00 X44.0 Z3.0；	车刀快速到达循环起点	

(续)

加工程序	程序说明	图示
G94 X-1.0 Z1.0 F0.15; Z0;	G94 指令车端面	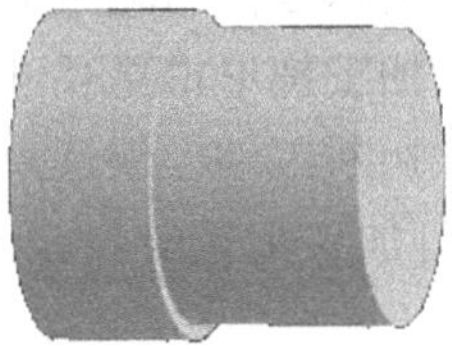
G90 X38.5 Z-28.5 F0.2;	粗车外圆,留余量 0.5mm	
S1000;	精车主轴转速为 1000r/min	
G90 X38.0 Z-28.5 F0.1;	精车外圆至尺寸	
G00 X40.0 Z1.0 S900;	转速为 900r/min,车刀到达循环起点	
G72 W1.0 R0.2; G72 P10 Q11 U0.05 W0.3;	G72 复合循环指令粗车	
N10 G00 G41 Z-6.0; G01 X38.0 F0.1; X25.0 Z-5.0; Z-4.0; X5.0 Z-2.0; Z-1.0; X3.0 Z0.0; N11 G00 G40 Z1.0;	右端锥面精加工程序段	
S1000;	精车主轴转速为 1000r/min	
G70 P10 Q11;	G70 复合循环指令精加工	
G00 X120.0 Z100.0 M09;	车刀到达换刀点,切削液停	
M00;	程序暂停,测量工件	
T0202 M03 S500;	调用 2 号刀及 2 号刀补,转速为 500r/min	
G00 X39.0 Z-15.5;	切槽刀到达定位点	
M08;	切削液开	
G01 X18.0 F0.1;	车直槽	
G04 X0.2;	车刀暂停 0.2s	
G00 X39.0;	快速退刀	
G72 W1.0 R0.2; G72 P12 Q13 U0.03 W-0.2;	G72 复合循环指令粗车梯形槽右端锥面	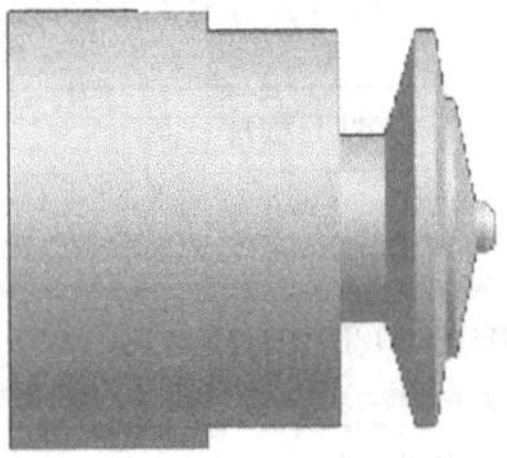
N12 G00 Z-12.0; G01 X38.0; G01 X18.0 Z-15.0 F0.1; N13 G01 Z-15.2;	梯形槽右端锥面精加工程序	
G70 P12 Q13;	G70 复合循环指令精加工	

(续)

加工程序	程序说明	图示
G72 W1.0 R0.2;	G72 复合循环指令粗车梯形槽左端锥面	
G72 P14 Q15 U0.03 W0.2;		
N14 G00 Z-19.0;		
G01 X38.0 F0.1;	梯形槽左端锥面精加工程序	
X18.0 Z-16.0;		
N15 G01 Z-15.8;		
G70 P14 Q15;	G70 复合循环指令精加工	
G00 Z-28.0;	切断刀定位	
G01 X-1.0;	切断工件	
G00 X100.0 Z100.0 M09;	车刀离开工件,切削液停	
M30;	程序结束,光标返回程序头	

表 4-5 带轮的加工程序（G94 指令加工槽部分）

加工程序	程序说明
O0002;	程序号
……	前面部分省略
T0202 M03 S500;	调用 2 号刀及 2 号刀补,转速为 500r/min
G00 X39.0 Z-15.5;	切槽刀到达定位点
M08;	切削液开
G01 X18.0 F0.1;	车直槽
G04 X0.2;	车刀暂停 0.2s
G00 X40.0;	快速退刀
G94 X31.0 Z-15.0 R1.35 F0.1;	
X24.0 R2.4;	G94 固定循环指令加工梯形槽右侧锥面
X18.0 R3.3;	
G94 X31.0 Z-16.0 R-1.35 F0.1;	
X24.0 R-2.4;	G94 固定循环指令加工梯形槽左侧锥面
X18.0 R-3.3;	
……	后面部分省略

3. 零件加工模拟

按下机床锁定和辅助功能锁定按钮,指示灯亮后,进入自动方式进行程序运行模拟,判断程序正误,无误后可进行机械回零操作。带轮加工过程模拟如图 4-5 所示。

4. 工件与刀具的安装

工件装夹在自定心卡盘上,毛坯右端面伸出 33mm 左右,装夹要牢固。车刀安装时不宜伸出过长,刀尖高度应与机床中心等高（尤其是切断

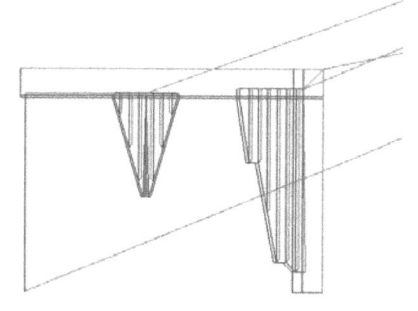

图 4-5 带轮加工过程模拟图

刀），切槽刀的中心线必须与工件中心线垂直，以保证副偏角的对称、底平面应平整，以保证两个副后角的对称。

 教你一招

切断刀的切削刃宽度及刀头长度如何确定？

切断（或车槽）时，主切削刃既不能太宽也不能太窄，太宽会因为切削力过大而引起振动，也会浪费工件材料；主切削刃太窄，又会削弱刀头强度，使刀头容易折断。切断钢件或铸铁材料时，主切削刃宽度的计算公式为

$$a \approx (0.5 \sim 0.6) \sqrt{d}$$

式中　a——主切削刃宽度（mm）；
　　　d——工件待加工表面直径（mm）。

若切断刀刀头长度太短，则不能安全到达主轴旋转中心；若刀头过长则强度降低，则在切削过程中易引起振动甚至折断。刀头长度 L 的计算公式为

$$L = h + (2 \sim 3)$$

式中　L——刀头长度（mm）；
　　　h——切入深度（mm）。

5. 对刀并输入刀补值

切槽刀有两个刀尖，对刀时有两个刀位点，即两个刀尖，如图 4-6 所示。

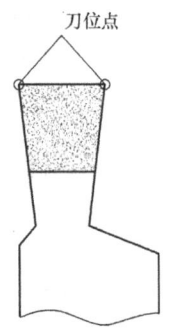

图 4-6　切槽刀刀位点

 注意事项

- 切槽刀对刀时（Z 向），刀位点应与程序中的刀位点一致。

切槽刀因有两个刀位点，所以在对刀时刀补值（Z 向）的输入显得非常关键，否则纵然程序编制非常正确，刀补值输入不当，同样会加工出不合格的零件。在编制车槽程序时，既可以采用左刀尖编程，也可以采用右刀尖编程，这应根据不同的零件形状或个人的编程习惯而定。下面就以刀宽 4mm 的切槽刀为例，说明切槽刀的对刀方法。

1）使用左刀尖编程（即程序中左刀尖作为刀位点）时，其对刀方法如图 4-7 和图 4-8 所示。此时在刀补的"101"界面 Z 向刀补值应键入"Z0"，然后按 键即可。编程时车槽

起点坐标为（$X52.0$，$Z-12.0$）即 Z 向坐标值为 $8mm+4mm=12mm$。

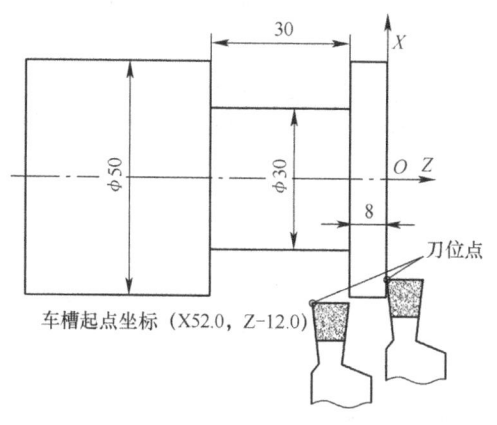

图 4-7 刀位点为左刀尖时的情景

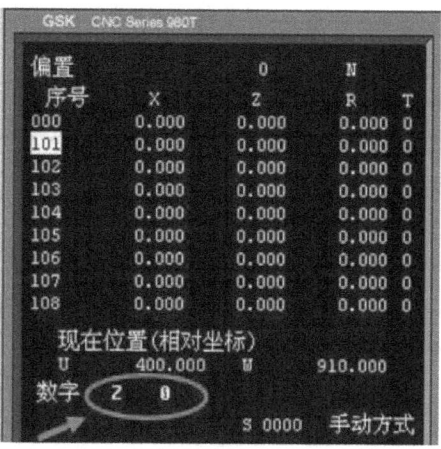

图 4-8 左刀尖编程时的 Z 向刀补值

2）使用右刀尖编程（即程序中右刀尖作为刀位点）时，其对刀方法如图 4-9 和图 4-10 所示。此时 Z 向刀补值应键入"Z4."，然后按 输入 键即可。编程时车槽起点坐标为（$X52.0$，$Z-8.0$）即 Z 向坐标值为 $8mm$。

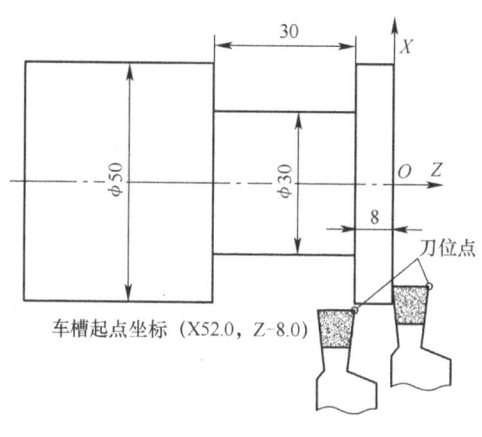

图 4-9 刀位点为右刀尖时的情景

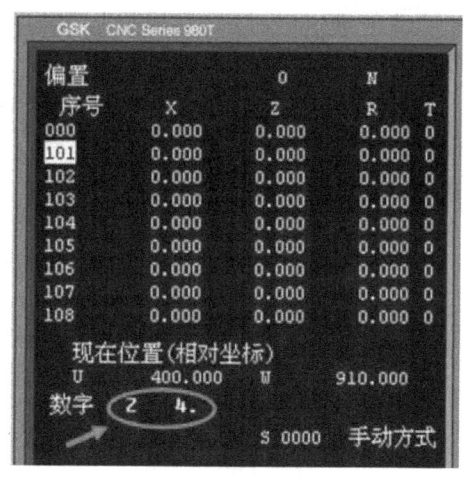

图 4-10 右刀尖编程时的 Z 向刀补值

6. 数控加工与精度控制

（1）加工 首件加工应单段运行，通过机床控制面板上的"倍率选择"按钮适当降低刀具运动速度，第一件加工无误后方可正常运行加工，当程序暂停时可以对加工尺寸检测，以保证尺寸精度要求。

（2）精度控制 加工过程中，各尺寸精度都要保证在公差允许范围之内，若出现误差则应及时修改程序或修改刀补予以解决。

7. 零件检测

1）修整工件，去毛刺等。

2）尺寸精度检测：用游标卡尺测量零件总长，阶台、锥面、倒角及梯形槽各部尺寸，用外径千分尺检测外圆尺寸。

3）表面质量检测：用粗糙度样板对比检测零件加工表面质量。

 小组讨论

根据零件加工过程中出现的问题，同学们讨论如何解决并提出解决方案。

 注意事项

- 本任务中的梯形槽因槽底较窄，G72 指令加工时一定要计算好退刀量和精加工余量，否则刀具会与工件发生干涉现象。
- 加工槽类零件时，若工件刚性较差、精度要求较高，则其加工工艺应为粗车→车槽→精车，以保证加工精度。
- 首件加工合格后，程序中间的 M00 指令前面可加 "/" 做跳步处理。
- 加工过程中因切削速度（直径变化因起）不同而造成的尺寸精度超差，可考虑采用 G96 指令，后面的 S 值单位为 m/min，同时用 G50 S_；限制机床主轴最高速度。

 检查评议

带轮的编程与加工评分标准见表 4-6。

表 4-6 带轮的编程与加工评分标准

姓名		零件名称	带轮	时间	120min	总得分	
项目	序号	技术要求		配分	评分标准	检测记录	得分
零件加工 （50分）	1	各外圆形状、尺寸正确		10	不正确每处扣2分		
	2	端面、锥度及各阶台形状尺寸正确		8	不正确每处扣2分		
	3	梯形槽各尺寸正确		10	不正确每处扣3分		
	4	倒角尺寸合格		2	不合格全扣		
	5	表面粗糙度符合图样要求		20	每处降低一级扣3分		
程序与工艺 （25分）	6	程序正确、完整		6	不正确每处扣1分		
	7	程序格式规范		5	不规范每处扣0.5分		
	8	工艺合理		5	不合理每处扣1分		
	9	程序参数选择合理		4	不合理每处扣0.5分		
	10	指令选用合理		5	不合理每处扣1分		
机床操作 （17分）	11	零件装夹合理		3	零件装夹不合理每次扣1分		
	12	刀具选择及安装正确		3	不正确每次扣1分		
	13	对刀及坐标系设定正确		4	不正确每次扣1.5分		
	14	机床面板操作正确		4	误操作每次扣1分		
	15	意外情况处理合理		3	不正确每次扣1.5分		
文明生产 （8分）	16	安全操作		4	违反安全操作规程全扣		
	17	机床整理		4	不合格全扣		
记录员		监考人			检验员	考评人	

单元 4　槽类零件的编程与加工

 问题及防治

在数控车床上加工盘类零件时，经常遇到的问题、产生原因及解决方法见表 4-7。

表 4-7　盘类零件加工中易出现问题、产生原因及解决方法

问题现象	产生原因	解决方法
尺寸超差	1. 刀具数据不准确 2. 尺寸计算错误 3. 程序错误	1. 调整或重新设定刀具数据 2. 正确进行尺寸计算 3. 检查、修改加工程序
表面粗糙度差	1. 切削速度过低 2. 刀具中心过高 3. 切屑控制较差 4. 刀尖产生积屑瘤 5. 切削液选用不合理	1. 调高主轴转速 2. 调整刀具中心高度 3. 选择合理的进刀方式及背吃刀量 4. 选择合适的切速范围 5. 选择正确的切削液，并充分喷注
端面中心处有凸台	1. 程序错误 2. 刀尖与工件中心不等高 3. 刀具损坏	1. 检查、修改加工程序 2. 调整刀具高度 3. 更换刀片或重磨车刀
加工过程中出现扎刀现象，引起工件报废	1. 进给量过大 2. 刀具角度选择不合理	1. 降低进给速度 2. 正确选择刀具
工件端面凹凸不平	1. 机床主轴间隙过大 2. 程序错误 3. 切削用量选择不当	1. 调整机床主轴间隙 2. 检查、修改加工程序 3. 合理选择切削用量

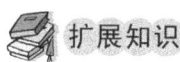 扩展知识

并 联 机 床

并联机床又称为虚拟轴机床或并联机器人，是机器人技术与机床技术相结合产生的高科技产品，具有高精度、高刚性、高速度、高加速度、高柔性、高灵活性、推力大、质量轻等优异性能。另外，由于其进给速度的提高，从而使调整、超高速加工更容易实现。由于这种机床具有高刚度、高承载能力、机械结构简单、制造成本低、标准化程度高等优点，在许多领域都得到了成功的应用，因此受到学术界的广泛关注。

随着高速切削的不断发展，传统串联式机构构造平台的结构刚性与移动台高速化逐渐成为技术发展的瓶颈，由此并联式平台便成为最佳的候选对象。相对于串联式机床来说，并联式工作平台具有如下特点：

（1）结构简单、价格低　机床机械零部件数目较串联构造平台大幅减少，主要由滚珠丝杠、虎克铰、球铰、伺服电动机等通用组件组成，这些通用组件可由专门厂家生产，因而本机床的制造和库存成本比相同功能的传统机床低得多，容易组装和搬运。

（2）结构刚度高　由于采用了封闭性的结构使其具有高刚性和高速化的优点，其结构负荷流线短，而负荷分解的拉、压力由六只连杆同时承受，以材料力学的观点来说，在外力一定时，悬臂量的应力与变形都最大，两端插入次之，其次是两端简支，再次是受压的二力结构，应力与变形都最小的是受张力的二力结构，故其拥有高刚性。其刚度质量比高于传统

115

的数控机床。

（3）加工速度高、惯性低　如果结构所承受的力会改变方向（介于张力与压力之间），两力构件将会是最节省材料的结构，而它的移动件质量减至最低且同时由六个致动器驱动，因此机器很容易高速化，且拥有低惯性。

（4）加工精度高　由于其为多轴并联机构组成，六个可伸缩杆杆长都单独对刀具的位置和姿态起作用，因而不存在传统机床（即串联机床）的几何误差累积和放大的现象，甚至还有平均化效果，其拥有热对称性结构设计，因此热变形较小，故它具有高精度的优点。

（5）多功能灵活性强　由于该机床机构简单、控制方便，较容易根据加工对象而将其设计成专用机床，同时也可以开发成通用机床，用以实现铣削、镗削、磨削等加工，还可以配备必要的测量工具把它组成测量机，以实现机床的多功能。这将会带来很大的市场，在国防和民用方面都有着十分广阔的应用前景。

（6）使用寿命长　由于受力结构合理，运动部件磨损小，且没有导轨，不存在铁屑或切削液进入导轨内部而导致其划伤、磨损或锈蚀现象。

（7）变换坐标系方便　由于没有实体坐标系，机床坐标系与工件坐标系的转换全部靠软件完成，非常方便。

考证要点

1. 判断题

（1）G96 指令一般应与 G50 指令（限制主轴最高转速）成对使用。　　　　（　　）

（2）程序中不能将"F"值设为"0"使进给停止，但可用机床面板上的"进给速度倍率旋钮"将进给速度调成"0%"，从而使进给停止。　　　　（　　）

（3）只有按下跳步按键时，程序段前面带有"/"的程序段才会作跳步处理。（　　）

（4）刀尖圆弧半径补偿功能（G40、G41、G42）执行 G72、G70 循环都有效。（　　）

（5）G72 复合循环指令适合轴类零件的粗加工。　　　　　　　　　　（　　）

2. 选择题

（1）程序段 G04 X2.0，若将 X 改为 P，则 P 后的数字应该为（　　）。

A. 2　　　　　　　　　　　　　B. 0.002

C. 0.2　　　　　　　　　　　　D. 2000

（2）切断刀主切削刃太宽，切削时容易产生（　　）。

A. 弯曲　　　　　　　　　　　　B. 扭转

C. 刀痕　　　　　　　　　　　　D. 振动

3. 简答题

（1）G72 复合循环指令适合加工哪种类型的零件？

（2）简述 G72 与 G71 复合循环指令的异同。

（3）怎样正确的刃磨和安装切槽刀？

4. 完成如图 4-11 ~ 图 4-15 所示零件的编程和加工。要求如下：

（1）分析并制订工件加工工艺。

（2）合理选择并正确刃磨刀具。

（3）编写零件加工程序并完成加工过程。

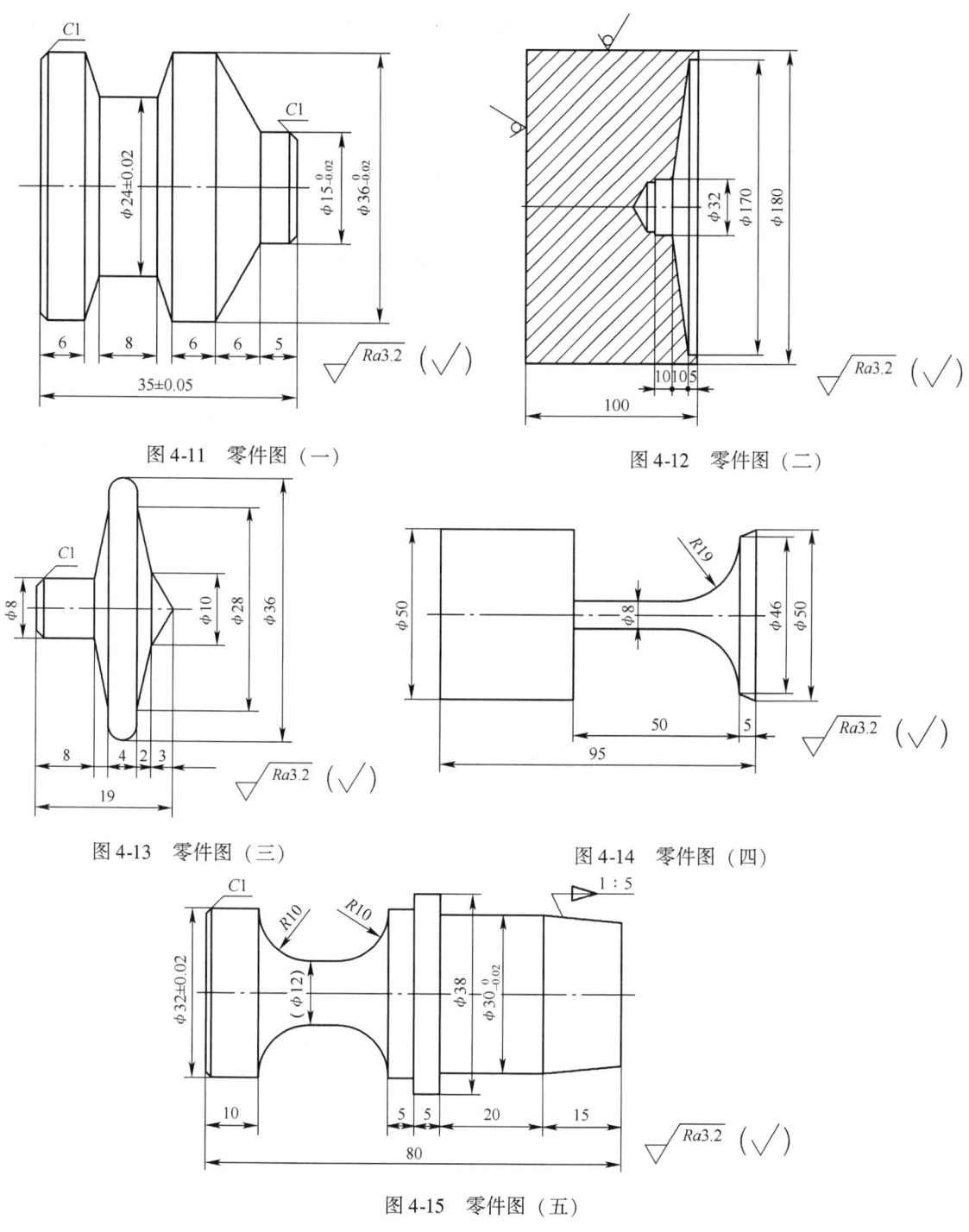

图 4-11 零件图（一）

图 4-12 零件图（二）

图 4-13 零件图（三）

图 4-14 零件图（四）

图 4-15 零件图（五）

任务 2　加工多槽轴

任务描述

图 4-16 所示为一顶杆零件图。图 4-17 所示为顶杆实体图。它的生产类型为单件或小批

量生产，无热处理工艺要求，试正确设定工件坐标系，制订加工工艺方案，选择合理的切削工艺参数，正确编制数控加工程序并完成零件的加工。

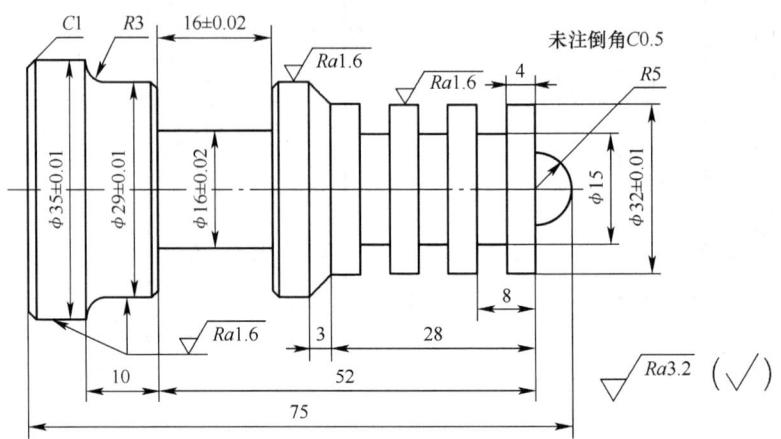

图 4-16 顶杆

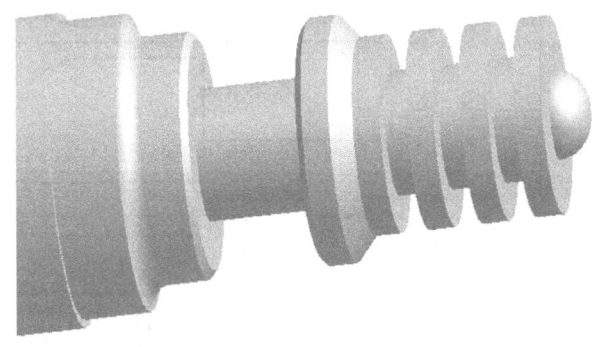

图 4-17 顶杆实体图

 任务分析

该零件几何形状包括外圆、圆锥、圆弧、宽槽和窄槽等，各外圆的精度和表面粗糙度要求较高，加工余量较大，为方便编程可采用外圆粗车复合循环指令 G71 和外圆精车复合循环指令 G70 来完成。宽槽精度要求较高，窄槽精度要求一般，其表面粗糙度值均为 $Ra3.2\mu m$，因此加工宽槽时，为保证精度要求需采取先粗车再精车的加工方法，窄槽可用 4mm 宽的切槽刀一次加工完成。粗加工槽时，可以使用直线插补指令 G00、G01 等指令加工，但这样不仅使得程序结构冗长，而且加工弹塑性材料时铁屑会缠绕在零件和刀具上，使切削工作无法正常进行，甚至会出现扎刀现象使切槽刀折断。如采用径向车槽复合循环指令 G75 就能很好地解决这个问题。

相关知识

1. 槽的种类

槽的种类很多，根据其形状和加工特点，可分为单槽、多槽、宽槽、深槽及异型槽等。

在一个较为复杂的零件中,有时往往不只是单一类型的槽,而是多种形式的槽或其叠加,比如本任务中的顶杆就是既有多槽,又有宽槽,还有的单槽同时也是深槽或宽槽。

2. 零件的装夹方式

车槽时主切削力的方向与工件轴线垂直,尤其是车窄槽时通常采用直接成形法,即切槽刀的宽度等于槽的宽度,等于背吃刀量a_p。这样切削时会产生较大的径向切削力,容易引起扎刀和振动,影响到工件的装夹稳定性。在数控机床上加工槽时一般可采用下面的装夹方式:

1)利用自定心卡盘的软卡爪,并适当增加夹持面的长度,当工件夹持面长度较短时,可在软卡爪上车出阶台,靠阶台端面定位,以保证定位准确、装夹牢固。

2)如果零件长度较长强度较弱时,为防止振动和零件飞出伤人,可采用尾座顶尖做辅助支承,用一夹一顶的方式装夹,以保证零件装夹的稳定性。

3. 切槽时的进刀方式

1)对较窄、较浅且精度要求不高的槽,可采用与槽等宽的切槽刀一次切入成形的方法来加工,一般车到槽底后使用延时指令 G04 修整槽底圆度误差,然后以工进速度退出,如图 4-18 所示。

2)对较窄、较深且精度要求较高的槽,可先用较窄的切槽刀粗车,再用刀头宽度与槽宽相等的切槽刀精车的方法完成。粗车时为了避免车槽过程中由于排屑不畅,使刀具前部压力过大出现扎刀和刀具折断的现象,应采用往复进刀的方式,刀具在切入工件一定深度后,停止进刀并回退一段距离,达到断屑和排屑的目的,如图 4-19 所示。

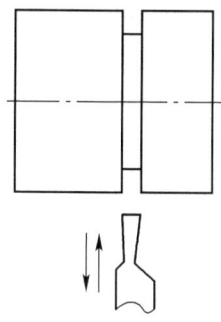

图 4-18 较窄、较浅槽的进刀方式

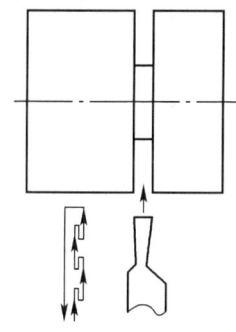

图 4-19 较窄、较深槽的进刀方式

3)较宽且精度要求较高的宽槽的切削。通常把大于一个车刀宽度的槽称为宽槽。宽槽的宽度、深度等精度要求及表面质量要求一般较高,在车宽槽时常采用排刀的方式进行粗切,然后用精切槽刀沿槽的一侧车至槽底,精加工槽底至槽的另一侧,再沿侧面退出,切削方式如图 4-20 所示。

4)异形槽的加工。对于异形槽的加工,一般采用先车直槽,然后使用循环(固定循环或复合循环)切削指令切削轮廓的方法进行。

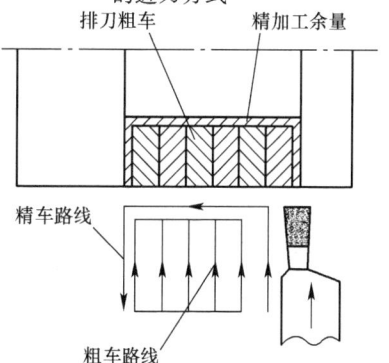

图 4-20 宽槽零件的切削方式

注意事项

- 车槽过程中容易产生振动现象，往往是切削用量选择不当造成的，比如进给量过小、切削速度选择不当等，应及时进行调整。
- 车槽时尤其是车深槽时，因刀头面积小、散热差，易产生高温而降低刀片切削性能，可选择冷却性能较好的乳化液进行充分冷却。

4. 编程指令

（1）径向切槽多重循环指令 G75 如图 4-21 所示。

1）G75 指令的进刀方式。从起点径向（X 轴）进给、回退、再进给……直至切削到与切削终点 X 轴坐标相同的位置，然后轴向退刀、径向回退至与起点 X 轴坐标相同的位置，完成一次径向切削循环；轴向再次进刀后，进行下一次径向切削循环；切削到切削终点后，返回起点。径向切槽复合循环完成。G75 的轴向进刀和径向进刀方向由切削终点 X（U）、Z（W）与起点的相对位置决定，本指令用于加工径向环形槽或圆柱面，径向断续切削起到断屑、排屑的作用。

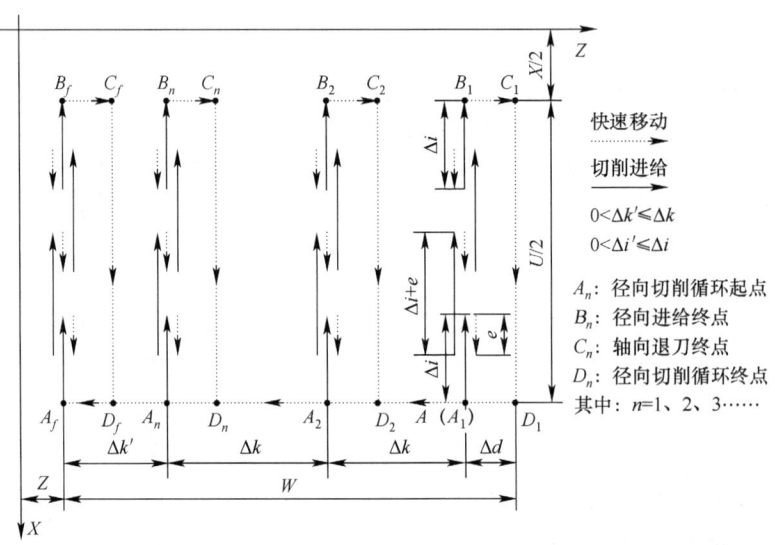

图 4-21 G75 指令运动轨迹图

2）G75 指令格式：

G75 R (e)；

G75 X (U)_ Z (W)_ P (Δi) Q (Δk) R (Δd) F_；

其中，e 为每次径向（X 轴）进刀后的径向退刀量，无符号；X 为切削终点 B_f 的 X 轴绝对坐标值；U 为切削终点 B_f 与起点 A 的 X 轴绝对坐标值的差值；Z 为切削终点 B_f 的 Z 轴绝对坐标值；W 为切削终点 B_f 与起点 A 的 Z 轴绝对坐标值的差值；Δi 为径向（X 轴）进刀时，X 轴断续进刀的进给量，（半径值，单位 0.001mm）无符号；Δk 为单次径向切削循环的轴向（Z 轴）进给量，单位为 μm，无符号；Δd 为切削至径向切削终点后，轴向（Z 轴）

的退刀量，无符号。

> **注意事项**
> - 省略 R（Δd）时，系统默认径向切削终点后，轴向（Z 轴）的退刀量为 0。一般适用于轴向无退刀空间的切槽加工，如图 4-22 所示。
> - 省略 Z（W）和 Q（Δk）时，默认往正方向退刀。适用于较深的单槽零件加工，如图 4-22 所示。
>
>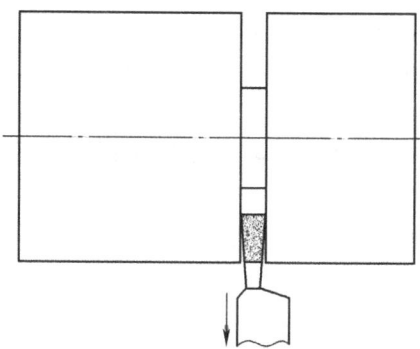
>
> 图 4-22 切削槽深较深的单槽

3) G75 指令相关定义。径向切削循环起点：每次径向切削循环开始径向进刀的位置，表示为 A_n（$n = 1, 2, 3, \cdots$），A_n 的 X 轴坐标与起点 A 相同，A_n 与 A_{n-1} 的 Z 轴坐标的差值为 Δk，第一次径向切削循环起点 A_1 与起点 A 为同一点，最后一次径向切削循环起点（表示为 A_f）的 Z 轴坐标与切削终点相同。

径向进刀终点：每次径向切削循环径向进刀的终点位置，表示为 B_n（$n = 1, 2, 3, \cdots$），B_n 的 X 轴坐标与切削终点相同，B_n 的 Z 轴坐标与 A_n 相同，最后一次径向进刀终点（表示为 B_f）与切削终点为同一点。

轴向退刀终点：每次径向切削循环到达径向进刀终点后，轴向退刀（退刀量为 Δd）的终点位置，表示为 C_n（$n = 1, 2, 3, \cdots$），C_n 的 X 轴坐标与切削终点相同，C_n 与 A_n Z 轴坐标差值为 Δd。

径向切削循环终点：从轴向退刀终点径向退刀的位置，表示为 D_n（$n = 1, 2, 3, \cdots$），D_n 的 X 轴坐标与起点相同，D_n 的 Z 轴坐标与 C_n 相同。

切削终点：X（U）_ Z（W）_ 指定的位置，最后一次径向进刀终点 B_f。

4) G75 指令执行过程（图 4-21）。

① 从径向切削循环起点 A_n 径向（X 轴）切削进给 Δi，切削终点 X 轴坐标小于起点 X 轴坐标时，向 X 轴负向进给，反之则向 X 轴正向进给（内槽加工）。

② 径向（X 轴）快速移动退刀 e，退刀方向与①进给方向相反。

③ 如果 X 轴再次切削进给（$\Delta i + e$），进给终点仍在径向切削循环起点 A_n 与径向进刀终点 B_n 之间，X 轴再次切削进给（$\Delta i + e$），然后执行②；如果 X 轴再次切削进给（$\Delta i + e$）后，进给终点到达 B_n 点或不在 A_n 与 B_n 之间，X 轴切削进给至 B_n 点，然后执行④。

④ 轴向（Z轴）快速移动退刀 Δd 至 C_n 点，B_f 点（切削终点）的 Z 轴坐标小于 A 点（起点）Z 轴坐标时，向 Z 轴正方向退刀，反之则向 Z 轴负方向退刀。

⑤ 径向（X轴）快速移动退刀至 D_n 点，第 n 次径向切削循环结束。如果当前不是最后一次径向切削循环，执行⑥，如果当前是最后一次径向切削循环，则执行⑦。

⑥ 轴向（Z轴）快速移动进刀，进刀方向与④退刀方向相反。如果 Z 轴进刀（$\Delta d + \Delta k$）后，进刀终点仍在 A 点与 A_f 点之间，Z 轴快速移动进刀（$\Delta d + \Delta k$），即：$D_n \to A_{n+1}$，然后执行①；如果 Z 轴进刀（$\Delta d + \Delta k$）后，进刀终点到达 A_f 点或不在 D_n 与 A_f 点之间，Z 轴快速移动至 A_f 点，然后执行①，开始最后一次径向切削循环。

⑦ Z 轴快速移动返回至起点 A，G75 指令执行结束。

5）指令说明。

① 循环动作是由含 X（U）和 P（Δi）的 G75 程序段进行的，如果仅执行"G75 R（e）"程序段，循环动作不进行。

② Δd 和 e 用同一地址 R 指定，其区别是根据程序段中有无 X（U）和 P（Δi）指令字。

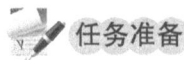任务准备

1. 设备选择

选用 GSK980T 系统数控车床；计算机及仿真软件；采用自定心卡盘装夹。

2. 零件毛坯

选用 φ38mm×105mm 棒料，多件练习时也可以采用加长棒料，毛坯材质为 45 钢。

3. 刀具类型

选用 90°外圆右车刀；4mm 切断（槽）刀。制订刀具卡片，见表 4-8。

表 4-8 数控加工刀具卡片

产品名称或代号：			零件名称：顶杆		零件图号：	
序号	刀具号	刀具规格及名称	材质	数量	加工表面	备注
1	T01	90°外圆粗车刀	P10	1	粗车外圆、端面及阶台	
2	T02	4mm 切断（槽）刀	P10	1	车槽及切断	
3	T03	90°外圆精车刀	P10	1	精车外圆、端面及阶台	
编制：			审核：			

4. 量具选用

1）钢直尺：0～200mm。

2）游标卡尺：0.02mm/0～150mm。

3）外径千分尺：0.01mm/0～25mm/25～50mm。

4）圆弧样板。

5）塞规 φ16mm。

6）表面粗糙度样板。

任务实施

任务实施可分为两部分进行：先在数控仿真软件上进行模拟加工，操作较为熟练后再在

数控车床上进行加工。

1. 确定加工工艺

以零件轴线与右端面交点为工件坐标系原点,工艺路线安排如下:

1)车削零件右端面。
2)粗车零件外圆柱面(圆弧、阶台、锥度等),留精加工余量0.5mm。
3)车削窄槽(多槽)至尺寸要求。
4)粗车宽槽,留加工余量0.03mm。
5)精车宽槽至尺寸要求。
6)精车零件外圆、阶台、圆弧、锥度等内容至尺寸要求。
7)切断工件,保证总长尺寸合要求。

制订加工工艺卡片,见表4-9。

表4-9 数控加工工艺卡片

零件名称		顶杆		零件图号		工件材质		45钢
工序号		程序编号		夹具名称		数控系统		车间
1		O0001		自定心卡盘		广数980T		
工步号		工步内容		刀具号	主轴转速 /(r/min)	进给量 /(mm/r)	背吃刀量 /mm	备注
1		车右端面		T01	800	0.15	1	自动
2		粗车 $\phi35±0.01$mm、$\phi29±0.01$mm、$\phi23±0.01$mm、$R5$、$R3$圆弧及圆锥面,留余量0.5mm		T01	800	0.2	1.5	自动
3		车右端窄槽至尺寸		T02	500	0.1	4	自动
4		粗车宽槽,留余量0.03mm		T02	500	0.1		自动
5		精车宽槽至尺寸		T02	800	0.1	0.03	自动
6		精车 $\phi35±0.01$mm、$\phi29±0.01$mm、$\phi23±0.01$mm、$R5$、$R3$圆弧及圆锥面至尺寸		T03	1000	0.1	0.25	自动
7		切断工件		T02	500	0.1	4	自动
编制				审核		批准		

问题与思考

本任务中的宽槽部分可以用G75指令来加工,而右端的多槽部分能否用G75指令加工?加工程序该如何编写?

2. 程序的编制和输入

本任务主要由外圆、圆弧、槽等部分组成,程序编制并不复杂,外圆部分可用复合指令G71来加工,槽部分可用新学的指令复合指令G75加工。其程序编写见表4-10。

表4-10 顶杆的加工程序

加工程序	程序说明	图示
O0001；	程序号	
G99 M03 S800 T0101 F0.15；	主轴正转，转速为800r/min，1号刀及1号刀补	
G00 X39.0 Z3.0 M08；	车刀快速靠近工件并到达循环起点，切削液开	
G94 X-1.0 Z1.0 F0.15；	G94指令车端面	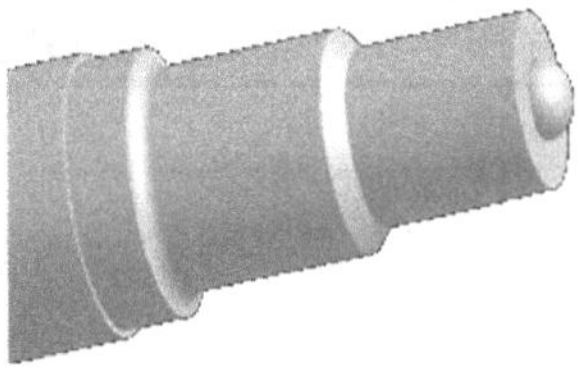
Z0.0；		
G71 U1.5 R0.5；	G71复合循环指令粗车零件外表面	
G71 P10 Q11 U0.5 W0.03；		
N10 G00 X0.0；	零件右端外圆精加工程序	
G01 G42 Z0.0 F0.1；		
G03 X10.0 Z-5.0 R5.0；		
G01 X23.0；		
Z-33.0；		
X29.0 Z-36.0；		
Z-64.0；		
G02 X35.0 Z-67.0 R3.0；		
Z-77.0；		
N11 G01 G40 X39.0；		
G00 X100.0 Z100.0；	1号刀快速退刀	
T0202 S500；	换2号刀及2号刀补，转速为500r/min	
G00 X25.0 Z-13.0；	车刀快速到达循环起点	
G75 R0.5；	G75复合循环指令切零件右端窄槽	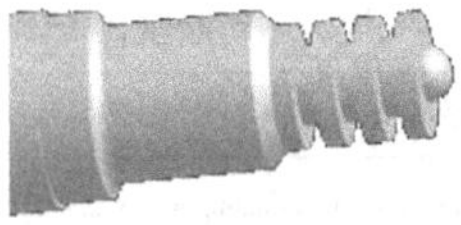
G75 X15.0 Z-29.0 P1500 Q8000 F0.1；		
G00 X32.0；	车刀到达宽槽循环起点	
Z-45.03；		
G75 R0.5；	G75复合循环指令切零件左端宽槽	
G75 X16.06 Z-56.97 P1500 Q3500 F0.1；		

单元 4　槽类零件的编程与加工

(续)

加工程序	程序说明	图示
G00 Z-44.0 S800；	精加工宽槽至尺寸要求	
G01 X30.0；		
X28.0 Z-45.0 F0.1；		
X16.0；		
Z-56.9；		
G00 X32.0；		
Z-58.0；		
G01 X30.0；		
X28.0 Z-57.0；		
X16.0；		
Z-56.5；		
G00 X80.0；	X 向快速退刀	
Z60.0；	Z 向快速退刀	
T0303 S1000；	换 3 号刀及 3 号刀补，转速为 1000r/min	
G00 X39.0 Z3.0；	车刀快速到达精加工循环起点	
G70 P10 Q11；	G70 复合循环精车外圆	
G00 X100.0 Z100.0；	车刀远离工件	
T0202 S500 M08；	换 2 号刀及 2 号刀补，转速为 500r/min，切削液开	
G00 X39.0 Z-79.0；	车刀到达切断位置	
G01 X32.0；	车槽至 $\phi 32$mm	
X36.0；	退刀至 $\phi 36$mm	
G00 Z-78.0；	工件左端倒角	
G01 X35.0；		
X33.0 Z-79.0；		
X0.0；	切断工件	
G00 X100.0 Z100.0 M09；	快速退刀，切削液关	
M30；	程序结束	

 注意事项
- 对形位精度要求较高的零件，车槽一般应放在精加工之前进行。

3. 零件加工模拟

按下机床锁定和辅助功能锁定按钮，指示灯亮后，进入自动方式进行程序运行模拟，顶杆加工过程模拟如图 4-23 所示。检查无误后可进行机械回零操作。

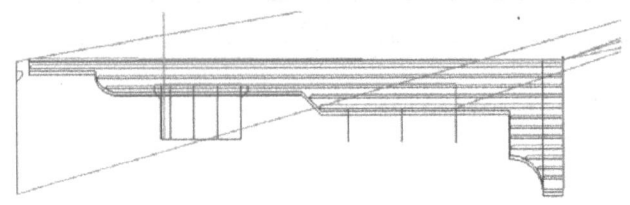

图 4-23　顶杆加工过程模拟

4. 工件与刀具的安装

工件装夹在自定心卡盘上，毛坯右端面伸出 90mm 左右，找正后夹持要牢固。车刀安装时不宜伸出过长，刀尖高度应与机床中心等高（尤其是切断刀），每把刀的安装位置应与程序中的刀具号对应一致。

5. 对刀并输入刀补值

3 把刀顺次对刀后，正确输入对应的刀补值。

注意事项

- 宽槽的宽度精度要求较高，切槽刀的刀头宽度刃磨要精确，可用千分尺配合测量。

6. 数控加工与精度控制

（1）加工　首件加工应单段运行，通过机床控制面板上的"倍率选择"按钮适当降低运行速度，单段加工无误后再自动运行加工，首件加工过程中应做好零件尺寸检测，以保证加工质量。

（2）精度控制　加工过程中，各尺寸精度都要保证在公差范围之内，如出现超差，应及时修改程序或刀补值，使零件尺寸合格。

7. 零件检测

1）修整工件，去毛刺等。

2）尺寸精度检测：用游标卡尺测量零件总长、窄槽、阶台等尺寸，用外径千分尺检测外圆、宽槽槽底尺寸，用圆弧样板检测圆弧尺寸，用塞规检测 16mm 槽宽尺寸。

3）表面质量检测：用表面粗糙度样板对比检测零件表面质量。

小组讨论

根据零件加工过程中出现的问题，同学们分组讨论并提出解决方案。

师傅说现场

零件图中有公差要求的尺寸在编程时的处理方法

在实际生产中，有的零件各加工表面的尺寸没有标注公差要求，这样的零件公差较大，称之为自由公差。加工此类零件时由于公差大而变的较为容易，但更多的零件图上对加工尺寸精度是有较严格公差要求的，为保证加工精度，我们总是希望把零件尺寸加工到中差位置上，编写程序时零件尺寸就应按中差尺寸来编，这样就需要计算出零件各表面的中差尺寸，如果尺寸较多计算量就会较大，同时由于零件中差尺寸多部分为小数，不但增大了程序输入的工作量，也增加了出错的机率。那么怎么来解决这个问题呢？

（1）统一处理法　我们来看如图4-24所示的零件。此零件的特点是三个外圆表面都有公差要求，并且基本偏差位置和公差的大小都相同，计算后它们的中差尺寸分别是ϕ38.985mm、ϕ32.985mm、ϕ25.985mm，如果编程时的X值按这几个值编写，既需要计算，程序输入也比较麻烦，且计算和输入的过程中也容易出错。遇到这种情况时，我们无需计算零件中差尺寸，编程时的X值可以按基本尺寸即直接按整数来编（如X39.0），然后再通过修改刀补值来达到零件中差的尺寸要求。例如：零件加工后经测量ϕ39mm的外圆实际尺寸为ϕ39.10mm，在刀补界面输入"U－0.115"，然后按 输入 键即可，如图4-25所示。

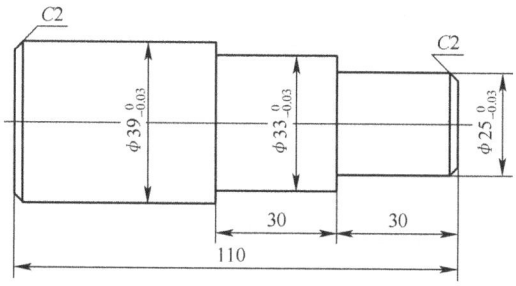

图4-24　零件图

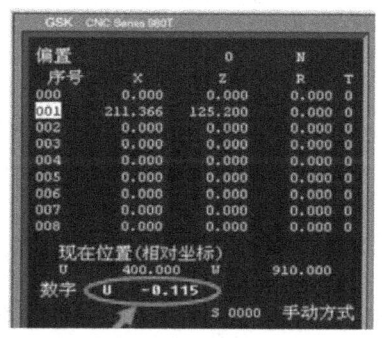

图4-25　修改刀补值

（2）分类处理法　再来看如图4-26所示的零件。该零件除了外圆外，其他三个外圆尺寸的基本偏差和公差都相同，遇到这种情况，编写程序时可以分类来处理，基本偏差和公差相同的尺寸按基本尺寸编写（如X40mm、X30mm、X23mm），只是个别尺寸（如ϕ35mm）不按基本尺寸编程。例如：ϕ40mm、ϕ30mm、ϕ23mm外圆按基本尺寸编程时，程序中应输入："X40.0"、"X30.0"、"X23.0"，而ϕ35mm外圆程序中则应输入："X35.025"，实际加工中修改刀补的方法与上一步相同，这里不再赘述。

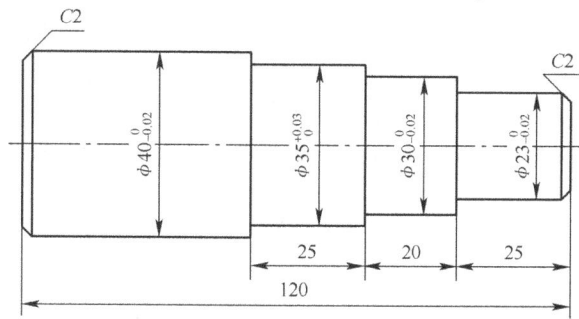

图4-26　零件图

如果零件各部分的尺寸偏差和公差均不相同，那只能在编写程序时按中差尺寸编程。

教你一招

车刀刀尖与工件中心不等高造成的几何误差分析

零件加工时,要求车刀刀尖应安装的与工件中心等高,尤其是加工端面、圆锥、圆弧时,车刀刀尖必须要严格对准工件中心,为什么要有这样的要求呢?车刀刀尖如果不对准工件中心,会对零件的精度产生什么样的影响呢?下面我们就来分析一下。

1)刀具角度发生变化。如图4-27所示,当车刀刀尖高于工件中心时,很明显车刀的实际后角 α_0 变小了,而实际的前角 γ_0 则变大了,角度的变化会影响到车刀的切削性能。

2)车削圆锥面时,如车刀刀尖与工件中心不等高,会产生双曲线误差,如图4-28所示。车削圆弧面时,会产生形状误差,车削的圆弧类似椭圆的形状。

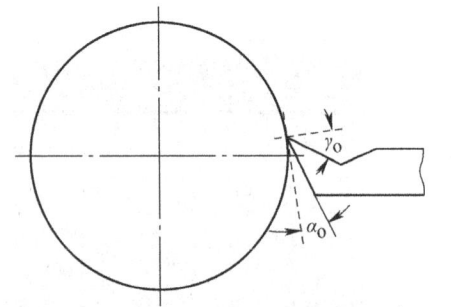

图4-27 刀尖高于工件中心时刀具角度的变化　　图4-28 双曲线误差

3)零件尺寸发生变化

① 以外圆车削为例来分析刀尖与工件中心不等高时,工件尺寸是否会发生变化。如图4-29所示,虚线图形为刀尖对准工件中心的情景,零件直径尺寸为φ50mm,实线图形为刀尖高于工件中心的情景,车刀高出工件中心的距离为h即图形中的AB,连接AB、OA、OB,形成了直角△OAB,$OA = R_X$,$OB = R$,在直角△OAB中,假设h为1mm,由勾股定理可得

$$2R_X = 2\sqrt{R^2 + h^2} = 2\sqrt{25^2 + 1^2}\text{mm} \approx 50.04\text{mm}$$

工件的实际尺寸变大了0.04mm,由此可见,车刀刀尖高度发生变化时,会使得工件尺寸发生变化。实际生产中,当刀杆刚性较差时,在不均匀切削力的作用下,工件精度会大大降低,就是这个道理。那么车刀刀尖的高度h不变时,不同直径尺寸的零件,产生的误差是否相同呢?其他参数不变,假设工件直径减小到φ20mm,它的实际直径为

$$2R_X = 2\sqrt{R^2 + h^2} = 2\sqrt{10^2 + 1^2}\text{mm} \approx 20.1\text{mm}$$

工件实际尺寸变大了0.1mm,大于上例的尺寸。由此可知,当车刀刀尖的高度h不变时,工件直径不同,加工时产生的误差也不一样。外圆尺寸越大产生的影响就越小,反之则越大。

② 车刀以一定的背吃刀量切削时,引起的工件直径尺寸的变化。如图4-30所示,假设上一刀车完后工件尺寸为φ50mm(虚线圆),刀尖高出工件中心距离h为

2mm，背吃刀量 t 为 5mm，工件前一刀半径尺寸用 R 表示，本刀已加工表面半径用 R_x 表示。在 Rt△OAB 和 Rt△OCD 中，$AB = CD = h = 2$mm，$AC = BD = t = 5$mm，$OC = R = 25$mm，$OA = R_x$，如刀尖对准了工件中心，本次切削 5mm 后，已加工表面直径应该为 50mm – 10mm = 40mm，但当刀尖没对准工件中心，同样背吃刀量为 5mm 时，实际工件已加工表面的直径是否也为 40mm 呢？我们来分析一下，在 Rt△OCD 和 Rt△OAB 中，由勾股定理可得

$$OD = \sqrt{OC^2 - CD^2} = \sqrt{R^2 - h^2} = \sqrt{25^2 - 2^2}\,\text{mm} \approx 24.92\,\text{mm}$$

$$OB = OD - BD = OD - t = (24.92 - 5)\,\text{mm} = 19.92\,\text{mm}$$

$$2R_x = 2\sqrt{OB^2 + AB^2} = 2\sqrt{OB^2 + h^2} = 2\sqrt{19.92^2 + 2^2}\,\text{mm} \approx 40.04\,\text{mm}$$

实际已加工表面的尺寸比 40mm 大了 0.04mm。由此可见，在零件车削过程中，车刀刀尖与工件中心不等高跟刀尖与工件中心等高相比，虽然背吃刀量相同，前者已加工表面直径发生了变化。

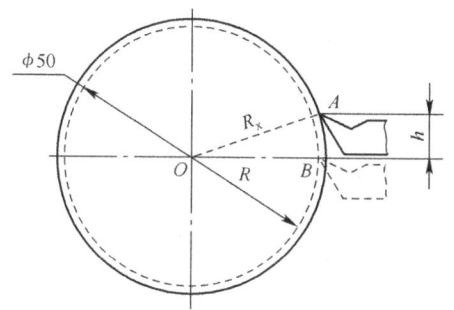

图 4-29　刀尖不对准工件中心尺寸发生变化

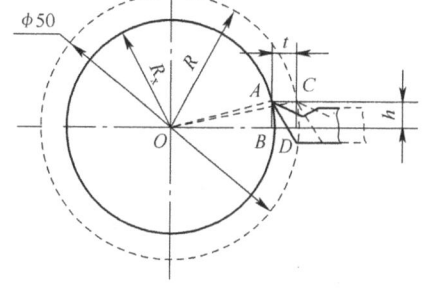

图 4-30　车削时引起工件直径的变化

问题与思考

- 车削内孔时，刀尖不对准工件中心，尺寸将如何变化？
- 车刀刀尖高度 h 为 0.3mm 时，加工两个阶台外圆 ϕ10mm、ϕ30mm，请问实际阶台厚度大于 10mm，还是小于 10mm？

注意事项

- 使用 G75 指令加工本任务中多个窄槽，编程时要正确计算 Z 方向的移动距离 Δk 的值。
- 如出现精度和表面粗糙度达不到要求，可考虑采用 G96 指令指令来加工。

 **检查评议**

顶杆的编程与加工评分标准见表4-11。

表4-11 顶杆的编程与加工评分标准

姓名			零件名称	顶杆	时间	120min	总得分	
项目	序号	技术要求		配分	评分标准		检测记录	得分
零件加工 (50分)	1	各外圆形状、尺寸正确,总长尺寸合格		8	不正确每处扣2分			
	2	圆弧面、锥度及各阶台形状尺寸正确		8	不正确每处扣2分			
	3	宽槽各部尺寸正确		9	不正确每处扣3分			
	4	窄槽各部尺寸正确		6	不正确每处扣2分			
	5	倒角尺寸合格		4	不合格全扣			
	6	表面粗糙度符合图样要求		15	每处降低一级扣3分			
程序与工艺 (25分)	7	程序正确、完整		6	不正确每处扣1分			
	8	程序格式规范		5	不规范每处扣0.5分			
	9	工艺合理		5	不合理每处扣1分			
	10	程序参数选择合理		4	不合理每处扣0.5分			
	11	指令选用合理		5	不合理每处扣1分			
机床操作 (17分)	12	零件装夹合理		3	装夹不合理每次扣1分			
	13	刀具选择及安装正确		3	不正确每次扣1分			
	14	对刀及坐标系设定正确		4	不正确每次扣1.5分			
	15	机床面板操作正确		4	误操作每次扣1分			
	16	意外情况处理合理		3	不正确每次扣1.5分			
文明生产 (8分)	17	安全操作		4	违反安全操作规程全扣			
	18	机床整理		4	不合格全扣			
记录员			监考人		检验员		考评人	

 **扩展知识**

高速干切削

切削加工的绿色化是制造业可持续发展的重要方向。高速干切削是一种新型的绿色制造方式。与传统的切削方式相比,高速干切削技术具有生产效率高、加工质量好、无环境污染等特点,具有很大的发展潜力,是未来切削加工发展的一个趋势。

1. 高速干切削技术的产生

高速干切削的出现与高速切削和干切削有密切关系。高速切削具有切削效率高、切削力小、加工精度高、切削热集中、加工过程稳定以及可以加工各种难加工材料等特点。随着高速机床、加工中心的不断发展,切削速度和切削功率急剧提高,使得单位时间内的金属切除量大大增加,机床的切削液用量也越来越大。但高速切削时切削液实际上很难到达切削区,大量的切削液根本起不到实际的冷却作用。与高速切削相比,由于干切削在加工过程中不用(或微量使用)切削液,是一种对环境污染源头进行控制的清洁制造工艺。

2. 采用高速干切削技术加工产品的特点

(1) 生产效率高　高速干切削的切削速度远高于常规切削,目前在实际生产中高速切削铝合金的速度范围为 150~5500m/min,铸铁为 750~4500m/min,普通钢为 600~800m/min。切削进给速度已高达 20~40m/min。而且,高速切削技术还在不断发展。采用高速切削技术能使整体加工效率提高几倍乃至十几倍。

(2) 加工质量好　干切削是依靠刀具涂层起到润滑减摩作用,无论切削速度多高,涂层的前后刀面都始终在接触区内,所以,高速切削时更容易显示出干切削的优势。

(3) 生产成本低　湿切削加工中切削液的使用成本太高。德国汽车制造业的调查数据显示,把切削液的费用和有关设备费、能耗费、处理费、人工费、维修费、材料费加在一起达到全部制造费用的 7%~17%,而全部刀具费用仅为总制造费的 2%~4%,可见使用切削液的成本已数倍于刀具费用。而采用高速干切削技术后由于不使用或使用最少量的切削液,加工的成本就会大幅度降低。另一方面,由于在高速干切削过程中,大部分的切削热被切屑和刀具承载,切屑被快速处理掉,而刀具却持续承受切削热和切削力。因此,高速干切削对刀具材料和工艺的要求很高(要求刀具有很高的热硬性和高温稳定性),使刀具的成本相应有所提高。

综上所述,尽管高速干切削加工的刀具和机床成本有所增加,但由于节省了大量的切削液成本,而且切削速度提高、切削时间变短、设备利用率提高,使得综合生产成本大幅度下降。

3. 发展高速干切削应解决的关键技术

目前高速干切削技术还在发展中,以下问题尚需进一步改进。急需发展的技术集中体现在:

(1) 刀具技术　刀具的性能是高速干切削能否成功实施的关键。高速干切削不仅要求刀具材料有很高的红硬性和高温稳定性,而且还必须有良好的耐磨性、耐热冲击和抗黏结性。需要发展的技术主要包括刀具涂层技术、刀具材料技术、刀具结构和几何参数的设计、可靠的刀具监测装置等。

(2) 机床技术　开发性能优良的高速机床,是实现高速干切削的前提条件和关键因素。设计高速干切削机床时要考虑的特殊问题主要有:设计和制造高速度、大功率的主轴单元、进给单元和辅助装置;切削热的散发;切屑和灰尘的排出等。

考证要点

1. 判断题

(1) 切削外圆凹槽快速退回换刀点,用程序 "N200 G00 X80.0 N210 Z50.0;" 退刀。
　　　　　　　　　　　　　　　　　　　　　　　　　　　　　　　　　　( )
(2) 车槽加工程序中不需要说明切槽刀具的刀位点。　　　　　　　　　　( )
(3) 车刀刀尖与工件中心不等高,不会引起尺寸变化。　　　　　　　　　( )
(4) 对于所有的数控系统,其 G、M 功能的含义与格式完全相同。　　　　( )
(5) 在自动运行状态下,按下进给保持键,机床的主轴转速功能、冷却润滑将被停止

执行。 ( )

2. 选择题

(1) 车槽过程中容易产生振动现象，往往是（ ）选择不当造成的。

A. 切削用量　　　　B. 刀具角度　　　　C. 刀具材料　　　　D. 工件材料

(2) 车刀刀尖高于工件轴线时，切削过程中刀具前角将（ ）。

A. 变大　　　　　　B. 变小　　　　　　C. 不变　　　　　　D. 不一定

3. 简答题

(1) G75 车槽复合循环指令适合加工何种类型的零件？

(2) 使用 G75 复合循环指令车槽时，应注意哪些问题？

4. 完成如图 4-31 和图 4-32 所示零件的编程和加工。要求如下：

(1) 分析并制订工件加工工艺。

(2) 合理选择并正确刃磨刀具。

(3) 编写零件加工程序并完成加工。

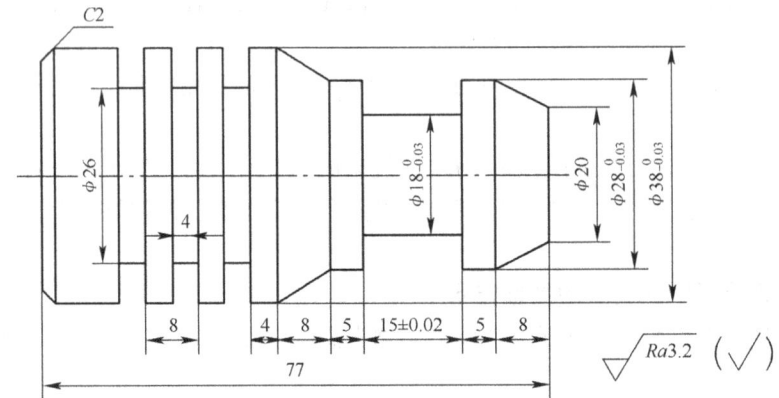

图 4-31　零件图（一）

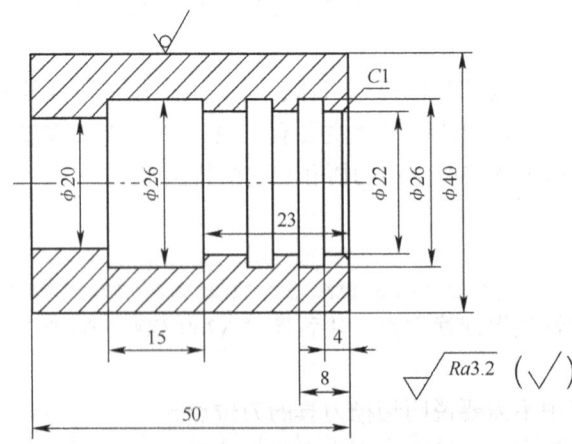

图 4-32　零件图（二）

单元 4　槽类零件的编程与加工

任务3　加工送料轴套

任务描述

图 4-33 所示为送料轴套零件图。图 4-34 所示为送料轴套实体图。它的生产类型为单件或小批量生产，无热处理工艺要求，试正确设定工件坐标系，制订加工工艺方案，选择合理的刀具和切削工艺参数，正确编制数控加工程序并完成零件的加工。

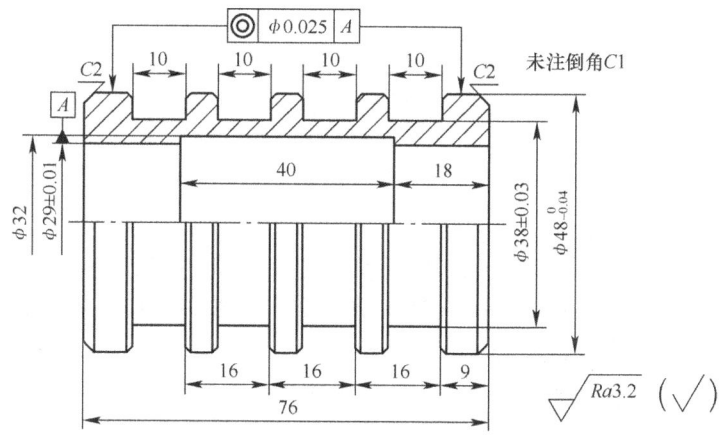

图 4-33　送料轴套

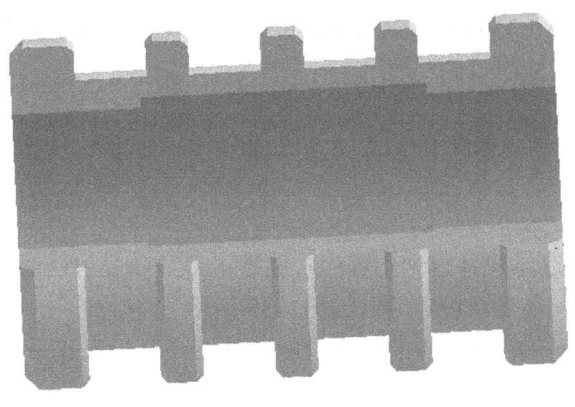

图 4-34　送料轴套实体图

任务分析

此零件主要由外圆、外槽、内孔、内槽等部分组成。外圆和内孔都有精度要求，外槽槽底精度要求较高，需精车才能达到要求，外槽宽度为 10mm，宽度尺寸较大，如果一次车出切削力较大，会产生振动，因此需要多刀切削。如果用 G75 车槽复合指令加工，因受刀头宽度的限制，无法一次粗车完成，需要多次使用 G75 指令才能完成粗加工。精加工程序当用 G00、G01 指令来完成时，程序会变得冗长。遇到诸如此类零件中有多处相同结构的情况

时,使用数控车床子程度就能很好地解决问题,例如加工外槽时,只要运用子程序功能对第一条槽进行子程序编辑即可,既简化了加工程序,又提高了加工效率。内槽为一宽槽结构,既可以采用 G75 车槽复合指令,也可以采用子程序来加工。另外,外圆和内孔之间还有同轴度的要求,因此本零件加工最好一次装夹直到最后切断完成加工。

问题与思考

在一个零件上同时出现多个相同结构形状的槽时,怎样可以简化程序?

相关知识

1. 编程指令

(1) 子程序调用 M98

1) 指令格式:

M98 P○○○○□□□□;

其中,M98 为子程序调用功能字;○○○○为调用次数;□□□□为被调用的子程序号。

2) 指令功能。在自动方式下,执行 M98 指令时,当前程序段的其他指令执行完成后,CNC 去调用执行 P 指定的子程序。

注意事项

- 子程序号(0000~9999),当调用次数未输入时,子程序号的前导 0 可省略;当输入调用次数时,子程序号必须为 4 位数。
- 子程序调用次数(1~9999),调用一次时,可不输入,调用次数的前导 0 可省略,子程序最多可调用 9999 次。

(2) 从子程序返回指令 M99

1) 指令格式:

M99 P○○○○;

其中,M99 为子程序结束并返回主程序功能字;○○○○为返回主程序时将被执行的程序段号(0000~9999),前导 0 可省略,如图 4-35 所示。

2) 指令功能。(子程序中)当前程序段的其他指令执行完成后,返回主程序中由 P 指定的程序段继续执行。

注意事项

- (子程序中)M99 后当未输入 P 时,返回主程序中调用当前子程序 M98 指令的后一程序段继续执行,如图 4-36 所示。
- 如果 M99 用于主程序结束(即当前程序不是由其他程序调用执行),当前程序将反复执行。
- GSK980T 可以调用四重子程序,即可以在子程序中调用其他子程序,如图 4-37 所示。

单元 4　槽类零件的编程与加工

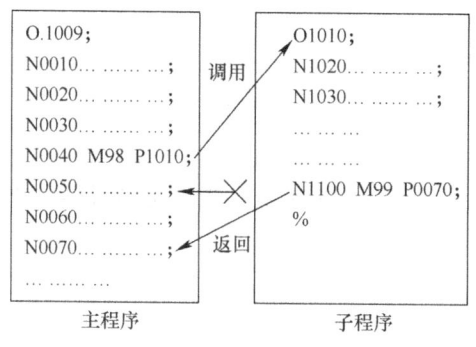

图 4-35　M99 中有 P 指令字

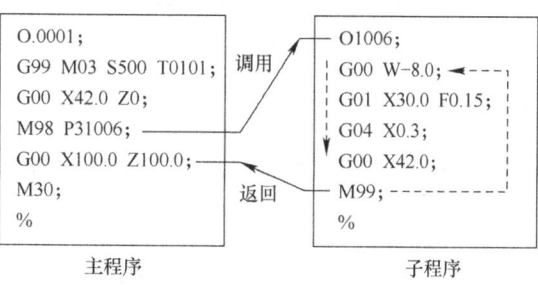

图 4-36　M99 中无 P 指令字

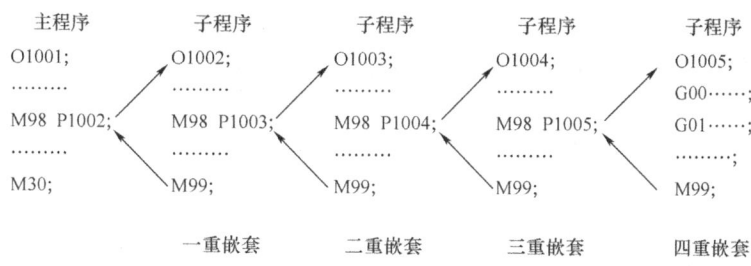

图 4-37　子程序的嵌套

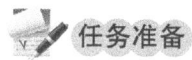

1. 设备选择

选用 GSK980T 系统数控车床；计算机及仿真软件；采用自定心卡盘装夹。

2. 零件毛坯

选用 φ50mm×115mm 棒料，多件练习时也可以采用加长棒料，毛坯材质为 45 钢。

3. 刀具类型

选用 90°外圆右车刀；4mm 切断（槽）刀；内孔车刀；3mm 内切槽刀。制订刀具卡片，见表 4-12。

表 4-12　数控加工刀具卡片

产品名称或代号：			零件名称：送料轴套		零件图号：	
序号	刀具号	刀具规格及名称	材质	数量	加工表面	备注
1	T01	90°外圆车刀	P10	1	粗、精车外圆、端面	$R0.2$
2	T02	4mm 切断（槽）刀	P10	1	切外槽、倒角及切断	
3	T03	内孔车刀	P10	1	粗、精车内孔	$R0.2$
4	T04	3mm 内切槽刀	P10	1	车内槽	
编制：			审核：			

4. 量具选用

1）钢直尺：0~300mm。

2）游标卡尺：0.02mm/0~150mm。

3）外径千分尺：0.01mm/25~50mm。

4）内径百分表：0.01mm/18~35mm。

5）表面粗糙度样板。

五、任务实施

任务实施可分为两部分进行：先在数控仿真软件上进行模拟加工，操作无误后再在数控车床上进行加工。

1. 确定加工工艺

以零件轴线与右端面交点为零件编程坐标系原点，工艺路线安排如下：

1）车削零件右端面。

2）钻孔 $\phi26$mm，孔深 80mm。

3）粗车零件外圆柱面至 $\phi48.5$mm，留精加工余量 0.52mm。

4）粗车零件内孔至尺寸 $\phi28.6$mm，留精加工余量 0.4mm。

5）调用子程序粗车零件内槽。

6）调用子程序精车零件内槽至尺寸要求。

7）调用子程序粗车零件外槽。

8）调用子程序精车零件外槽至尺寸要求。

9）精车内孔至尺寸要求。

10）精车外圆、倒角 $C2$ 至尺寸要求。

11）切断工件、倒角 $C2$ 并保证总长尺寸合要求。

制订加工工艺卡片，见表4-13。

表4-13 数控加工工艺卡片

零件名称	送料轴套	零件图号		工件材质	45钢	
工序号	程序编号	夹具名称		数控系统	车间	
1	O0001	自定心卡盘		广数980T		
工步号	工步内容	刀具号	主轴转速 /（r/min）	进给量 /（mm/r）	背吃刀量 /mm	备注
1	车右端面	T01	700	0.15	1	手动
2	钻孔 $\phi26$mm		300	0.2		手动
3	粗车 $\phi48$mm 外圆	T01	700	0.15	1.5	自动
4	粗车 $\phi28$mm 内孔	T03	700	0.12	1	自动
5	粗车内槽	T04	550	0.1	3	自动
6	精车内槽	T04	700	0.08	0.1	自动
7	粗车外槽	T02	700	0.1	3	自动
8	精车外槽	T02	700	0.08	0.03	自动
9	精车内孔至尺寸	T03	950	0.08	0.2	自动
10	精车外圆、倒角	T01	1000	0.1	0.25	自动
11	切断、倒角	T02	550	0.1	4	自动
编制		审核		批准		

单元 4　槽类零件的编程与加工

2. 程序的编制和输入

> **问题与思考**
> 本任务外槽部分加工程序编写应用子程序嵌套时，可使程序变得简洁，同学们思考一下如何正确编写？

本任务主要由外圆、内孔及内外槽等部分组成，外圆和内孔的加工较简单，内、外槽的加工（尤其是外槽）需用到子程序进行加工，加工难度较大，加工主程序编写见表4-14，子程序编写分别见表4-15、表4-16、表4-17。

表4-14　送料轴套的加工程序（主程序）

加工程序	程序说明	图示
O0001；	程序号	
G97 G99 M03 S700 T0101 F0.15；	主轴正转，转速为 700r/min，1号刀及1号刀补	
G00 X52.0 Z2.0；	1号刀快速到达循环起点	
G94 X25.0 Z1.0 F0.15；	G94 循环车右端面	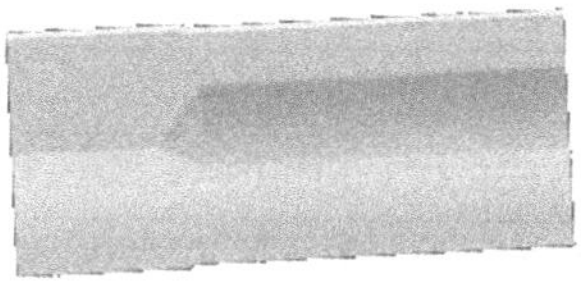
Z0.0；		
G90 X48.5 Z-81.0 F0.15；	G90 循环粗车外圆	
G00 X100.0 Z100.0；	快速退刀	
T0303 M03 S700 F0.12；	换3号刀及3号刀补，进给量为0.12mm/r	
G00 X25.0 Z2.0；	车孔刀到达循环起点	
G90 X27.0 Z-78.0 F0.12；	G90 循环粗车内孔至 ϕ28.6mm，留余量0.4mm	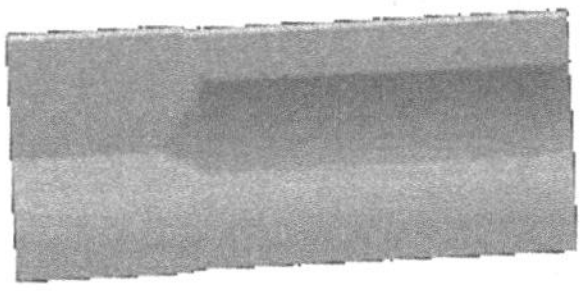
X28.0；		
X28.6；		
G00 X100.0 Z100.0；	快速退刀	
T0404 M03 S550 F0.1；	换4号刀及4号刀补，主轴转速为550r/min	
G00 X28.6 Z2.0；	4号刀快速靠近工件	
Z-18.5；	快速到达子程序起点位置	
M98 P130002；	调用2号子程序13次，粗车内槽	
G00 Z-21.0；	快速到达内槽右侧	
G01 X32.1 S700 F0.1；	精车内槽至尺寸 ϕ32mm×40mm	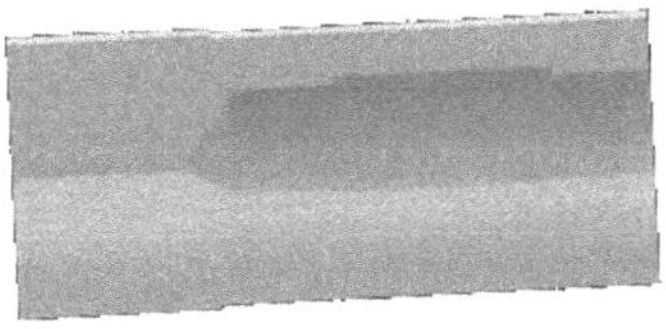
Z-57.5；		
G00 X28.6；		
Z-58.0；		
G01 X32.0；		
G04 X0.3；		
G00 X28.6；		

(续)

加工程序	程序说明	图示
G00 Z100.0;	4号刀快速退刀	
X100.0;		
M00;	程序暂停,测量内槽尺寸	
T0202 M03 S700;	换2号刀及2号刀补,主轴转速为700r/min	
G00 X49.0 Z2.0;	2号刀快速靠近工件	
Z-3.0;	Z向快速进刀	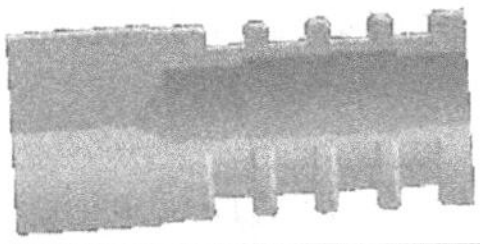
M08;	切削液开	
M98 P40003;	调用3号子程序4次,精车外沟槽	
G00 X100.0 Z100.0;	2号刀快速退刀	
M09;	切削液关	
M00;	程序暂停,测量外沟槽尺寸	
T0303 M03 S950;	换3号刀及3号刀补,主轴转速为950r/min	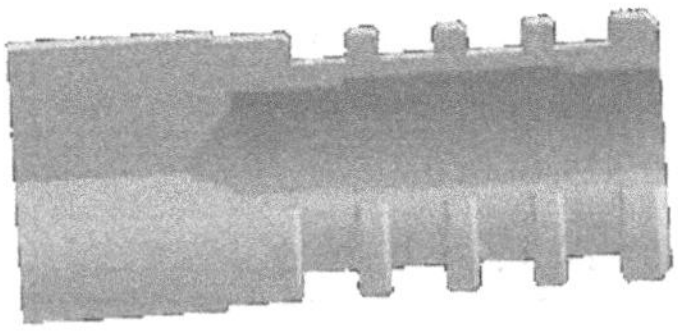
G00 X25.0 Z2.0;	快速到达精车孔循环起点	
G90 X29.0 Z-78.0 F0.08;	精车$\phi 29 \pm 0.01$mm 孔	
G00 X100.0 Z100.0;	3号刀快速退刀	
M00;	程序暂停,测量内孔尺寸	
T0101 M03 S1000;	换1号刀1号刀补,主轴转速1000r/min	
G00 X44.0 Z2.0;	1号刀快速靠近工件	
G42 G01 Z0.0 F0.1;	Z向进刀,刀具右补偿	
X48.0 Z-2.0;	右侧倒角	
Z-81.0;	精车外圆$\phi 48_{-0.04}^{0}$mm 至尺寸	
X51.0;	退刀	
G00 G40 X150.0 Z100.0;	1号刀快速退刀,取消刀尖圆弧半径补偿	
T0202 S550 F0.1;	换2号刀及2号刀补,主轴转速为550r/min	
G00 X51.0 Z-80.0;	2号刀快速到达切断起点	
M08;	切削液开	
G01 X42.0;	工件左侧倒角并切断工件	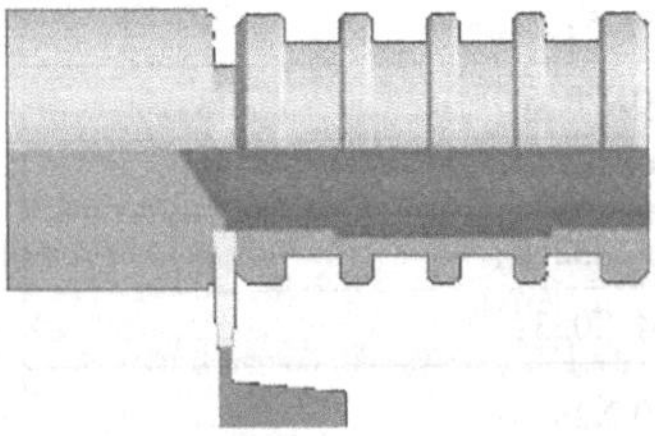
G00 X49.0;		
W2.0;		
G01 X48.0;		
X44.0 W-2.0;		
X28.0;		

(续)

加工程序	程序说明	图示
M09；	切削液关	
G00 X150.0；	2号刀快速退刀	
Z100.0；		
M30；	主程序结束光标返回程序头	

表4-15 送料轴套的加工程序（加工内槽子程序）

加工程序	程序说明
O0002；	子程序号
G00 W-3.0；	车刀快速往左移动
G01 X32.0 F0.1；	加工到槽底尺寸
G04 X0.3；	车刀暂停0.3s
G00 X28.6；	X向退刀
M99；	子程序结束，返回主程序

表4-16 送料轴套的加工程序（加工外沟槽子程序）

加工程序	程序说明
O0003；	子程序号
G00 W-10.0；	快速往左进刀10mm
M98 P30004；	调用O0004子程序3次，此次调用为二重嵌套子程序
G00 W10.5；	车刀快速往右移动10.5mm
G01 X46.0 W-1.5；	外沟槽倒角C1
X38.0；	车刀车至槽底尺寸
W-6.0；	精车槽底尺寸 $\phi38 \pm 0.03$mm
X49.0；	X向退刀
G00 W-1.5；	车刀往左移动1.5mm
G01 X46.0 W1.5；	外沟槽倒角C1
G00 X49.0；	X向退刀
M99；	子程序结束并返回主程序

表4-17 送料轴套的加工程序（加工外沟槽，二重嵌套子程序）

加工程序	程序说明
O0004；	子程序号
G01 X38.06 F0.1；	车刀粗车至槽底尺寸，留精车余量0.06mm
G04 X0.3；	车刀在槽底暂停0.3s
G00 X49.0；	快速退刀
G00 W-3.0；	轴向进刀，每调用一次进3mm
M99；	子程序结束并返回主程序

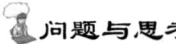

问题与思考

主程序与子程序有什么区别?

- 用子程序编程时,必须采用相对编程或混合编程方法才能实现子程序的自动进刀加工。其中进刀方向为相对编程,切削方向为绝对编程。
- 子程序结构必须以 M99 指令结束。

3. 零件加工模拟

按下机床锁定和辅助功能锁定按钮,指示灯亮后,进入自动方式进行程序运行模拟,判断程序正误。送料轴套加工过程模拟如图 4-38 所示。无误后可进行机械回零操作。

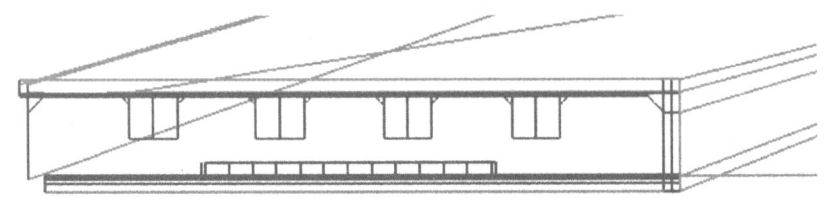

图 4-38 送料轴套加工过程模拟图

4. 工件与刀具的安装

工件装夹在自定心卡盘上,毛坯右端面伸出 95mm 左右并找正,装夹要牢固。刀具安装在刀架上,号码应与程序中的刀具号一致,车刀安装时不宜伸出过长,刀尖高度应与机床中心等高,切槽刀的中心线必须与工件中心线垂直,以保证副偏角的对称,底平面应平整,以保证两个副后角的对称。

5. 对刀并输入刀补值

4 把刀分别对刀,然后正确输入对应的刀补值。

6. 数控加工与精度控制

(1) 加工 首件加工应单段运行,通过机床控制面板上的"倍率选择"按钮适当降低刀具运动速度,第一件加工无误后方可正常运行加工,当程序暂停时可以对加工尺寸检测,以保证尺寸精度要求。

(2) 精度控制 加工过程中,各尺寸精度都要保证在公差允许范围之内,如出现误差应及时修改程序或修改刀补予以解决。

7. 零件检测

1) 修整工件,去毛刺等。

2) 尺寸精度检测。用游标卡尺测量零件内外槽、倒角、总长等尺寸;用外径千分尺检测外圆、外槽槽底尺寸;内径百分表测量内孔尺寸。

3) 表面质量检测。用粗糙度样板对比检测零件表面加工质量。

单元 4　槽类零件的编程与加工

小组讨论

子程序编程的应用场合有哪些？

检查评议

送料轴套的编程与加工评分标准见表 4-18。

表 4-18　送料轴套评分标准

姓名		零件名称		送料轴套	时间	120min	总得分	
项目	序号	技术要求		配分	评分标准		检测记录	得分
零件加工（52 分）	1	φ48mm 外圆尺寸正确		6	超差 0.01mm 扣 2 分			
	2	φ29mm 内孔及长度形状尺寸正确		7	超差 0.01mm 扣 2 分			
	3	零件总长尺寸正确		4	超差 0.05mm 扣 2 分			
	4	外槽各部尺寸合要求		8	不正确每处扣 2 分			
	5	内槽各部尺寸合要求		5	不正确每处扣 1 分			
	6	倒角尺寸合格		4	不合格每处扣 0.5 分			
	7	表面粗糙度符合图样要求		18	每处降低一级扣 3 分			
程序与工艺（25 分）	8	程序正确、完整		6	不正确每处扣 1 分			
	9	程序格式规范		5	不规范每处扣 0.5 分			
	10	工艺合理		5	不合理每处扣 1 分			
	11	程序参数选择合理		4	不合理每处扣 0.5 分			
	12	指令选用合理		5	不合理每处扣 1 分			
机床操作（17 分）	13	零件装夹合理		3	装夹不合理每次扣 1 分			
	14	刀具选择及安装正确		3	不正确每次扣 1 分			
	15	对刀及坐标系设定正确		4	不正确每次扣 1.5 分			
	16	机床面板操作正确		4	误操作每次扣 1 分			
	17	意外情况处理合理		3	不正确每次扣 1.5 分			
文明生产（6 分）	18	安全操作		3	违反安全操作规程全扣			
	19	机床整理		3	不合格全扣			
记录员		监考人			检验员		考评人	

问题及防治

在数控车床上加工槽时，经常遇到的问题、产生原因及解决方法见表 4-19。

表 4-19　槽加工中易出现问题、产生原因及解决方法

问题现象	产生原因	解决方法
沟槽宽度不正确	1. 车槽刀主切削刃刃磨不正确 2. 测量不正确	1. 根据沟槽宽度刃磨车槽刀 2. 仔细、正确测量

(续)

问题现象	产生原因	解决方法
沟槽位置不对	1. 程序错误 2. 对刀不正确	1. 修改程序 2. 重新对刀或修改刀补值
槽底与槽壁相交处出现圆角和槽底中间直径小,靠近槽壁处直径大	1. 切槽刀主切削刃不直或刀尖圆弧太大 2. 切槽刀磨钝	1. 正确刃磨切槽刀 2. 切槽刀磨钝后应及时修磨
槽的一侧或两侧出现小阶台	1. 刀具数据不准确或程序错误 2. 对刀不正确	1. 调整或重新设定刀具数据 2. 重新对刀或修改刀补值
槽底倾斜	切槽刀的主切削刃与工件轴线不平行	装夹切槽刀时必须使主切削刃与工件轴线平行
槽的侧面出现凹凸面	1. 刀具刃磨角度不对称 2. 刀具安装角度不对称 3. 刀具两切削刃磨损不对称	1. 修磨刀具 2. 正确安装刀具 3. 重新刃磨刀具
槽两侧面倾斜	1. 切槽刀磨钝让刀 2. 切槽刀角度刃磨不正确	1. 切槽刀磨钝后应及时刃磨 2. 正确刃磨切槽刀
槽底出现振动并有振纹	1. 工件装夹不正确 2. 刀具安装不正确 3. 切削参数选择不正确 4. 程序延时太长	1. 增强工件安装刚性 2. 调整刀具安装位置 3. 正确选择切削用量 4. 缩短程序延时时间
车槽过程出现扎刀现象,造成刀具断裂	1. 进给量过大 2. 切屑阻塞	1. 降低进给速度 2. 采用进、退方式切入
车槽过程出现较强振动,工件刀具出现谐振现象,严重者车床也会一同谐振,使切削不能继续	1. 工件装夹不正确 2. 刀具安装不正确 3. 进给速度过低	1. 增强工件安装刚性 2. 调整刀具安装位置 3. 提高进给速度
表面粗糙度达不到要求	1. 两副偏角太小,产生摩擦 2. 切削速度选择不当,没有加切削液 3. 切削时产生振动 4. 切屑拉毛已加工表面	1. 正确选择两副偏角数值 2. 选择适当的切削速度,并浇注切削液 3. 采取防振措施 4. 控制切屑的形状和排向

师傅说现场

子程序的应用

在数控机床加工编程中,常常会遇到同一零件上重复出现的某一结构形状,这样的结构如果数量多就会使程序变得冗长,既浪费了时间,又增加了出错的概率,而应用子程序能大大简化程序,提高编程效率。子程序在数控铣床、加工中心编程中应用尤其广泛,数控车床编程中也有应用,在多品种大批量系列生产中,对同一系列零件上结构相同的部位可采用子程序加工。如图 4-39a 和图 4-39b 所示属于某同一系列产品的两种零件，两种零件上槽的尺寸相同，但在零件上所处的位置不同，并且槽的数目较多，这种情况下就特别适合用子程序来加工，槽的定位在主程序完成，子程序只完成一个槽的加工，然后由主程序调用一次或多次子程序来完成所有槽的加工。这种方法使程序变得简洁，并且槽的数量越多优势就越明显。

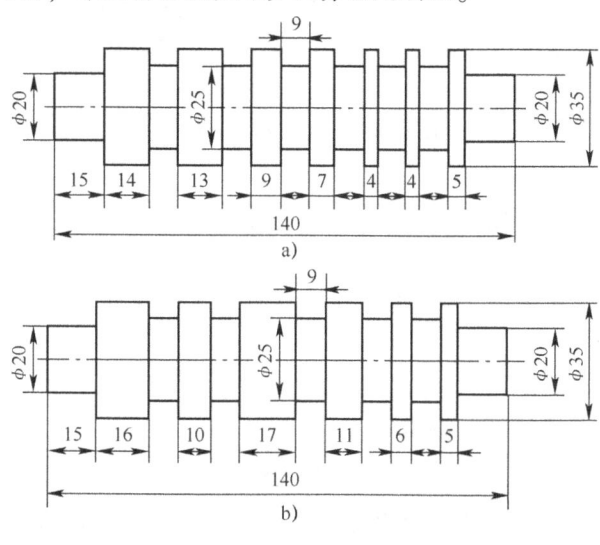

图 4-39 槽尺寸相同，位置不同的零件

扩展知识

用子程序来加工轴类零件

本任务是用子程序加工零件上尺寸相同的槽，车刀切削时以径向切削为主，除此之外也可以使用子程序轴向切削加工轴类零件，如图 4-40、图 4-41 所示。此零件为梯形槽轴，零件中间有凹的梯形槽，很显然不能使用复合指令 G71 来加工，以前只可以用复合指令 G73 加工，现在使用子程序同样能完成加工。

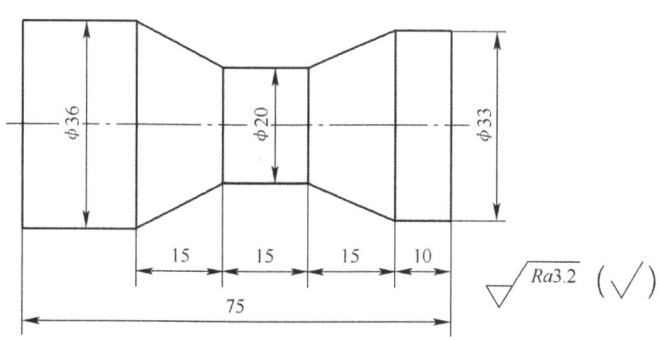

图 4-40 梯形槽轴

图 4-41 梯形槽轴实体图

1. 设备选择

选用 GSK980T 系统数控车床；采用自定心卡盘装夹。

2. 零件毛坯

选用 φ38mm×115mm 棒料，毛坯材质为 45 钢。

3. 刀具类型

选用刀尖角为 35°的外圆车刀；5mm 切断刀。制订刀具卡片，见表 4-20。

表 4-20 数控加工刀具卡片

产品名称或代号：			零件名称：梯形槽轴		零件图号：	
序号	刀具号	刀具规格及名称	材质	数量	加工表面	备注
1	T01	35°外圆车刀	P10	1	粗、精车外圆、端面	$R0.2$
2	T02	5mm 切断刀	P10	1	切断工件	
编制：			审核：			

4. 量具选用

1）钢直尺：0~200mm。

2）游标卡尺：0.02mm/0~150mm。

3）表面粗糙度样板。

5. 编程时的相关计算

（1）确定每刀的背吃刀量　加工此零件时因所选车刀的刀尖角较小（35°），车刀的强度较低，因此背吃刀量不能太大，选择背吃刀量为 1.5mm。

（2）确定子程序调用次数　因所选毛坯为 φ38mm，径向最大切削余量为：38mm - 20mm = 18mm，所以子程序调用次数为：18÷3 = 6（次）。

（3）确定车削起始点位置　调用子程序车削原理如图 4-42 所示。车削时用子程序进行粗车，留余量 0.5mm 进行精车。图中 A 点为最后一刀的切出点，假设该点的直径值为 φ39mm，B 点的 X 坐标与最后一刀起始点的 X 坐标相同，那么 A、B 两点的距离就等于背吃刀量 1.5mm，B 点的直径大小为 φ42mm（39mm + 3mm = 42mm）。因为毛坯为直径为 φ38mm 圆钢，所以第一刀车削时 B 点需向外径向偏移最大加工余量 18mm，再加上 0.5mm 精加工余量，再减去一刀的切削量 3mm（背吃刀量的 2 倍），即 C 点的大小为：42mm + 18mm + 0.5mm - 3mm = 57.5mm，把子程序起始点定为 D 点（D 点与 C 点 X 坐标值相同），D 点坐标为：X57.5，Z2.0。

单元 4 槽类零件的编程与加工

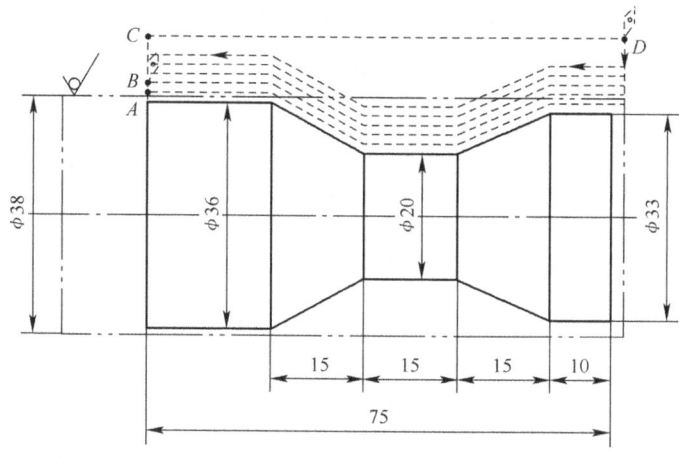

图 4-42 梯形槽轴调用子程序车削原理

6. 程序编制

梯形槽轴主程序编制见表 4-21。子程序的编制见表 4-22。

表 4-21 梯形槽轴加工主程序

加工程序	程序说明	图示
O0001;	主程序号	
G99 M03 S800 T0101 F0.15;	主轴正转，转速为 800r/min，1 号刀及 1 号刀补	
G00 X40.0 Z2.0;	1 号刀快速到达切削起点	
G94 X-1.0 Z0.0 F0.15;	车削零件端面	
G00 X57.5;	1 号刀快速到达子程序起点	
M98 P60002;	调用 2 号子程序 6 次	
G00 X33.0;	零件外表面精加工	
G01 G42 Z-10.0 F0.08;		
X20.0 Z-25.0;		
Z-40.0;		
X36.0 Z-55.0;		
Z-80.5;		
X39.0;		
G00 G40 X100.0 Z100.0;	取消刀具补偿，快速离开工件	
T0202 S600;	调用 2 号刀及 2 号刀补，转速为 600r/min	
G00 X39.0 Z2.0;	切断工件	
Z-80.0;		
G01 X0.0 F0.1;		
G00 X100.0 Z100.0;		
M30;	主程序结束	

表 4-22 梯形槽轴加工子程序

加工程序	程序说明	图示
O0002;	子程序号	
G00 U-9.0;	车刀快速进刀	
G01 G42 Z-10.0 F0.1;	调用车刀右补偿,车削 φ33mm 外圆	
U-13.0 Z-25.0;	车削零件右端圆锥面	
W-15.0;	车削槽底	
U16.0 W-15.0;	车削零件左端圆锥面	
Z-80.5;	车削 φ36mm 外圆	
U3.0;	X 向退刀	
G00 G40 Z2.0;	Z 向快速退刀,取消刀具半径补偿	
M99;	子程序结束,返回主程序	

注意事项

● 本零件选择车刀时,副偏角应大于右侧锥面母线与轴线的夹角,否则刀具会发生干涉现象,使切削过程无法正常进行。

考证要点

1. 判断题

（1）子程序编程时,必须采用相对坐标或混合坐标编程。 （ ）

（2）某些情况下,子程序也可以用 M30 结束。 （ ）

（3）数控机床在输入程序时,不论使用什么系统,数字后面都不必加小数点。 （ ）

（4）子程序调用一次时,调用次数可不输入。 （ ）

（5）GSK980T 可以调用四重子程序。 （ ）

2. 选择题

（1）子程序调用指令 M98 P50412 的含义为（　　）。

A. 调用 0412 号子程序 5 次　　　　　　B. 调用 504 号子程序 12 次

C. 调用 5041 号子程序 2 次　　　　　　D. 调用 412 号子程序 50 次

（2）一个完整的程序是由若干个（　　）组成的。

A. 字　　　　　B. 程序段　　　　　C. 字母　　　　　D. 数字

3. 简答题

（1）用子程序指令编程有什么特点？主程序与子程序的区别是什么？

（2）使用子程序功能加工时,应注意哪些问题？

（3）子程序功能适合加工什么类型的零件？

4. 完成如图 4-43 和图 4-44 所示零件的编程和加工。要求如下：

（1）分析并制订工件加工工艺。

(2)合理选择并正确刃磨刀具。
(3)编写零件加工程序并完成加工过程。

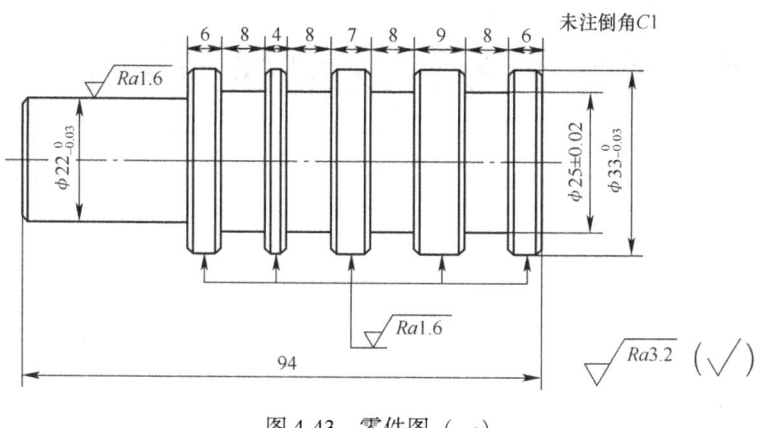

图 4-43 零件图（一）

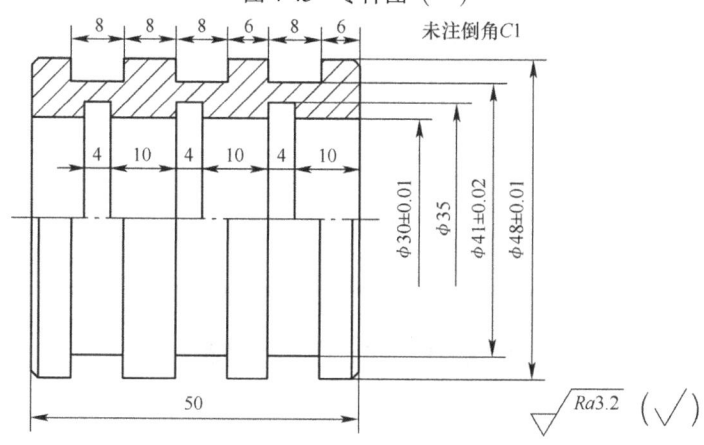

图 4-44 零件图（二）

单元5　螺纹类零件的编程与加工

知识目标：
1. 了解螺纹加工的工艺特点。
2. 理解加工螺纹时所用编程指令的含义和作用。
3. 熟练应用相应的编程指令编写螺纹的加工程序。
4. 会分析零件加工过程中产生废品的原因及解决方法。

技能目标：
1. 掌握加工螺纹时切削用量的选择方法。
2. 能在数控机床上完成螺纹零件的加工。
3. 能正确测量螺纹零件尺寸。

任务1　加工心轴

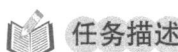 任务描述

在数控机床上除了能加工轴类、套类、圆锥圆弧类等零件外，经常会遇到螺纹类零件，在各种机电设备上，带有螺纹的零件应用非常广泛。图5-1所示为一心轴零件图。图5-2所示为心轴实体图。它的生产类型为单件或小批量生产，试正确设定工件坐标系，制订加工工艺方案，选择合理的刀具和切削工艺参数，正确编制数控加工程序并完成零件的加工。

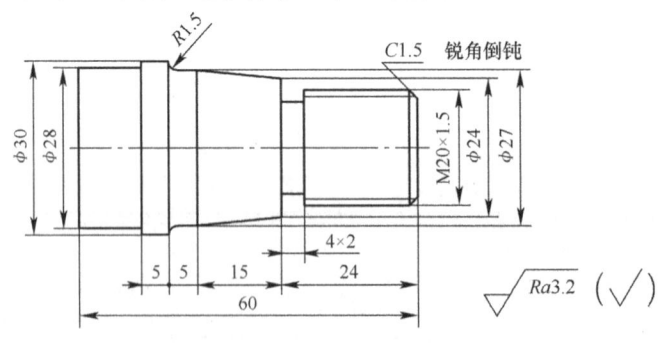

图5-1　心轴

任务分析

该零件主要由外圆、槽、螺纹、圆弧、圆锥等形状组成。对于外圆、圆弧、圆锥及槽的

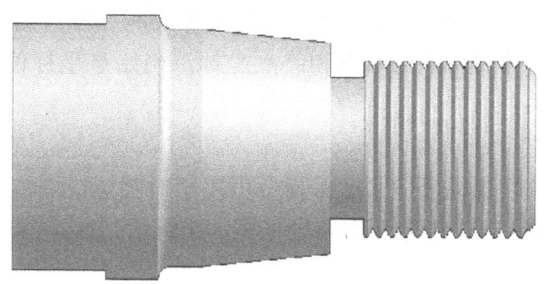

图 5-2　心轴实体图

加工，可用已学过的 G00、G01、G02/G03、G90、G71 等指令编程加工；螺纹部位是普通三角形细牙右旋螺纹，可采用螺纹加工指令 G32、G92 及 G76 进行编程加工。数控车床上加工螺纹与普通车床加工螺纹既有相同之处，又有不同之处，加工过程中应加以注意。

 相关知识

1. 螺纹编程指令

在 GSK980T 数控车床上加工螺纹的常用指令见表 5-1。

表 5-1　GSK980T 系统螺纹切削指令表

指令名称	应用格式	主要工艺用途
螺纹切削（G32）	G32 X（U）__ Z（W）__ F（I）__ ；	直螺纹、锥螺纹
螺纹切削固定循环（G92）	G92 X（U）__ Z（W）__ R __ F（I）__ L __ ；	直螺纹、锥螺纹简化编程
螺纹切削复合循环（G76）	G76 P（m）（r）（a） Q（Δd_{min}） R（d）； G76 X（u）__ Z（w）__ R（i） P（k） Q（Δd） F（I）__；	梯形、大螺距三角形螺纹

（1）等螺距螺纹切削指令（G32）

1）指令格式：

G32 X（U）__ Z（W）__ F（I）__ ；

其中，X、Z 为螺纹终点的绝对坐标值为；U、W 为螺纹终点相对于起点的增量坐标值；F 为长轴方向的导程；I 为每英寸牙数（用于加工英制螺纹）。

2）说明

① X、U 省略时为圆柱螺纹切削，Z、W 省略时为端面螺纹切削。

② 用 G32 指令可以切削直螺纹、锥螺纹、端面螺纹和连续的多段螺纹。

③ G32 为模态 G 指令。

（2）螺纹切削固定循环指令（G92）

1）指令格式：

G92 X（U）__ Z（W）__ R __ F（I）__；

其中，X、Z 为螺纹终点的绝对坐标值；U、W 为螺纹终点相对于起点的增量坐标值；R 为切削螺纹起点和终点的半径差（有符号）；F 为螺纹导程（单线螺纹的螺距等于导程）；I 为每英寸的牙数（用于加工英制螺纹）。

2）说明

① 切削圆柱螺纹时，R 为 0，可省略；切削锥螺纹时，R 为圆锥螺纹起点和终点的半径差，R 的正负号取决于螺纹切削的始点和终点坐标。当始点坐标值小于终点坐标值时，R 取负值；反之取正值。

② G92 为模态 G 指令。

③ 应用范围：螺纹切削循环（G92）指令可用于对圆柱或圆锥螺纹的车削加工。

3）圆柱螺纹固定循环 G92 指令切削路径如图 5-3 所示。

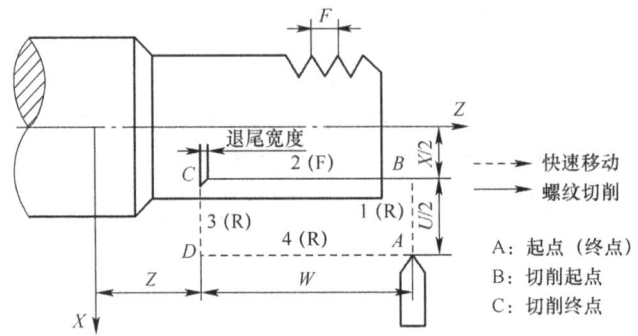

图 5-3 G92 指令切削循环路径

每运行一句 G92 指令，车刀按 1（R）（快进）→2（F）（切削）→3（R）（快退）→4（R）（快退）运动轨迹循环。在螺纹末端有退尾过程：在螺纹退尾长度处，Z 轴继续进行螺纹插补的同时，X 轴沿退刀方向加速退出，Z 轴到达切削终点后，X 轴再快速退出。

(3) 螺纹切削复合循环指令（G76）

1）G76 指令格式：

G76 P (m) (r) (a) Q (Δd_{min}) R (d);

G76 X (u) _ Z (w) _ R (i) P (k) Q (Δd) F (p) (I);

其中，M 为精加工重复次数；R 为倒角量。当螺距由 P 表示时，可以从 $0.01P$ 到 $9.9P$ 设定，单位为 $0.1P$（两位数 00~99）；a 为螺纹刀尖角度（螺纹牙型角）。可以选择 80°、60°、55°、30°、29°和 0°，由 2 位数指定；Δd_{min} 为最小背吃刀量（半径值指定），单位为 μm；d 为精加工余量；i 为螺纹切削起点与终点的半径差（有符号），如果 $i=0$，可作一般直线螺纹切削；k 为螺纹高度，X 轴方向用半径值指定，单位为 μm；Δd 为第一刀的背吃刀量，半径值，单位为 μm；p 为螺纹导程；I 为每英寸的牙数（用于加工英制螺纹）。

2）指令功能。通过多次螺纹粗车、精车完成规定牙高（总切深）的螺纹加工，螺纹粗车的切入点由螺纹牙顶沿牙侧逐步移至牙底，使得相邻两牙螺纹的夹角为规定的螺纹角度，每次粗车螺纹的背吃刀量为 $\sqrt{n} \times \Delta d$，n 为当前的粗车循环次数。G76 指令可实现单侧切削刃螺纹切削，吃刀量逐渐减少，有利于保护刀具、提高螺纹精度。G76 指令不能加工端面螺纹，加工轨迹如图 5-4a、图 5-4b 所示。

2. 螺纹的升降速与进刀方式

1）由于伺服系统的滞后，在螺纹切削的开始及结束部分，螺纹导程会发生变化。为了保证螺纹精度，在数控车床上切削螺纹时必须设置升速进刀段 L_1 和降速退刀段 L_2，如图 5-5 所示。因此，加工螺纹的实际长度除了螺纹的有效长度 L 外，还应包括升速段 δ_1 和降速段 δ_2 的距离（即 $L+\delta_1+\delta_2$），其数值与工件的螺距和转速有关，一般大于一个导程。

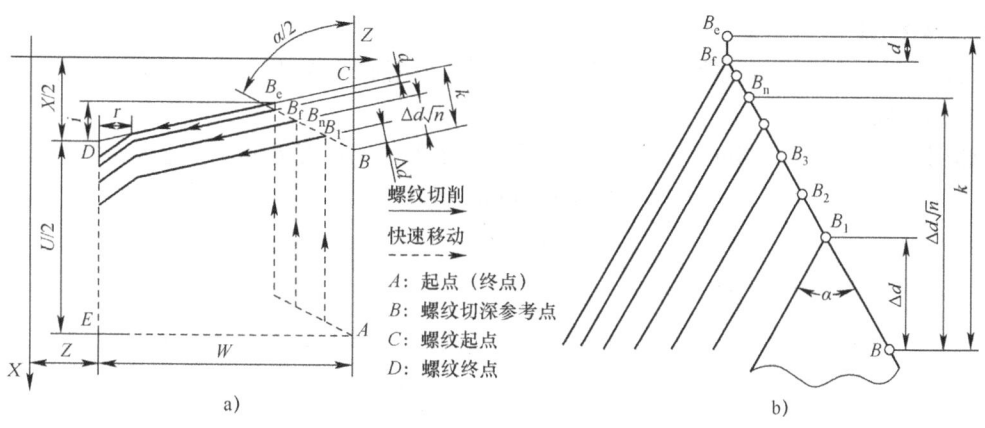

图 5-4 G76 指令切削循环路径和进刀方式

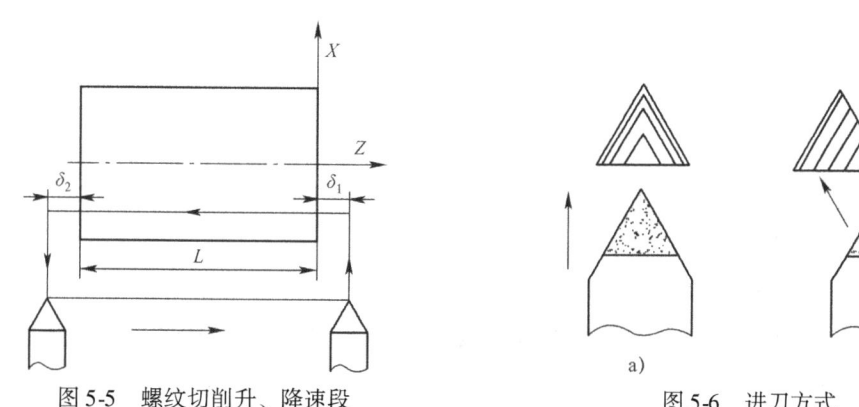

图 5-5 螺纹切削升、降速段　　　　图 5-6 进刀方式

2）数控车床上螺纹切削一般有两种进刀方式：一种是直进法，如图 5-6a 所示，另一种是斜进法，如图 5-6b 所示。当螺纹螺距较大时，可分数次进给。进刀的分配方式一般采用递减式，如图 5-7 所示。

每次的背吃刀量应适当，背吃刀量过小会增加切削次数，影响加工效率，同时加剧刀具磨损；背吃刀量过大会使切削力增大，容易出现扎刀、崩尖及螺纹掉牙现象。因此，螺纹切削时的每次背吃刀量应为递减方式，即随着螺纹深度的增加，要相应减小每次的背吃刀量。

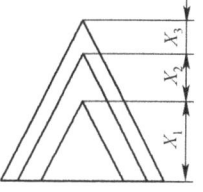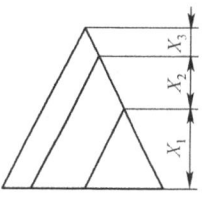

图 5-7 螺纹的进刀分配方式

3. 螺纹大径尺寸和螺纹总切削深度的计算

（1）螺纹大径尺寸的计算　为保证车削的螺纹牙顶有 $0.125P$ 的宽度，螺纹车削前大径尺寸一般比公称直径略小，其计算公式为：$d≈0.13P$。（P 为螺纹螺距）

（2）螺纹总切削深度的计算　螺纹总切削深度 $t≈0.65P$。（P 为螺纹螺距）

 任务准备

1. 设备选择

选用 GSK980T 系统数控车床；计算机及仿真软件；采用自定心卡盘装夹。

2. 零件毛坯

选用 φ32mm×65mm 棒料,多件练习时也可以采用加长棒料,毛坯材质为 45 钢。

3. 刀具类型

选用 90°外圆车刀、4mm 切槽刀、60°外螺纹车刀。制订刀具卡片,见表 5-2。

表 5-2 数控加工刀具卡片

产品名称或代号:			零件名称:心轴		零件图号:	
序号	刀具号	刀具规格及名称	材质	数量	加工表面	备注
1	T01	90°外圆车刀	P10	1	粗、精车外圆、端面、圆弧面	
2	T02	4mm 切槽刀	P10	1	车槽	
3	T03	60°外螺纹车刀	P10	1	车螺纹	
编制:			审核:			

4. 量具选用

1) 钢直尺:0~300mm。

2) 游标卡尺:0.02mm/0~150mm。

3) 螺纹环规 M20×1.5。

4) 表面粗糙度样板。

任务实施

任务实施可分为两部分进行:先在数控仿真软件上进行模拟加工操作,操作较为熟练后再在数控车床上进行加工。

1. 确定加工工艺

以零件右端面与轴线交点为零件编程坐标系原点,工艺路线安排如下:

1) 车削工件左端面。

2) 粗车 φ28mm 外圆,留粗加工余量 0.5mm。

3) 粗车 φ28mm 外圆及阶台长度 11mm 至尺寸要求。

4) 调头车削零件右端面,保证总长尺寸 60mm 合要求。

5) 粗车零件 φ30mm、φ27mm 外圆、M20×1.5 螺纹外圆、圆锥面等,留精加工余量 0.5mm。

6) 精车零件 φ30mm、φ27mm 外圆、M20×1.5 螺纹外圆、圆锥面等至尺寸要求。

7) 车 4mm×2mm 螺纹退刀槽至尺寸。

8) 车 M20×1.5 外螺纹至尺寸要求。

9) 去毛刺。

制订加工工艺卡片,见表 5-3。

表 5-3 数控加工工艺卡片

零件名称	心轴	零件图号		工件材质	45 钢
工序号	程序编号	夹具名称		数控系统	车间
1	O0001	自定心卡盘		GSK980T	

单元 5 螺纹类零件的编程与加工

（续）

工步号	工步内容	刀具号	主轴转速 /（r/min）	进给量 /（mm/r）	背吃刀量 /mm	备注
1	车左端面	T01	900	0.15	1	自动
2	粗车 φ28mm 外圆	T01	900	0.2	1.5	自动
3	精车 φ28mm 外圆	T01	1100	0.1	0.25	自动

工序号	程序编号	夹具名称	数控系统	车间
2	O0003	自定心卡盘	GSK980T	

工步号	工步内容	刀具号	主轴转速 /（r/min）	进给量 /（mm/r）	背吃刀量 /mm	备注
1	车工件右端面	T01	900	0.15	1	自动
2	粗车 φ30mm、φ27mm、螺纹外圆，圆锥及圆弧面	T01	900	0.2	1.5	自动
3	精车 φ30mm、φ27mm、螺纹外圆，圆锥及台阶等	T01	1100	0.1	0.25	自动
4	车 4mm×2mm 退刀槽	T02	500	0.05	4	自动
5	车 M20×1.5 外螺纹	T03	500			自动
编制		审核		批准		

2. 程序的编制和输入

螺纹部分的加工，既可以采用 G32 指令加工，也可以采用 G92 指令加工，还可采用 G76 指令进行编程加工，下面就用三种指令分别编写螺纹部分的加工程序，见表 5-4 ~ 表 5-7。

表 5-4 心轴的加工程序—左端

加工程序	程序说明	实物图
O0002;	程序号	
G99 M03 S900 T0101;	调用 1 号刀及 1 号刀补，转速为 900r/min	
G00 X35.0 Z3.0;	车刀靠近工件并到达循环起点	
G94 X-1.0 Z1.0 F0.15;	G94 指令车左端面	
Z0;		
G90 X28.5 Z-11.0 F0.15;	G90 指令粗车 φ28mm 外圆	
X28.0;	G90 指令精车 φ28mm 外圆	
G00 X100.0 Z100.0;	快速退刀	
M30;	程序结束，光标返回程序头	

表 5-5 心轴的加工程序—右端（G32 指令加工螺纹）

加工程序	程序说明	实物图
O0003;	程序号	
G99 M03 S900 T0101;	调用 1 号刀及 1 号刀补，转速为 900r/min	

(续)

加工程序	程序说明	实物图
G00 X34.0 Z3.0;	车刀靠近工件并到达循环起点	
G94 X-1.0 Z1.0 F0.15; Z0;	G94 指令车右端面	
G71 U1.5 R0.5; G71 P10 Q11 U0.4 W0.03;	G71 复合循环指令粗车工件右端外表面	
N10 G00 X17.0; G01 G42 Z0 F0.1; X19.8 Z-1.5; Z-24.0; X24.0; X27.0 Z-39.0; Z-42.5; G02 X30.0 Z-44.0 R1.5; N11 G00 G40 X32.0;	工件右端精加工程序	
S1100;	主轴转速变为 1100r/min	
G70 P10 Q11;	G70 复合循环精加工工件外表面	
G00 X100.0 Z150.0;	1 号车刀快速离开工件	
T0202 S500;	换 2 号切槽刀及 2 号刀补,主轴转速 500r/min	
G00 X34.0 Z2.0; Z-24.0; G01 X16.0 F0.1; G04 X0.3; G00 X34.0;	车 4mm×2mm 螺纹退刀槽	
G00 X100.0 Z100.0;	2 号刀快速离开工件	
T0303;	换 3 号螺纹车刀及 3 号刀补	
G00 X30.0 Z5.0;	3 号刀快速靠近工件	
X19.0;	X 轴快速进刀	
G32 X19.0 Z-21.5 F1.5;	G32 指令车削螺纹第一刀	
G00 X30.0;	X 轴快速退刀	
Z5.0;	Z 轴快速退刀	
X18.3;	X 轴快速进刀	
G32 X18.3 Z-21.5 F1.5;	G32 指令车削螺纹第二刀	
G00 X30.0;	X 轴快速退刀	
Z5.0;	Z 轴快速退刀	
X18.05;	X 轴快速进刀	
G32 X18.05 Z-21.5 F1.5;	G32 指令车削螺纹第三刀	

(续)

加工程序	程序说明	实物图
G00 X100.0;	螺纹车刀快速离开工件	
Z100.0;		
M30;	程序结束，光标返回程序头	

表 5-6 心轴的加工程序（G92 指令加工螺纹部分）

加工程序	程序说明
O0004;	程序号
……	前面部分省略
T0303 M03 S500;	调用 3 号刀及 3 号刀补，转速为 500r/min
G00 X30.0 Z5.0;	螺纹刀到达循环起点
G92 X19.0 Z−21.5 F1.5;	
X18.3;	G92 指令分三次车削 M20×1.5 外螺纹
X18.05;	
G00 X100.0 Z100.0;	螺纹刀快速回换刀点
M30;	程序结束，光标返回程序头

表 5-7 心轴的加工程序（G76 指令加工螺纹部分）

加工程序	程序说明
O0005;	程序号
……	前面部分省略
T0303 M03 S500;	调用 3 号刀及 3 号刀补，转速为 500r/min
G00 X30.0 Z5.0;	3 号螺纹车刀到达循环起点
G76 P020160 Q100 R0.05;	G76 复合循环指令车 M20×1.5 外螺纹
G76 X18.05 Z−21.5 P975 Q500 F1.5;	
G00 X100.0 Z100.0;	螺纹车刀快速回换刀点
M30;	程序结束，光标返回程序头

3. 零件加工模拟

按下机床锁定和辅助功能锁定按钮，指示灯亮后，进入自动方式进行程序运行模拟，判断程序正误。心轴右端加工过程模拟如图 5-8 所示。无误后可进行机械回零操作。

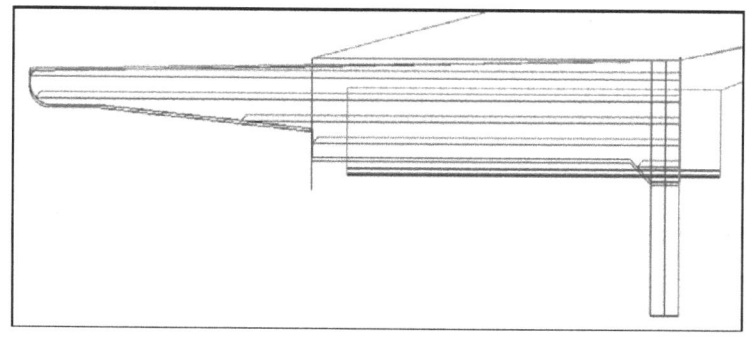

图 5-8 心轴右端加工过程模拟图

4. 工件与刀具的安装

工件装夹在自定心卡盘上，一夹一顶，装夹要牢固。车刀安装时不宜伸出过长，刀尖高度应与机床中心等高，螺纹刀的中心线必须与工件中心线垂直，以保证牙型角的对称。

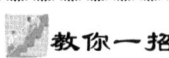

螺纹加工背吃刀量与切削次数的确定

螺纹加工中，每次吃刀的背吃刀量与切削次数会直接影响螺纹的加工质量，车削螺纹的切削次数和背吃刀量参考数据，见表5-8。

表5-8 车削螺纹的切削次数和背吃刀量参考数据

		普通三角形螺纹						
螺距/mm		1.0	1.5	2.0	2.5	3.0	3.5	4
牙深（半径值）/mm		0.649	0.974	1.299	1.624	1.949	2.273	2.598
切削次数及背吃刀量（直径值）	1次	0.7	0.8	0.9	1.0	1.2	1.5	1.5
	2次	0.4	0.6	0.6	0.7	0.7	0.7	0.8
	3次	0.2	0.4	0.6	0.6	0.6	0.6	0.6
	4次		0.16	0.4	0.4	0.4	0.4	0.6
	5次			0.1	0.4	0.4	0.4	0.4
	6次				0.15	0.4	0.4	0.4
	7次					0.2	0.2	0.4
	8次						0.15	0.3
	9次							0.2

注：表中切削次数和背吃刀量根据工件材料及刀具的不同可酌情增减。

5. 对刀并输入刀补值

螺纹车刀对刀时可利用角度样板辅助对刀，在满足刀位点与主轴轴线等高的同时，也要保证刀尖角的角平分线垂直于主轴轴线。

- 车螺纹期间不能使用恒线切削速度（G96）指令控制，应使用G97指令。

6. 数控加工与精度控制

（1）加工　首件加工应单段运行，通过机床控制面板上的"倍率选择"按钮修正加工参数，然后自动运行加工，当程序暂停时可以对加工尺寸检测，以保证精度要求。

（2）精度控制　加工过程中，各尺寸精度都要保证在公差范围之内，如出现误差可采用刀补修正法进行修正。

7. 零件检测

1）修整工件，去毛刺等。

2）尺寸精度检测。用游标卡尺测量零件外圆、总长、台阶、锥面、倒角及槽各部尺寸，用螺纹环规对螺纹部分进行检测。

3）表面质量检测。用粗糙度样板对比检测零件加工表面质量。

单元 5　螺纹类零件的编程与加工

检查评议

心轴的编程与加工评分标准见表 5-9。

表 5-9　心轴的编程与加工评分标准

姓名		零件名称	心轴	时间	90min	总得分	
项目	序号	技术要求		配分	评分标准	检测记录	得分
零件加工 （50 分）	1	各外圆形状、尺寸正确		10	不正确每处扣 2 分		
	2	端面、锥度及各阶台形状尺寸正确		15	不正确每处扣 3 分		
	3	螺纹尺寸正确		15	不合格全扣		
	4	倒角尺寸合格		2	不合格全扣		
	5	表面粗糙度符合图样要求		8	每处降低一级扣 2 分		
程序与工艺 （25 分）	6	程序正确、完整		6	不正确每处扣 1 分		
	7	程序格式规范		5	不规范每处扣 0.5 分		
	8	工艺合理		5	不合理每处扣 1 分		
	9	程序参数选择合理		4	不合理每处扣 0.5 分		
	10	指令选用合理		5	不合理每处扣 1 分		
机床操作 （17 分）	11	零件装夹合理		3	不合理每次扣 1 分		
	12	刀具选择及安装正确		3	不正确每次扣 1 分		
	13	对刀及坐标系设定正确		4	不正确每次扣 1.5 分		
	14	机床面板操作正确		4	误操作每次扣 1 分		
	15	意外情况处理合理		3	不正确每次扣 1.5 分		
文明生产 （8 分）	16	安全操作		4	违反操作规程全扣		
	17	机床整理		4	不合格全扣		
记录员		监考人			检验员	考评人	

问题及防治

在数控车床上进行螺纹加工时，常遇到的问题、产生原因及解决方法见表 5-10。

表 5-10　螺纹的加工问题、产生原因及解决方法

问题现象	产生原因	解决方法
螺纹尺寸不正确	1. 刀具参数不正确 2. 尺寸计算错误 3. 程序错误 4. 刀具损坏 5. 螺纹乱牙 6. 牙型不正	1. 正确选择刀具参数 2. 正确进行尺寸计算 3. 检查、修改加工程序 4. 更换刀片或重磨刀具 5. 保证主轴转速恒定 6. 正确安装刀具
表面粗糙度差	1. 切削速度过低 2. 刀具中心过高 3. 切屑控制较差 4. 刀尖产生积屑瘤 5. 切削液选用不合理	1. 调高主轴转速 2. 调整刀具中心高度 3. 选择合理的切削用量 4. 选择合适的切速速度 5. 选择正确的切削液，并充分喷注
加工过程中出现扎刀现象	1. 背吃刀量太大 2. 刀具角度刃磨不合理	1. 减小背吃刀量，适当增加切削次数 2. 正确刃磨刀具

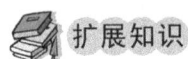

车削多线螺纹

企业实际生产中,常常会遇到多线螺纹的加工。数控机床上除了能加工单线螺纹外,还能加工多线螺纹。沿两条或两条以上,在轴向等距分布的螺旋线所形成的螺纹称为多线螺纹。车削多线螺纹时要处理好螺纹的分线问题。如果分线不准确,会严重影响内、外螺纹的配合精度,降低使用寿命。

数控车床上加工多线螺纹的分线方法如下:

(1)轴向分线法 在数控车床上用轴向分线法加工多线螺纹较为简单,使用螺纹切削加工指令 G32、G92、G76 均能加工。具体方法是:加工好一条螺旋线后,螺纹切削起点的 Z 轴坐标,应向左或向右移动一个螺距,再加工另一条螺旋线。如果螺纹线数较多时,为简化程序,还可以采用调用子程序的方法来完成加工。轴向分线法适用于所有数控系统。

(2)圆周分线法 圆周分线法是指在圆周方向上,通过偏移一定的角度达到分线目的的加工方法。编程指令如下:

1)等螺距螺纹切削指令(G32)。指令格式为:

G32 X(U)__ Z(W)__ F__ Q__;

其中,X、Z 为螺纹终点的绝对坐标值;U、W 为螺纹终点相对于起点的增量坐标值;F 为长轴方向的导程;Q 为螺纹起始角。

如果不指定 Q,默认起始角为 0°,若加工双线螺纹,起始角分别为 0° 和 180°,单位为 0.001°。比如当 Q 值为 180° 时,应输入 "Q180000"。如果输入 "Q180" 或 "Q180.0",均认为是 0.18°。

2)螺纹切削固定循环指令(G92)。指令格式为:

G92 X(U)__ Z(W)__ F(I)__ L__;

其中,X、Z 为螺纹终点的绝对坐标值;U、W 为螺纹终点相对于起点的增量坐标值;F 为米制螺纹长轴导程;I 为英制螺纹每英寸牙数;L 为螺纹线数。

下面通过一个实例说明周向分线编程的方法(用 G32 指令仅编写螺纹部分加工程序),如图 5-9 所示。加工程序见表 5-11。

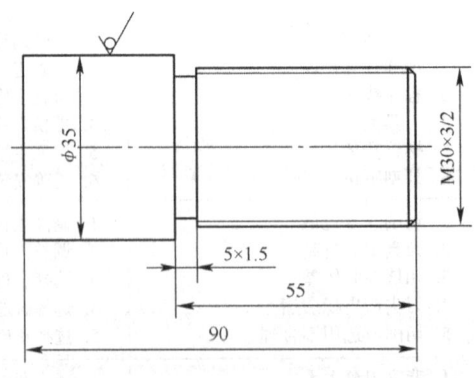

图 5-9 双线螺纹零件图

单元 5　螺纹类零件的编程与加工

表 5-11　双线螺纹的加工

加工程序	说明
O0007；	程序号
……	前面部分省略
M03 S400 T0303；	换 3 号刀及 3 号刀补，主轴转速为 400r/min
G00 X29.0 Z6.0；	刀具快速移动到起刀点
G32 X29.0 Z-52.0 F3.0 Q0；	车第一条螺旋槽，第一刀
G00 X31.0；	
Z6.0；	
X29.0；	
G32 Z-52.0 F3.0 Q180000；	第二条螺旋槽，第一刀
G00 X31.0；	
Z6.0；	
X28.4；	
G32 Z-52.0 F3.0 Q0；	第一条螺旋槽，第二刀
G00 X31.0；	
Z6.0；	
X28.4；	
G32 Z-52.0 F3.0　Q180000；	第二条螺旋槽，第二刀
G00 X31.0；	
Z6.0；	
X28.05；	
G32 Z-52.0 F3.0 Q0；	第一条螺旋槽，第三刀
G00 X31.0；	
Z6.0；	
X28.05；	
G32 Z-52.0 F3.0　Q180000；	第二条螺旋槽，第三刀
G00 X31.0；	
G00 X100.0 Z100.0；	回换刀点
M30；	程序结束并返回程序头

考证要点

1. 判断题

（1）恒线速是指当工件的直径越大，进给速度越慢。　　　　　　　　　　　　（　　）

（2）G32 指令可以加工端面螺纹。　　　　　　　　　　　　　　　　　　　　（　　）

（3）车削螺纹时用恒线速度切削功能加工精度较高。　　　　　　　　　　　　（　　）

（4）螺纹切削指令中的地址字 F 是指螺纹的导程。　　　　　　　　　　　　　（　　）

（5）G76 指令适合导程小的螺纹的加工。　　　　　　　　　　　　　　　　　（　　）

2. 选择题

（1）采用固定循环指令编程，可以（　　）。

A. 加快切削速度，提高加工质量　　B. 缩短程序的长度，减少程序所占内存

C. 减少换刀次数，提高切削速度　　D. 减少吃刀量，保证加工质量

（2）G32指令代码表示（　　）。

A. 内外径切削复合循环指令　　B. 螺纹加工指令　　C. 螺纹加工固定循环指令

（3）G92 X（U）＿ Z（W）＿ R＿ F＿；指令中，R指（　　）。

A. 螺纹终点的坐标值　　B. 导程　　C. 切削螺纹起点和终点的半径差

3. 简答题

（1）多线螺纹的分线方法有哪两种？车多线螺纹应注意哪些问题？

（2）怎样正确刃磨和安装螺纹车刀？

4. 根据图 5-10、图 5-11 完成以下任务：

（1）分析并制订工件加工工艺。

（2）合理选择并正确刃磨刀具。

（3）编写加工程序并完成零件的加工。

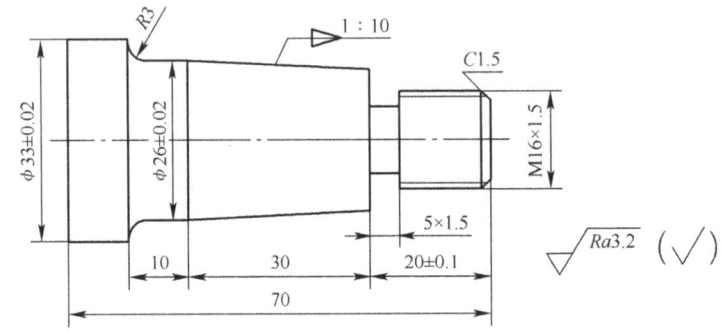

图 5-10　零件图

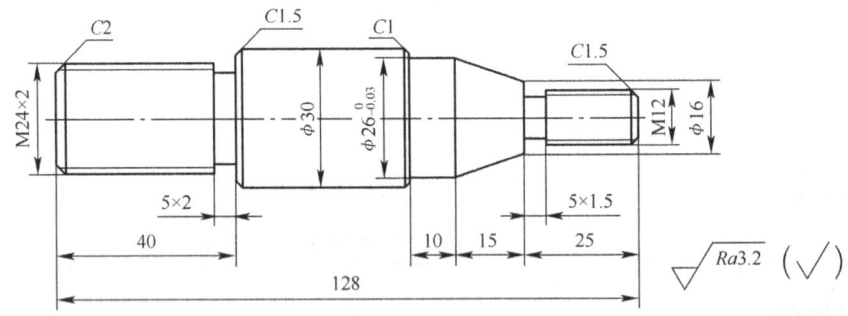

图 5-11　零件图

任务 2　加 工 轴 套

任务描述

图 5-12 所示为轴套零件图。图 5-13 所示为轴套零件实体图。它的生产类型为单件或小批量生产，无热处理工艺要求，试正确设定工件坐标系，制订加工工艺方案，选择合理的刀

具和切削工艺参数，正确编制数控加工程序并完成零件的加工。

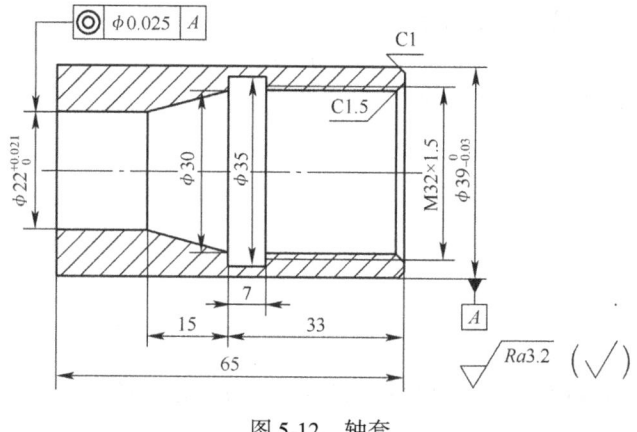

图 5-12　轴套

图 5-13　轴套实体图

任务分析

该零件由外圆、圆柱孔、圆锥孔、内槽及内螺纹等部分组成。外圆和圆柱孔精度要求较高，其他表面精度要求一般，φ22mm 内孔与 φ39mm 外圆有较高同轴度要求，表面粗糙度 $Ra3.2\mu m$ 要求也不是很高。外圆形状简单，粗车可采用固定循环指令 G90，精车用直线插补指令 G01 加工即可；孔表面加工时可采用轴向粗车复合循环指令 G71 粗车，G70 指令进行精车，一次加工出圆柱孔、圆锥孔及内螺纹底孔，然后再切内槽和车削内螺纹至尺寸，最后切断工件。

问题与思考

为了保证加工质量，除了选用合适的刀具及合理的切削用量外，请同学们回忆思考以下问题：
1) 如何选择内螺纹车刀？
2) 加工内螺纹时如何控制底孔尺寸？

相关知识

车削塑性金属材料三角内螺纹时，由于车刀切削时的挤压作用，底孔直径尺寸会变小。为了避免这种情况的出现，所以车内螺纹前的底孔尺寸应比内螺纹小径稍大些。在实际生产中,普通三角形螺纹的底孔直径可进行近似计算。

车削塑性金属的内螺纹时,直径为

$$D_{孔} \approx d - P \tag{5-1}$$

车削脆性金属的内螺纹时,直径为

$$D_{孔} \approx d - 1.05P \tag{5-2}$$

式中 d——公称直径;

P——螺纹螺距。

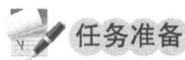任务准备

1. 设备选择

选用 GSK980T 系统数控车床;计算机及仿真软件;采用自定心卡盘装夹。

2. 零件毛坯

选用 $\phi42\text{mm} \times 95\text{mm}$ 棒料,多件练习时也可以采用加长棒料,毛坯材质为 45 钢。

3. 刀具类型

选用 $\phi20\text{mm}$ 钻头、90°外圆车刀、内孔车刀、内螺纹车刀、5mm 内沟槽车刀、4mm 切断刀。制订刀具卡片,见表 5-12。

表 5-12 数控加工刀具卡片

产品名称或代号:			零件名称:轴套		零件图号:	
序号	刀具号	刀具规格及名称	材质	数量	加工表面	备注
1	T01	90°外圆车刀	P10	1	粗、精车外圆	$R0.2$
2	T02	内孔车刀	P10	1	粗、精车内孔	$R0.2$
3	T03	内沟槽车刀	P10	1	车孔内退刀槽	
4	T04	内螺纹车刀	P10	1	车内螺纹	
5	T04	4mm 切断刀	P10	1	切断工件	
6		$\phi20\text{mm}$ 钻头	高速钢	1	钻底孔	
编制:			审核:			

4. 量具选用

1)钢直尺:0~300mm。

2)游标卡尺:0.02mm/0~150mm。

3)塞规:$\phi22\text{mm}$。

4)外径千分尺:25~50mm。

5)表面粗糙度样板。

6)螺纹塞规 M32×1.5。

任务实施

任务实施可分为两部分进行:先在数控仿真软件上进行模拟加工,操作较为熟练后再在数控车床上进行加工。

1. 确定加工工艺

以零件右端面与轴线交点为零件编程坐标系原点,工艺路线安排如下:

1) 钻底孔 φ20mm。
2) 车工件右端面。
3) 粗车零件 $\phi 39_{-0.03}^{\ 0}$ mm 外圆，留精加工余量 0.5mm。
4) 精车零件 $\phi 39_{-0.03}^{\ 0}$ mm 外圆及倒角至尺寸要求。
5) 粗车 $\phi 22_{\ 0}^{+0.021}$ mm 孔、内锥孔、螺纹底孔，留精加工余量 0.4mm。
6) 精车零件 $\phi 22_{\ 0}^{+0.021}$ mm 孔、内锥孔、螺纹底孔至尺寸要求。
7) 车 φ35mm×7mm 退刀槽。
8) 车 M32×1.5 内螺纹至尺寸。
9) 切断工件。

制订加工工艺卡片，见表 5-13。

表 5-13 数控加工工艺卡片

零件名称	轴套		零件图号		工件材质	45 钢	
工序号	程序编号		夹具名称		数控系统	车间	
1	O0001		自定心卡盘		GSK980T		
工步号	工步内容	刀具号	主轴转速/(r/min)	进给量/(mm/r)	背吃刀量/mm	备注	
1	钻 φ20mm 底孔		300			手动	
2	车右端面	T01	900	0.15	1	自动	
3	粗车 $\phi 39_{-0.03}^{\ 0}$ mm 外圆	T01	900	0.2	1	自动	
4	精车 $\phi 39_{-0.03}^{\ 0}$ mm 外圆及倒角	T01	1000	0.1	0.25	自动	
5	粗车 $\phi 22_{\ 0}^{+0.021}$ mm 内孔、圆锥孔及螺纹底孔	T02	600	0.15	1	自动	
6	精车 $\phi 22_{\ 0}^{+0.021}$ mm 内孔、圆锥孔、螺纹底孔及倒角	T02	800	0.08	0.2	自动	
7	车 φ35mm×7mm 退刀槽	T03	500	0.15	5	自动	
8	车 M32×1.5 内螺纹	T04	400			自动	
9	切断工件	T04	400	0.1	4	自动	
编制			审核		批准		

2. 程序的编制和输入

本任务内螺纹既可以采用 G92 指令编程，也可以采用 G32 指令编程。下面就用两指令分别编写本任务的加工程序，见表 5-14 和表 5-15。

表 5-14 轴套的加工程序（G92 指令编程车内螺纹）

加工程序	程序说明	实物图
O0001;	程序号	
G99 M03 S900 T0101 F0.15;	机床正转，转速为 900r/min，1 号刀及 1 号刀补	
G00 X44.0 Z2.0;	车刀快速靠近工件并到达循环起点	

(续)

加工程序	程序说明	实物图
G94 X19.0 Z0 F0.15;	G94 循环指令车右端面	
G90 X39.5 Z-71.0 F0.15;	G90 指令粗车外圆,留余量0.5mm	
S1000;	精车外圆主轴转速为1000r/min	
G00 X37.0;	精车 $\phi 39_{-0.03}^{0}$ mm 外圆及倒角	
G01 G42 Z0;		
X39.0 Z-1.0;		
Z-71.0;		
X43.0;		
G00 G40 X100.0 Z100.0;	快速退刀,取消刀尖圆弧半径补偿	
T0202 S600;	2号刀及2号刀补,转速为600r/min	
G00 X19.0 Z2.0;	车刀快速靠近工件并到达循环起点	
G71 U1.0 R0.2;	G71 复合循环指令粗车 $\phi 22_{0}^{+0.021}$ mm 内孔、圆锥孔及螺纹底孔	
G71 P10 Q11 U-0.4 W0.03;		
N10 G00 X33.5;	$\phi 22_{0}^{+0.021}$ mm 内孔、内锥孔、螺纹底孔及倒角的精加工程序	
G01 G41 Z0;		
X30.5 Z-1.5;		
Z-33.0;		
X30.0;		
X22.0 Z-48.0;		
Z-66.0;		
N11 G00 G40 X19.0;		
S800;	精车内孔主轴转速为800r/min	
G70 P10 Q11;	G70 复合循环指令精加工内表面	
G00 X100.0 Z100.0;	快速退刀	
M00;	程序暂停,测量工件尺寸	
T0303 M03 S500;	3号刀及3号刀补,转速为500r/min	
G00 X28.0 Z2.0;	车退刀槽	
Z-31.0;		
G01 X35.0 F0.1;		
G04 X0.3;		
G01 X29.0;		
G00 Z-33.0;		
G01 X35.0;		
G04 X0.3;		
G01 X29.0;		
G00 Z100.0;		

(续)

加工程序	程序说明	实物图
T0404 S400;	4号刀及4号刀补,转速为400r/min	
G00 X28.0 Z5.0;	快速到达车内螺纹循环起点	
G92 X31.1 Z-28.0 F1.5;	G92指令车内螺纹	
X31.5;		
X31.8;		
X32.0		
G00 X100.0 Z100.0;	快速退刀	
M00;	程序暂停,测量	
4号刀位卸下内螺纹车刀,安装切断刀并重新对刀		
M03 T0404 S400;	4号刀及4号刀补,转速为400r/min	
G00 X43.0 Z2.0;	切断工件	
Z-70.0;		
G01 X19.5 F0.1;		
G00 X100.0 Z100.0;	切断刀快速离开工件	
M30;	程序结束,光标返回程序头	

表5-15 轴套的加工程序（G32指令车内螺纹部分）

加工程序	程序说明	实物图
O0002;	程序号	
…	前面部分省略	
T0404 M03 S400;	调用4号刀及4号刀补,转速为400r/min	
G00 X31.1 Z5.0;	内螺纹车刀快速靠近工件	
G32 X31.1 Z-28.0 F1.5;	第一刀车螺纹	
G00 X28.0;		
Z5.0;		
X31.6;	第二刀车螺纹	
G32 Z-28.0 F1.5;		
G00 X28.0;		
Z5.0;		
X31.9;	第三刀车螺纹	
G32 Z-28.0 F1.5;		
G00 X28.0;		
Z5.0;		
X32.0;	第四刀车螺纹	
G32 Z-28.0 F1.5;		
G00 X28.0;		
Z100.0;		
……	后面部分省略	

3. 零件加工模拟

按下机床锁定和辅助功能锁定按钮,指示灯亮后,进入自动方式进行程序运行模拟,判断程序正误,无误后可进行机械回零操作。模拟情况如图 5-14 所示。

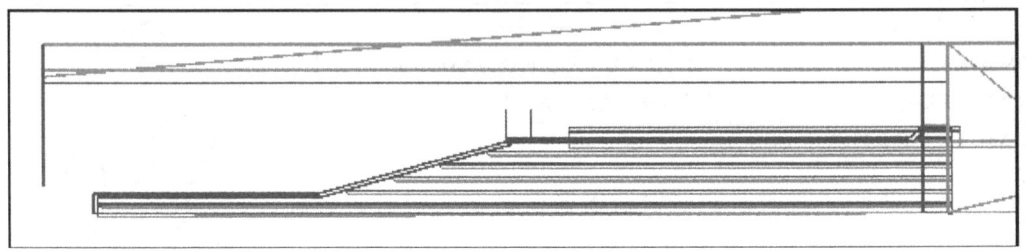

图 5-14 轴套加工模拟图

车螺纹时如何确定牙型深度?

加工三角形螺纹时,牙型的实际深度等于 (1.1～1.3) $P/2$。螺距越大,选择的系数就越大,螺纹的实际深度也就越深。

4. 数控加工与精度控制

(1) 加工 首件加工应单段运行,通过机床控制面板上的"倍率选择"按钮修正加工参数,然后自动运行加工,当程序暂停时可以对加工尺寸检测,以保证精度要求。

(2) 精度控制 加工过程中,各尺寸精度都要保证在公差范围之内,如出现误差可采用刀补修正法进行修正。

5. 零件检测

1) 修整工件,去毛刺等。

2) 尺寸精度检测。用游标卡尺测量零件总长,阶台、锥面、倒角各部尺寸,用外径千分尺检测外圆尺寸,用塞规测量内孔,用螺纹塞规测量螺纹精度。

3) 表面质量检测。用粗糙度样板对比检测零件加工表面质量。

根据零件加工过程中出现的问题,同学们讨论如何解决并提出解决方案。

如何合理选择三角形内螺纹车刀

车削三角形内螺纹时,首先要注意刀具角度的选择,高速切削时,为防止牙型角扩大,刀尖角应适当减少 30′,车刀前刀面及后刀面的表面粗糙度值要小;其次,内螺纹车刀的尺寸应根据内螺纹底孔孔径的大小来确定,刀具的径向尺寸应比螺纹孔径小 3mm 以上,以避免退刀时碰伤牙顶或是刀具不能完全退出螺纹牙型。刀杆长度比螺纹孔深长 5～10mm 即可;最后要注意的是内螺纹车刀的刚性问题和排屑问题,刀具刚性太差,在螺纹车削的过程中会出现严重的让刀现象,易使车出来的螺纹外松内紧,达不到螺纹精度要求。另外,在进行较长的内螺纹车削时,应注意使切屑及时排出,否则切屑积存在孔内,会把内螺纹的表面划伤,影响螺纹的表面粗糙度。

单元 5 螺纹类零件的编程与加工

 **检查评议**

轴套的编程与加工评分标准见表 5-16。

表 5-16 轴套的编程与加工评分标准

姓名		零件名称：轴套		时间	90min	总得分	
项目	序号	技术要求	配分	评分标准		检测记录	得分
零件加工 （53 分）	1	外圆形状、尺寸正确	6	每超差 0.01mm 扣 2 分			
	2	总长及阶台长度尺寸正确	6	不合格每处扣 2 分			
	3	锥度尺寸正确	4	不合格全扣			
	4	内孔尺寸	8	不合格全扣			
	5	螺纹各尺寸正确	15	不合格全扣			
	6	倒角尺寸合格	2	不合格全扣			
	7	表面粗糙度符合图样要求	12	每处降低一级扣 3 分			
程序与工艺 （25 分）	8	程序正确、完整	6	不正确每处扣 1 分			
	9	程序格式规范	5	不规范每处扣 0.5 分			
	10	工艺合理	5	不合理每处扣 1 分			
	11	程序参数选择合理	4	不合理每处扣 0.5 分			
	12	指令选用合理	5	不合理每处扣 1 分			
机床操作 （17 分）	13	零件装夹合理	3	装夹不合理每次扣 1 分			
	14	刀具选择及安装正确	3	不正确每次扣 1 分			
	15	对刀及坐标系设定正确	4	不正确每次扣 1.5 分			
	16	机床面板操作正确	4	误操作每次扣 1 分			
	17	意外情况处理合理	3	不正确每次扣 1.5 分			
文明生产 （5 分）	18	安全操作	2.5	违反安全操作规程全扣			
	19	机床整理	2.5	不合格全扣			
记录员		监考人		检验员		考评人	

 **扩展知识**

圆锥螺纹的编程与加工

在数控机床上除了能加工内外圆柱螺纹外，还能加工圆锥螺纹零件，例如常见的管接头类零件，有很多就是靠圆锥螺纹来联接。如图 5-15 所示的管接头右端就是圆锥螺纹，其他部位均已加工好，我们只加工零件右端外圆面、圆锥面、圆锥螺纹等内容。下面就来学习它的编程方法。

1. 分析图样

此零件属于半成品，左端已加工完成，现需要加工零件右端圆柱面、圆锥面及圆锥螺纹。加工内容精度要求不高，表面粗糙度值 $Ra3.2\mu m$ 要求也不是很高，外圆端面加工较为简单，注意保证精度要求即可。零件右端的圆柱、锥台部分可以用 G90 指令来编程加工；圆锥螺纹采用 G32、G92、G76 指令编程加工均可。

2. 螺纹切削固定循环（G92）

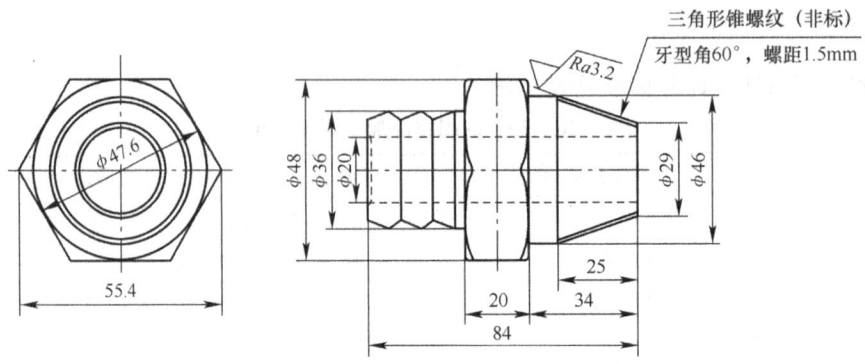

图 5-15 管接头零件图

为了简化编程,如图 5-15 所示的螺纹加工可采用螺纹切削固定循环 G92 指令编程。

(1) 指令格式

G92 X (U) __ Z (W) __ R __ F __;

其中, X、Z 为螺纹终点的绝对坐标值 (图 5-16 C 点); U、W 为螺纹终点相对于起点的增量坐标值; R 为切削螺纹起点和终点的半径差; F 为导程 (单线螺纹的螺距等于导程)。

固定循环指令 G92 切削圆锥螺纹的循环路径如图 5-16 所示。每运行一次 G92 指令,车刀按 1 (R) →2 (F) →3 (R) →4 (F) 完成切削过程,其中第 1、3、4 步为快速移动,第 2 步为切削进给。

(2) 相关计算

1) R 值的计算方法。R 为切削螺纹起点和终点的半径差 (有符号),或者说切出点 (图 5-16 中的 C 点) 到切入点 (图 5-16 中的 B 点) 在 X 方向的位移 (靠近工件方向符号为负,远离工件方向符号为正)。R 值的计算公式为

$$R = \frac{D-d}{2L} \times (\delta_1 + \delta_2) + \frac{D-d}{2}$$

(5-3)

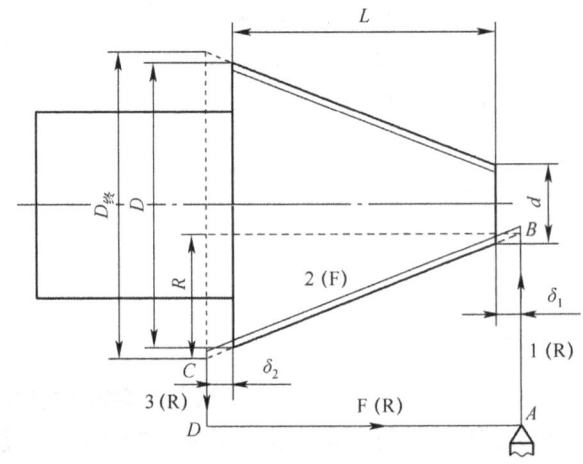

式中 D——圆锥大端直径;
  d——圆锥小端直径;
  L——圆锥长度;
  δ_1——圆锥螺纹进刀段长度;
  δ_2——圆锥螺纹退刀段长度。

图 5-16 G92 指令切削圆锥螺纹加工路线及 R 值

2) 切削终点 X 坐标 $D_{终}$ 的计算。切削终点 X 坐标 $D_{终}$ 值的计算公式为

$$D_{终} = \frac{D-d}{L} \times \delta_2 + D$$

(5-4)

计算出 $D_{终}$ 的值后,即可在此基础上沿 X 轴方向分次进刀切削螺纹至尺寸。

3. 加工工艺与程序

选用 90°外圆车刀、三角形螺纹车刀。以零件右端面与轴线交点为零件编程坐标系原

点,工艺路线安排如下:

1) 车削零件右端面。
2) 粗车零件外圆柱面及圆锥面,留精加工余量 0.4mm。
3) 精车零件外圆柱面及圆锥面至尺寸要求。
4) 车圆锥螺纹至尺寸。

编制加工程序,见表 5-17。

表 5-17 管接头圆锥螺纹部分的加工程序

加工程序	说明
O0001;	程序号
G99 G97 M03 T0101 S900 F0.2;	主轴正转,转速为 900r/min,选择 1 号刀及 1 号刀补
G00 X57.0 Z2.0;	1 号车刀快速到达循环起点
G94 X19.0 Z1.0 F0.15;	G94 指令切削工件右端面
Z0;	
G71 U1.5 R0.5;	复合循环指令 G71 粗车外圆及圆锥
G71 P1 Q2 U0.4 W0.03;	
N1 G00 G42 X29.0;	工件右端外圆、圆锥精加工程序
G01 Z0.0 F0.1;	
X45.0 Z−25.0;	
Z−34.0;	
N2 G01 G40 X57.0;	
S1000;	精车主轴转速为 1000r/min
G70 P1 Q2;	G70 精车循环指令精加工外圆及圆锥面
G00 X100.0 Z100.0;	快速退刀
M00;	程序暂停,测量工件尺寸
M03 S500 T0202;	换 2 号刀及 2 号刀补,主轴转速 500r/min
X59.0 Z5.0;	2 号刀快速移动到车螺纹循环起点
G92 X47.2 Z−30.0 R−11.2 F1.5;	用 G92 指令粗、精车圆锥螺纹 ($\delta_1 = \delta_2 = 5$mm)
X46.7 R−11.2;	
X46.4 R−11.2;	
X46.25 R−11.2;	
G00 X100.0 Z100.0;	2 号刀快速退刀
M30;	程序结束并返回程序头

考证要点

1. 判断题

(1) G92 指令编程车圆锥三角形螺纹中,R 值是圆锥螺纹大径与小径的半径差。 (　　)

(2) 牙型不正确的原因只有刀具磨损一种。 (　　)

(3) 车内螺纹前的底孔尺寸应比内螺纹小径稍小些。　　　　　　　　　(　　)
(4) 在实际车削过程中，牙型的实际深度等于（1.1~1.3）$P/2$。　　　(　　)
(5) 外螺纹的公称直径是指螺纹大径，内螺纹的公称直径是指螺纹的小径。(　　)

2. 选择题

(1) 刀具的径向尺寸应比内螺纹底孔孔径小（　　）mm 以上。
A. 1~2　　B. 3~5　　C. 2~6　　D. 5~7

(2) G92 X（U）__ Z（W）__ R __ F __；中 R 表示（　　）。
A. 切削螺纹起点和终点的半径差　　B. 切削螺纹起点和终点的直径差　　C. 切削螺纹时的圆锥长度

3. 简答题

(1) 选择内螺纹车刀时应注意哪几个问题？
(2) 怎样正确刃磨和安装内螺纹车刀？

4. 根据如图 5-17 和图 5-18 所示零件完成以下任务：

(1) 分析并制订工件加工工艺。
(2) 合理选择并正确安装刀具。
(3) 编写加工程序并完成零件的加工。

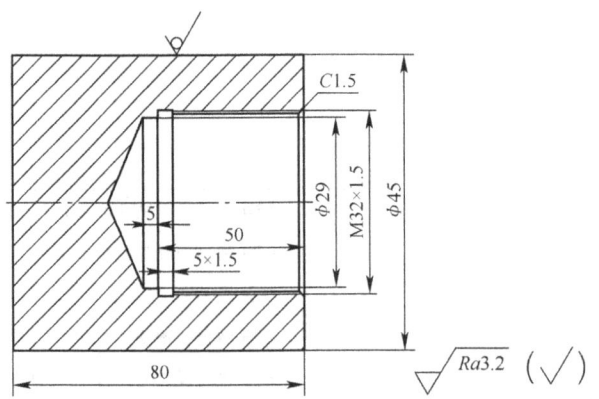

图 5-17　零件图（一）

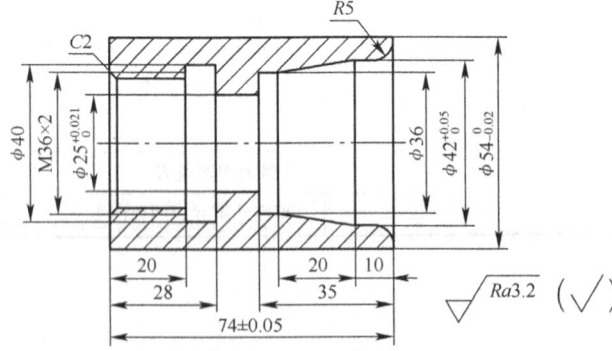

图 5-18　零件图（二）

单元 6　非圆曲线零件的编程与加工

知识目标：
1. 掌握宏变量的种类和使用方法。
2. 掌握 A 类宏程序命令的含义及功能。
3. 熟练应用 A 类宏程序编写椭圆、抛物线等非圆曲线的加工程序。
4. 会分析零件加工过程中产生废品的原因并能提出解决方法。

技能目标：
1. 熟练掌握宏程序的输入与编辑。
2. 熟练操作数控机床并完成非圆曲线零件的加工。
3. 能正确测量零件尺寸。

任务 1　加工椭圆轴

 任务描述

使用 GSK980TD 系统的数控车床编程并加工如图 6-1a 所示的零件。其材料为 45 钢，毛坯尺寸为 φ30mm×100mm。加工完成后的实物如图 6-1b 所示。

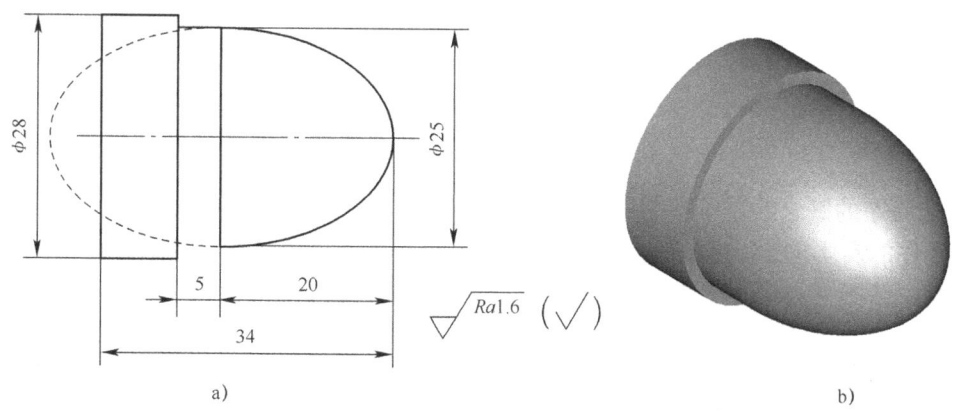

图 6-1　椭圆轴
a）零件图　b）实物图

任务分析

如图 6-1 所示的零件表面由 φ28mm 和 φ25mm 外圆和椭圆构成，零件外形不复杂。零件左端圆柱面的加工，可用前面所学的直线插补、圆弧插补等指令来完成。但对于加工零件右端的椭圆而言，则较为困难，原因是数控系统没有椭圆插补功能，它本身提供的直线插补和圆弧插补不能直接用于加工椭圆。那如何实现对椭圆的加工呢？

可采用逼近法来解决该问题，即可将椭圆曲线分解成若干段小直线，由这些若干段小直线所形成的折线来逼近椭圆进行拟合加工。如图 6-2 所示，可将椭圆分解成 A-B-C-D-E-F 所形成的折线来逼近椭圆，只要计算出 A、B、C、D、E、F 共六个节点在 X、Z 轴的坐标值即可进行编程。工件表面质量要求越高，椭圆分解得就越细。但这种"直线逼近法"加工椭圆只能采用 G01 指令来编程，为了保证椭圆的表面质量，必须有足够数量的直线段，如果采用手工计算这些直线段的节点坐标，计算量将会非常大，而且程序段多、手工编程几乎无法完成。当椭圆的尺寸发生变

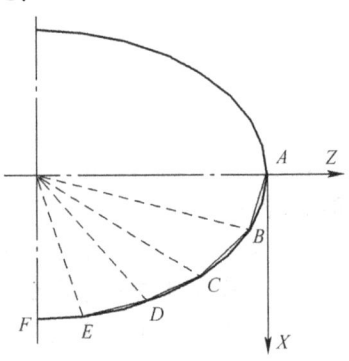

图 6-2　逼近法拟合加工椭圆

化时，所有工作又要重新开始。若采用系统配置的宏程序，不仅计算简单，而且通用性强。当椭圆的尺寸发生变化时，只需改动几个变量的值就可以了。

注意事项

● 采用逼近法拟合加工椭圆，应使逼近误差 δ≤δ'（允许误差），如图 6-3 所示。

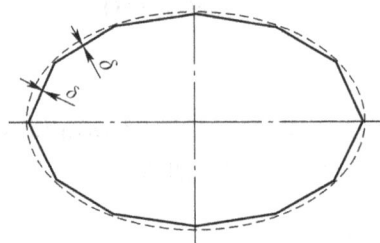

图 6-3　椭圆的逼近误差

相关知识

1. 宏程序的概念

宏程序的实质与子程序相似，它是把一组实现某种功能的指令，以子程序的形式预先存储在系统存储器中，通过宏程序调用指令执行这一功能，在主程序中只要编入相应的调用指令就能实现这些功能，如图 6-4 所示。

一组以子程序的形式存储并带有变量的程序称为用户宏程序，简称宏程序；调用宏程序的指令就称为用户宏程序指令或宏程序调用指令，简称宏指令。

简要说来，宏程序就是可以用函数公式来描述工件的轮廓或曲面。比如对椭圆进行编程加工，即只需把椭圆公式输入到系统中，然后给出 Z 坐标，并且每次加 10μm，那么宏就会

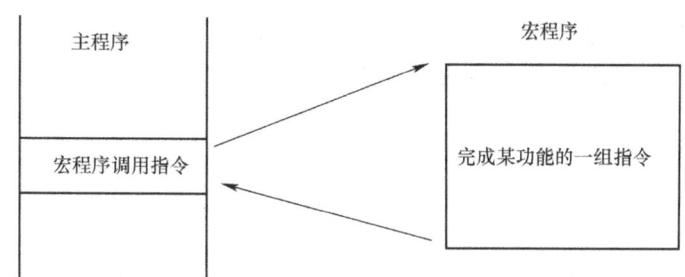

图 6-4　宏程序

自动算出 X 坐标，并且进行切削。实际上宏在程序中主要起到的是运算作用。

宏程序与普通程序存在一定的区别，它们之间的简要对比见表 6-1。

表 6-1　宏程序与普通程序的简要对比

普通程序	宏程序
只能使用常量：即直接用数值指定 G 代码和移动距离，如 G01 和 X40.0	可以使用变量：即数值可以直接指定或用变量指定，如 #200 = 01； #201 = 40； G#200 X#201； 则执行结果等同于 G01 X40。使用变量可以使宏程序具有通用性
常量之间不可以运算	变量间可以赋值和运算：如#203 = 40，#205 = #201 + #202

宏程序分为 A 类和 B 类两种。它们的主要区别在于运算指令的不同：B 类宏程序类似于数学运算，可用各种数学符号直接表达各种数学运算和逻辑关系；而 A 类宏程序需要使用"G65 Hm"格式的宏指令来表达各种数学运算和逻辑关系。例如要表达#201、#202 和#205 三个变量的加法运算关系时，在 B 类宏程序可直接写成表达式："#205 = #201 + #202；"，而在 A 类宏程序中要写成："G65 H02 P#205 Q#201 R#202；"。

因此 B 类宏程序比 A 类宏程序的直观性和可读性要好。GSK980TD 数控系统采用 A 类宏程序，本单元将介绍 A 类宏程序的使用。

2. 宏程序调用指令

在 GSK980TD 数控系统中，调用宏程序的方法与调用子程序是相同的，即：

M98 P＿＿＿＿；

其中，P 后跟的数字为被调用宏程序的程序号。

3. 宏程序本体

（1）宏程序本体的结构　宏程序的编写格式与子程序相同，也是以程序号开始，用 M99 结束的程序。例如：

O××××；　　　　　　　　宏程序号
G65 H81 ……；　　　　　　运算指令
G01 X#201 F#209；　　　　 使用变量的 CNC 指令
……；
G65 H80 ……；　　　　　　转移指令
M99；　　　　　　　　　　宏程序结束

（2）变量　在常规的主程序和子程序中，总是将一个具体的数值赋给一个地址，例如

"G00 X40.0"。而在宏程序中，为了使程序更具通用性和更加灵活，在宏程序中设置了变量，即将变量赋给一个地址，用变量代替地址符后的具体数值。例如：

#201 = 40；

G00 X#201；

执行结果等同于

G00 X40；

因此变量是指可以用宏程序的地址符代替具体数值，在调用宏程序时再用引数进行赋值的符号。

1) 变量的表示。变量是用变量符号"#"和其后的变量号来表示，如#201、#209。

2) 变量的引用。将跟随在一个地址后的数值用一个变量来代替，即引入了变量。例如：对于 F#203，若#203 = 50 时，则为 F50；对于 Z - #210，若#210 = 100 时，则 Z 为 - 100；对于 G#230，若#230 = 3 时，则为 G03。

变量值可以由主程序赋值或通过 MDI 面板设定，或者在执行用户宏程序本体时赋给计算出的值。可使用多个变量，这些变量用变量号来识别。

> **注意事项**
> - 在程序中引用变量，变量号必须放在地址符的后面。例如，F#200。
> - 改变引用变量值的符号，要把负号"-"放在"#"的前面。例如，G00 X - #220。
> - 当引用一个未定义的变量时，变量及地址都被忽略。例如，#210 = 40；#212 = ；G00 X#210 Z#212；则执行的结果为 G00 X40.0。
> - 不能用变量代表的地址符有：程序号 O、顺序号 N、任选程序段跳转号/。例如，O#210；N#213；这些均是错误使用变量的方式。

3) 变量的类型。根据功能的不同，GSK980TD 系统的变量可分为两种：①系统变量（系统占用部分），用于系统内部运算时各种数据的存储；②用户变量，包括局部变量和公共变量，用户可以单独使用，系统把用户变量作为处理资料的一部分。GSK980TD 系统的变量类型及其功能见表 6-2。

表 6-2 GSK980TD 系统的变量类型

变量类型		变量号	功能
空变量		#0	该变量总为空，不能赋值，不能写，只能读
用户变量	局部变量		局部变量是一个在宏程序中局部使用的变量。它只能在宏程序中存储数据，例如运算结果。断电时，局部变量被清除（初始化为空）。可以在程序中对其赋值
	公共变量	#200 ~ #231 #500 ~ #515	公共变量是在程序中公用的变量，即在程序 1 中定义的变量和运算结果同样适用于程序 2 或程序 3。 其中#200 ~ #231 的公共变量在断电时被清除（初始化为空），重新通电时被设置为"0"；#500 ~ #515 的公共变量中的数据，即使在断电时也不丢失，它们的值保持不变，因此也称为保持型变量

(续)

变量类型	变量号	功能
系统变量	输入：#1000～#1015 输出：#1100～#1105	系统变量是具有固定用途的变量，它的值决定系统的状态，用于读和写 CNC 运行时的各种数据，例如刀具偏置变量、接口的输入/输出信号变量、位置信息变量等 系统变量的序号与系统的某种状态有严格的对应关系。例如，刀具偏置变量序号为#01～#99，这些值可以用变量替换的方法加以改变，在序号 1～99 中，不用作刀偏量的变量可用作保持型公共变量#500～#531 接口输入信号#1000～#1015，#1032。通过阅读这些系统变量，可以知道各输入口的情况。当变量值为"1"时，说明接点闭合；当变量值为"0"时，表明接点断开。这些变量的数值不能被替换。阅读变量#1032，所有输入信号一次读入

（3）宏指令 在 GSK980TD 数控系统 A 类宏程序中，宏程序的运算和控制功能是通过指令 "G65 Mm" 中的 m 来定义的。宏指令 G65 可以实现丰富的宏功能，包括算术运算、逻辑运算等处理功能。

G65 指令格式的一般形式为

G65 Hm P#i Q#j R#k;

其中，m 表示宏程序的功能，数值范围是 01～99，其对应的宏程序功能具体见表 6-3；#i 为存储运算结果的变量名，或为转移的顺序号；#j 为进行运算的第一个变量，也可以是一个常数；#k 为进行运算的第二个变量，也可以是一个常数。

表 6-3 G65 Mm 对应的宏功能

代码	功能	数学定义	说明
G65 H01	赋值	#i = #j	运算命令
G65 H02	加法	#i = #j + #k	
G65 H03	减法	#i = #j - #k	
G65 H04	乘法	#i = #j × #k	
G65 H05	除法	#i = #j ÷ #k	
G65 H21	开平方根	#i = $\sqrt{\#j}$	
G65 H22	取绝对值	#i = |#j|	
G65 H23	求余	#i = (#j/#k)·#k 的余数	
G65 H24	BCD 码→二进制码	#i = BIN(#j)	
G65 H25	二进制码→BCD 码	#i = BCD(#j)	
G65 H26	复合乘/除	#i = (#i×#j) ÷ #k	
G65 H27	复合平方根 1	#i = $\sqrt{\#j^2 + \#k^2}$	
G65 H80	无条件转移	转向 N	转移命令
G65 H81	条件转移 1	IF #j = #k, GOTO N	
G65 H82	条件转移 2	IF #j ≠ #k, GOTO N	
G65 H83	条件转移 3	IF #j > #k, GOTO N	
G65 H84	条件转移 4	IF #j < #k, GOTO N	
G65 H85	条件转移 5	IF #j ≥ #k, GOTO N	
G65 H86	条件转移 6	IF #j ≤ #k, GOTO N	
G65 H99	产生 P/S 报警	产生 500 + N 号 P/S 报警	

4. 宏程序的运算和控制指令

（1）算术运算命令

1）变量的赋值（#i = #j）。格式为：

G65 H01 P#i Q#j；

例如：

G65 H01 P# 201 Q1005；（#201 = 1005）

G65 H01 P#201 Q#210；（#201 = #210）

G65 H01 P#201 Q - #202；（#201 = -#202）

注意事项

- 运算、转移命令的地址 H、P、Q、R 必须写在 G65 之后，写在 G65 之前的地址只有 O、N。例：N100 H02 G65 P#200 Q#201 R#202；（错误）N100 G65 H01 P#200 Q10；（正确）

2）加法运算（#i = #j+#k）。格式为

G65 H02 P#i Q#j R#k；

例如：

G65 H02 P#201 Q#202 R15000；（#201 = #202 + 15）

注意事项

- 变量直接用常数表示时不带"#"。
- 变量值不带小数点，单位是 0.001 mm 或 0.001°。例如，当定义 #201 = 1000 时，变量 #201 的实际值是 1mm 或 1°。
- 变量值在 $-2^{32} \sim +2^{32}-1$ 的范围内，但只能正确显示 -9999999～9999999，超过上述范围时，显示＊＊＊＊＊＊＊。
- 在各种运算中变量值只取整数，所以当运算结果出现小数点时，小数点后的数值会舍掉。

3）减法运算（#i = #j-#k）。格式为：

G65 H03 P#i Q#j R# k；

例如：

G65 H03 P#201 Q#202 R#203；（#201 = #202 - #203）

4）乘法运算（#i = #j×#k）。格式为：

G65 H04 P#i Q#j R#k；

例如：

G65 H04 P#201 Q#202 R#203；（#201 = #202 × #203）

5）除法运算（#i = #j÷#k）。格式为：

G65 H05 P#i Q#j R#k；

例如：

G65 H05 P#201 Q#202 R#203；　　（#201 = #202÷#203）

6）平方根（#i = $\sqrt{\#j}$）。格式为：

G65 H21 P#i Q#j；

例如：

G65 H21 P#201 Q#202；（#201 = $\sqrt{\#202}$）

7）绝对值（#i = ｜#j｜）。格式为：

G65 H22 P#i Q#j；

例如：

G65 H22 P#201 Q#202；（#201 = ｜#202｜）

注意事项

- 在各运算中，当必要的 Q、R 没指定时，其值作为零参加运算。
- 运算时请注意运算顺序。

（2）转移命令

1）无条件转移。格式为：

G65 H80 Pn；

其中，n 为顺序号。例如：

G65 H80 P120；（转到 N120 程序段）

2）条件转移。条件转移命令的功能是当条件式成立时，转到顺序号为 n 的程序段执行；条件式不成立时，则顺序执行下一个程序段。

条件式有 =、≠、>、<、≥、≤六种，据此条件转移命令也有六种形式。

① 条件转移 1。条件式为：

#j EQ #k（=）；

格式为：

G65 H81 Pn Q#j R#k；

例如：

G65 H81 P1000 Q#201 R#202；

表示当#201 = #202 时，转到 N1000 程序段，当#201 ≠ #202 时，顺序执行。

② 条件转移 2。条件式为：

#j NE #k（≠）；

格式为：

G65 H82 Pn Q#j R#k；

例如：

G65 H82 P1000 Q#201 R#202；

表示当#201 ≠ #202 时，转到 N1000 程序段，当#201 = #202 时，程序顺序执行。

③ 条件转移 3。条件式为：

#j GT #k（>）；

格式为：

G65 H83 P*n* Q#*j* R#*k*;

例如：

G65 H83 P1000 Q#201 R#202；

表示当#201 > #202时，转到N1000程序段；当#201 ≤ #202时，程序顺序执行。

④ 条件转移4。条件式为：

#*j* LT #*k*（<）；

格式为：

G65 H84 P*n* Q#*j* R#*k*；

例如

G65 H84 P1000 Q#201 R#202；

表示当#201 < #202时，转到N1000程序段；当#201 ≥ #202时，程序顺序执行。

⑤ 条件转移。条件式为：

#*j* GE #*k*（≥）；

格式为：

G65 H85 P*n* Q#*j* R# *k*；

例如：

G65 H85 P1000 Q#201 R#202；

表示当#201 ≥ #202时，转到N1000程序段；当#201 < #202时，顺序执行。

⑥ 条件转移6。条件式为：

#*j* LE # *k*（≤）；

格式为：

G65 H86 P*n* Q#*j* R# *k*；

例如：

G65 H86 P1000 Q#201 R#202；

表示当#201 ≤ #202时，转到N1000程序段；当#201 > #202时，顺序执行。

3）发生P/S报警。格式为：

G65 H99 P*i*；

其中，*i*为报警号 + 500。例如：

G65 H99 P15；

表示发生P/S报警515。

 注意事项

- 当转移地址的顺序号指定为正值时，开始是顺序方向，然后是逆方向检索；指定负值时，开始是逆方向，然后是正方向。
- 也可以用变量指定顺序号。如：G65 H81 P#200 Q#201 R#202——表示当条件满足时，程序转到#200指定顺序号的程序段。
- 宏程序的嵌套可到四重。

单元 6 非圆曲线零件的编程与加工

5. 编制椭圆宏程序的基本步骤

（1）根据给定的方程选定自变量，并确定变量的范围 在解析几何学中，表达椭圆曲线的方程有标准方程 $\left(\dfrac{x^2}{a^2}+\dfrac{y^2}{b^2}=1\ (a>0,\ b>0)\right)$ 和参数方程（$x=a\cos t$、$y=b\sin t$）两种。

在椭圆的标准方程中，每一个具体的 X 坐标值都有一个对应的 Y 值；在椭圆的参数方程中，每一个具体的角度值 t 都有一个对应的 Y 或 X 值。因此可采用坐标值或角度值作为自变量。加工椭圆采用角度值为自变量时，计算方便，不需要作任何判断就可自动过象限，且终点判别简单，实时性好，如图 6-5 所示。因此从加工精度、程序的数据量和加工效率出发，在数控车编程加工椭圆时应优先采用角度值作为自变量。

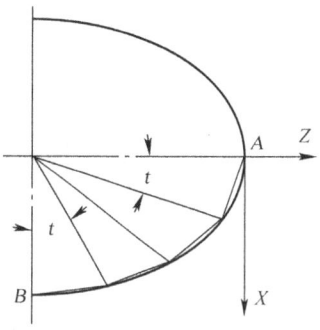

图 6-5 以角度值为自变量的直线段逼近椭圆

（2）进行函数变换，确定因变量相对于自变量的宏表达式 在解析几何学中椭圆标准方程的图形如图 6-6a 所示。在数控车床的工件坐标系中，要注意坐标轴的转换，把椭圆方程坐标系的 X 轴变为车床的 Z 轴，Y 轴变为 X 轴，则椭圆的参数方程转换为 $z=a\cos t$、$x=b\sin t$，其图形如图 6-6b 所示。

因此以角度值 t 为自变量，因变量为 x 和 z，再考虑直径编程，则当椭圆的圆心与坐标原点重合时 x 和 z 的表达式为：$z=a\cos t$，$x=2b\sin t$。

（3）根据给定的方程确定相对于工件坐标系的偏移量 在实际加工过程中，椭圆相对于工件坐标系原点的位置存在多种形式，如椭圆的圆心与工件坐标系原点重合、椭圆的圆心与 X 轴或 Z 轴重合、椭圆的圆心在工件坐标系中的任意位置等。因此需考虑椭圆的圆心与工件坐标系的相对位置关系。

当椭圆的圆心偏移坐标原点时（图 6-6c），则椭圆的参数方程变为

$$z = a\cos t - z_0$$
$$x = 2(b\sin t - x_0)$$

其中，x_0，z_0 为椭圆的圆心坐标。

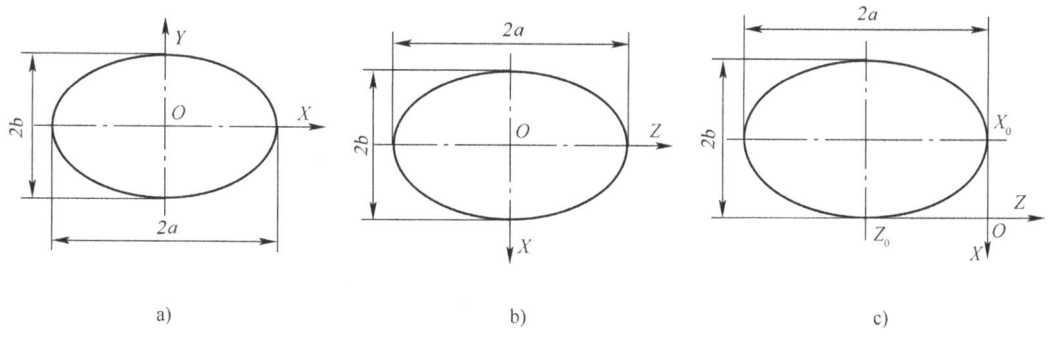

图 6-6 椭圆图形

a）椭圆在解析几何学中的标准方程的图形 b）椭圆在工件坐标系中的图形（椭圆中心与坐标原点重合） c）椭圆在工件坐标系中的图形（椭圆中心偏移坐标原点）

（4）确定椭圆的加工轨迹，明确加工起点

1）粗车椭圆的加工路线。粗车椭圆的切削路线有阶梯式和仿形式两种，分别如图 6-7a

和图 6-7b 所示。

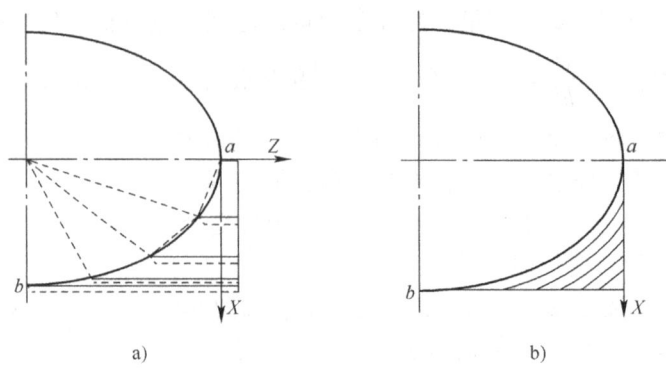

图 6-7 粗车椭圆的加工路线
a) 阶梯式走刀法粗车椭圆 b) 仿形式走刀法粗车椭圆

2）确定精车椭圆的加工路线。由于精车零件的加工路线原则上是沿零件轮廓顺序走刀来完成，因此精车椭圆的加工路线是：当以角度值 t 为自变量时，精车椭圆是根据椭圆的参数方程利用角度的微小变化来拟合椭圆的最终轮廓表面。

（5）确定构成循环的条件，明确加工的终点 在宏程序的编制中，终点判别是很重要的，它控制着循环语句的执行。如图 6-7 所示的椭圆，以角度值 t 为自变量时，采用阶梯式粗车路线的起始角度是 90°，终止角度是 0°，角度变化从 90°变化到 0°；采用仿形式粗车路线的起始角度是 0°，终止角度是 90°，角度变化从 0°变化到 90°；而精车椭圆的加工路线是从点 A 开始，沿若干段小直线所形成的折线走刀到点 B 来完成的，其角度的变化从 0°变化到 90°。

 注意事项

- 注意自变量的初始值要放在循环语句的外部，不可放在循环内，否则没有计算结果，系统永远执行初始值，成为死循环。

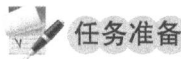 **任务准备**

1. 设备选择

选用 GSK980TD 系统数控车床；计算机及仿真软件；采用自定心卡盘装夹。

2. 零件毛坯

选用 $\phi30mm \times 50mm$ 长圆棒料，毛坯材质为 45 钢。

3. 刀具类型

选用 90°外圆车刀；4mm 切断刀。制订刀具卡片，见表 6-4。

表 6-4 数控加工刀具卡片

产品名称或代号：			零件名称：椭圆轴		零件图号：	
序号	刀具号	刀具规格及名称	材质	数量	加工表面	备注
1	T01	90°外圆车刀	P10	1	粗、精车外圆、端面、椭圆	
2	T02	4mm 切断刀	P10	1	切断	
编制：			审核：			

单元 6 非圆曲线零件的编程与加工

4. 量具选用

1）直钢尺：0~200mm。
2）游标卡尺：0.02mm/0~150mm。
3）外径千分尺：0.01mm/25~50mm。
4）表面粗糙度样板。

任务实施

1. 确定加工工艺

分析如图 6-1 所示的零件，此零件需全形加工，加工部位的要求不高，关键在于确定椭圆的编程加工。以零件右端面与工件轴线为编程坐标原点。工艺路线安排如下：

1）车削零件右端面。
2）粗车零件的 $\phi28$mm 外圆柱面、$\phi25$mm 外圆柱面，留 0.5mm 精加工余量。
3）粗车零件的椭圆，留 0.5mm 精加工余量。
4）精车零件椭圆、$\phi25$mm 外圆柱面和 $\phi28$mm 外圆柱面至尺寸要求。
5）切断工件，保证总长尺寸要求。

制订加工工艺卡片，见表 6-5。

表 6-5 数控加工工艺卡片

零件名称	椭圆轴	零件图号		工件材质	45 钢
工序号	程序编号	夹具名称		数控系统	车间
1	O1000	自定心卡盘		GSK980TD	
工步号	工步内容	刀具号	主轴转速/（r/min）	进给量/（mm/r）	背吃刀量/mm	备注
1	车右端面	T01	800	0.15	1	自动
2	粗车 $\phi28$mm、$\phi25$mm 外圆柱面	T01	800	0.2	2	自动
3	粗车椭圆	T01	800	0.2	2	自动
4	精车椭圆、$\phi25$mm、$\phi28$mm 外圆柱面	T01	1200	0.1	0.25	自动
5	切断工件	T02	500	0.1	4	自动
编制		审核		批准	

2. 程序的编制和输入

椭圆轴的参考程序见表 6-6。

表 6-6 椭圆轴的参考程序

加工程序	程序说明
O1000;	程序号
G65 H01 P#203 Q12500;	定义椭圆短半轴
G65 H01 P#204 Q20000;	定义椭圆长半轴
G65 H01 P#205 Q5000;	定义粗车角度分量值
G65 H01 P#206 Q1000;	定义精车角度分量值

(续)

加工程序	程序说明
G65 H01 P#207 Q0;	定义椭圆的起点角度
G65 H01 P#208 Q90000;	定义椭圆的终点角度
G65 H01 P#211 Q0;	定义椭圆起始点的 X 坐标
G65 H01 P#212 Q0;	定义椭圆起始点的 Z 坐标
G65 H01 P#215 Q400;	定义 X 向的精车余量
G65 H01 P#216 Q200;	定义 Z 向的精车余量
G99 M03 S800 T0101;	主轴正转，转速 800r/min，1 号刀及 1 号刀补
G00 X33 Z2;	车刀靠近工件并到达循环起点
G71 U1.5 R0.5;	
G71 P1 Q2 U0.5 W0.03 F0.2;	
N1 G00 X25.5;	粗车零件 ϕ25mm、ϕ28mm 外圆柱面，留余量 0.5mm
G01 Z-25.0;	
X28.5;	
N2 Z-40.0;	
G00 X26.0 Z2.0;	刀具快速定位
G65 H01 P#200 Q#208;	设定#200 = 椭圆终点角度 90°
N3 M98 P2000;	调用 O2000 子程序一次
M98 P3000;	调用 O3000 子程序一次
G90 X#201 Z#202 F0.2;	依据运算结果，阶梯式粗车椭圆
G65 H03 P#200 Q#200 R#205;	#200 = #200 − #205（粗车角度分量）
G65 H83 P3 Q#200 R#207;	条件判别#200≥0°？
G90 X0 Z#216 F0.2;	椭圆粗车
G00 X0 M03 S1200;	刀具快速定位
G01 Z0 F0.1;	刀具定位
G65 H01 P#200 Q#207;	设定#200 = 椭圆起点角度 0°
N4 M98 P2000;	调用 O2000 子程序一次
G01 X#201 Z#202 F0.1;	采用直线拟合椭圆的方式进行精车椭圆
G65 H02 P#200 Q#200 R#206;	#200 = #200 + #206（精车角度分量）
G65 H86 P4 Q#200 R#208;	条件判别#200≤90°？
G01 Z-25.0 F0.1;	
X28.0;	精车 ϕ25mm 和 ϕ28mm 外圆柱面至尺寸要求
Z-40.0;	
G00 X100.0 Z100.0;	快速返回安全换刀点
T0202 M03 S500;	调用 2 号刀及 2 号刀补，转速 500r/min
G00 X30.0 Z-38.0 F0.1;	切断刀定位

(续)

加工程序	程序说明
G01 X-1.0;	切断工件
G00 X100.0;	X 轴退刀
Z100.0 M09;	Z 轴退刀,车刀离开工件,切削液停
M30;	程序结束,光标返回程序头
子程序 1	
O2000;	子程序号
G65 H31 P#201 Q#203 R#200;	$x = b\sin t$
G65 H32 P#202 Q#204 R#200;	$z = a\cos t$
G65 H04 P#201 Q#201 R2;	$x = 2b\sin t$
G65 H03 P#202 Q#202 R#204;	$z = a\cos t - a$
M99;	子程序结束
子程序 2	
O3000;	子程序号
G65 H02 P#201 Q#201 R#215;	$x = 2b\sin t + x$ 向精车余量
G65 H02 P#202 Q#202 R#216;	$z = a\cos t - a + z$ 向精车余量
M99;	子程序结束

 注意事项

- 以角度值为自变量时,椭圆的加工精度与编程时所选择的角度值有关。角度值越小,加工精度越高;但是减少角度值会造成数控系统工作量加大,运算繁忙,影响进给速度的提高,从而降低加工效率。因此必须根据加工要求合理选择角度值。一般在满足加工要求前提下,尽可能选取较大的角度值。

3. 工件与刀具的安装

工件装夹在自定心卡盘上,毛坯右端面伸出 55mm 左右,装夹要牢固。车刀安装时不宜伸出过长,刀尖高度应与机床中心等高(尤其是切断刀)。

4. 对刀并输入刀补值

5. 数控加工与精度控制

(1)加工 首件加工应单段运行,通过机床控制面板上的"倍率选择"按钮修正加工参数,然后自动运行加工,当程序暂停时可以对加工尺寸检测,以保证精度要求。

(2)精度控制 加工过程中,各尺寸精度都要保证在公差范围之内,如出现误差可采用刀补修正法进行修正。

6. 零件检测

1)修整工件,去毛刺等。

2)尺寸精度检测:用游标卡尺零件总长、阶台、锥面各部分尺寸,用外径千分尺检测外圆尺寸。

3）表面质量检测：用粗糙度样板对比检测零件加工表面质量。

小组讨论

1）根据零件加工过程中出现的问题，同学们讨论如何解决并提出解决方案。
2）表6-6中的椭圆宏程序中，对椭圆的编程加工采用了粗车和精车两道工序进行，你能在此基础上增加半精车椭圆的程序吗？

检查评议

椭圆轴的评分标准见表6-7。

表6-7 椭圆轴的评分标准

姓名			零件名称		椭圆轴	时间	90min	总得分	
项目	序号	技术要求		配分	评分标准		检测记录		得分
零件加工 (50分)	1	外圆、阶台尺寸正确		10	不正确每处扣2分				
	2	圆锥形状、尺寸正确		8	不正确每处扣2分				
	3	椭圆形状尺寸正确		10	不正确每处扣3分				
	4	倒角尺寸合格		2	不合格全扣				
	5	表面粗糙度符合图样要求		20	每处降低一级扣3分				
程序与 工艺 (25分)	6	程序正确、完整		6	不正确每处扣1分				
	7	程序格式规范		5	不规范每处扣0.5分				
	8	工艺合理		5	不合理每处扣1分				
	9	程序参数选择合理		4	不合理每处扣0.5分				
	10	指令选用合理		5	不合理每处扣1分				
机床操作 (15分)	11	零件装夹合理		2	装夹不合理每次扣1分				
	12	刀具选择及安装正确		2	不正确每次扣1分				
	13	对刀及坐标系设定正确		4	不正确每次扣1.5分				
	14	机床面板操作正确		4	误操作每次扣1分				
	15	意外情况处理合理		3	不正确每次扣1.5分				
文明生产 (10分)	16	安全操作		5	违反安全操作规程全扣				
	17	机床整理		5	不合格全扣				
记录员			监考人			检验员		考评人	

问题及防治

在非圆曲线零件的加工过程中，常出现的问题、产生的原因、预防和解决方法见表6-8。

表6-8 非圆曲线零件加工误差分析

问题现象	产生原因	解决方法
尺寸超差	1. 刀具数据不准确 2. 尺寸计算错误 3. 程序错误	1. 调整或重新设定刀具数据 2. 正确进行尺寸计算 3. 检查、修改加工程序

单元 6　非圆曲线零件的编程与加工

(续)

问题现象	产生原因	解决方法
非圆曲线轮廓超差	1. 宏程序编制时，等间距值取值过大 2. 宏程序编制错误 3. 工件尺寸计算错误	1. 适当减少等间距值 2. 检查、修改加工程序 3. 正确进行尺寸计算
表面粗糙度差	1. 宏程序编制时，等间距值取值过大 2. 切削速度过低 3. 刀具中心过高 4. 切屑控制较差 5. 刀尖产生积屑瘤 6. 切削液选用不合理	1. 适当减少等间距值 2. 调高主轴转速 3. 调整刀具中心高度 4. 选择合理的切削用量 5. 选择合适的切速范围 6. 正确选择切削液并充分喷注
加工效率低	1. 宏程序编制时，等间距值取值过小 2. 切削用量过小	1. 适当增大等间距值 2. 适当增大切削用量

宏程序的用途

1）采用宏程序编写非圆曲线的加工程序，如椭圆、双曲线、抛物线等。

2）采用宏程序编写大批相似零件的加工程序，这样只需要改动几个数据就可以了，没有必要进行大量重复编程。

完成如图 6-8a、图 6-8b 所示零件的编程和加工。要求如下：

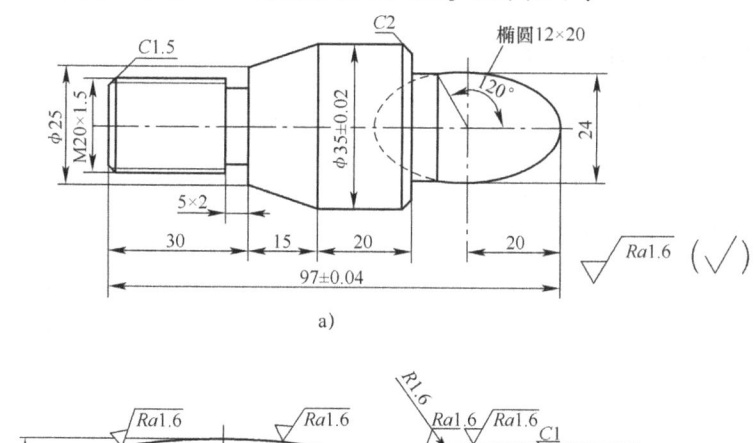

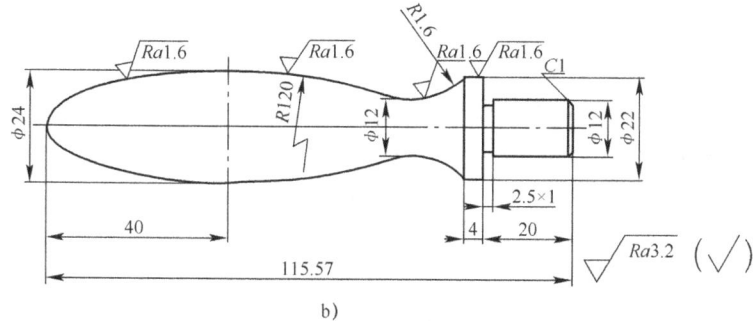

图 6-8　零件图

1) 合理选择工件坐标系。
2) 分析并制订工件加工工艺。
3) 编写零件加工程序并完成加工过程。

任务2　加工抛物线轴

　任务描述

使用 GSK980TD 系统的数控车床编程并加工如图 6-9 a 所示的零件。其材料为 45 钢。毛坯尺寸为 $\phi 30\text{mm} \times 100\text{mm}$。加工完成后的实物如图 6-9 b 所示。

　**任务分析**

如图 6-9 所示的零件表面由 $\phi 28\text{mm}$ 和 $\phi 20\text{mm}$ 外圆、锥面和抛物线构成，零件外形不复杂。零件的外圆、锥面可用前面所学指令进行编程。由于一般的数控系统只具有直线插补和圆弧插补两种基本插补功能，并没有抛物线插补指令，因此对于加工如零件右端的抛物线而言，也应与加工椭圆一样，将抛物线分解成若干段小直线，由这些若干段小直线所形成的折线来逼近抛物线等非圆曲线，并采用宏程序功能来编制加工程序。

　相关知识

编制抛物线宏程序的基本步骤

1) 根据给定的方程选定自变量，并确定变量的范围值。在解析几何学中抛物线的标准方程为 $y^2 = 4px$，$y^2 = -4x$（$p = 1$，$x > 0$）的图形如图 6-10a 所示。在数控车床的工件坐标系中，抛物线的标准方程变为 $x^2 = -4pz, x^2 = -4z$（$p = 1$，$x > 0$）的图形如图 6-10b 所示；当抛物线的顶点不在坐标原点

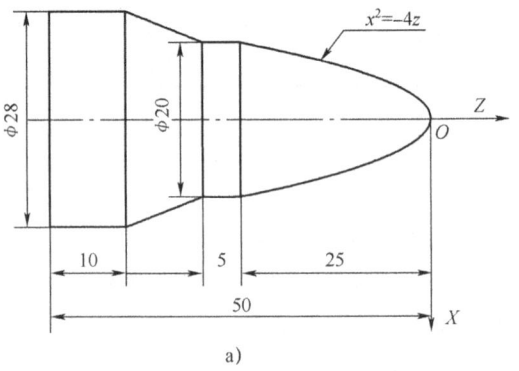

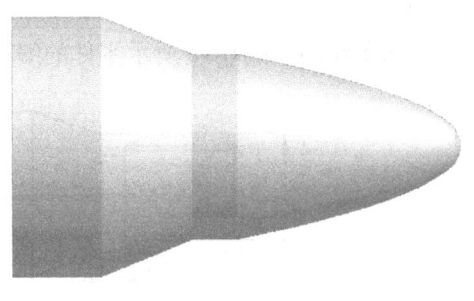

图 6-9　抛物线轴
a) 零件图　b) 实物图

时，抛物线的解析方程式为 $z = ax^2 + bx + c$，其顶点坐标为 $[-b/2a, (4ac - b^2)/4a]$，焦点坐标为 $[-b/2a, (4ac - b^2 + 1)/4a]$，$z = -4x^2 + 8x + 4$ 的图形如图 6-10c 所示。

因此，公式曲线中的 x 和 z 坐标均可以选定为自变量。有两种方法选定自变量：

① 选择变化范围较大的一个作为自变量。

② 根据表达方便情况来选定 x 或 z 为自变量。如某非圆曲线在数控车床工件坐标系中的表达式为 $x^3 = 6z$，将 x 选为自变量比较合适。如果选 z 为自变量，则进行表达式变换后为 $x = \sqrt[3]{6z}$，出现了开三次方的情况，开三次方在宏程序中表达不方便。

自变量选定后，还要确定其变量的范围值。图 6-9 中的抛物线的自变量为 x，半径变化值从 0 到 10。

2）进行函数变换，确定因变量相对于自变量的宏表达式。图6-9中的抛物线在数控车床工件坐标系中的表达式为

$$x^2 = -4z$$

自变量选为 x，因变量为 z，则 z 的表达式为

$$z = -x^2/4$$

3）根据给定的方程确定相对于工件坐标系的偏移量。在实际加工过程中，抛物线相对于工件坐标系原点的位置同样存在多种形式，如中心点与工件坐标系原点重合、中心点与 X 轴或 Z 轴重合、中心点在工件坐标系中的任意位置等。因此同样需考虑抛物线的中心点与工件坐标系的相对位置关系。

4）确定抛物线的加工轨迹，明确加工起点。

① 确定粗车抛物线的加工路线。粗车如图6-9所示的抛物线的切削进给路线同样可采用阶梯式或仿形式，分别如图6-11a和图6-11b所示。

② 确定精车抛物线的加工路线。与精车椭圆一样，精车抛物线的加工路线也是沿若干段小直线所形成的折线来逼近抛物线进行的。

5）确定构成循环的条件，明确加工的终点。

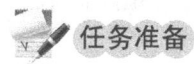

1. 设备选择

选用 GSK980TD 系统数控车床；计算机及仿真软件；采用自定心卡盘装夹。

2. 零件毛坯

选用 $\phi 30\text{mm} \times 50\text{mm}$ 长圆棒料，多件练习时也可以采用加长棒料，毛坯材质为 45 钢。

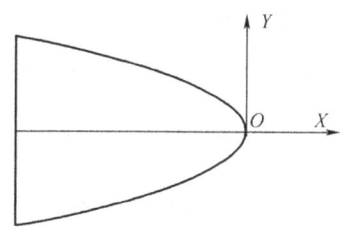
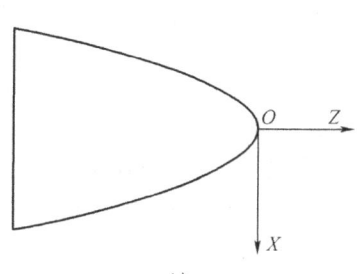
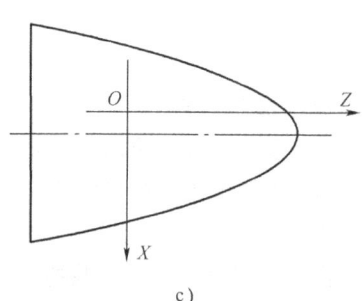

图 6-10 抛物线在坐标系中的图形
a）$y^2 = -4x$ 抛物线在解析几何学中的标准方程的图形 b）$x^2 = -4z$ 抛物线在工件坐标系中的图形（抛物线中心与坐标原点重合） c）$z = -4x^2 + 8x + 4$ 抛物线在工件坐标系中的图形（抛物线中心偏移坐标原点）

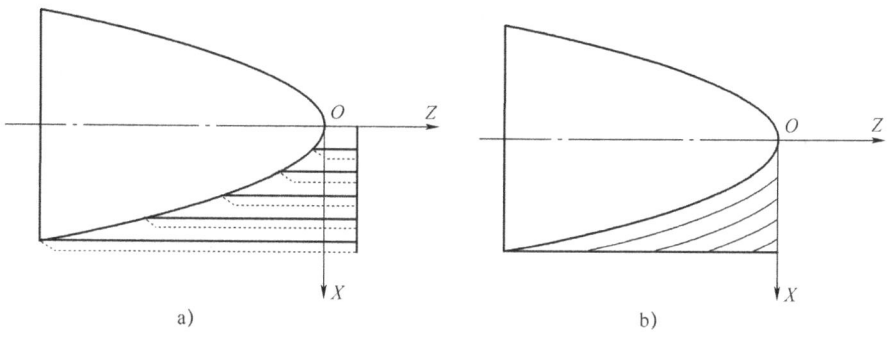

图 6-11 粗车抛物线的加工路线
a）阶梯式走刀法粗车抛物线 b）仿形式走刀法粗车抛物线

3. 刀具类型

选用90°外圆右车刀；4mm 切断刀。制订刀具卡片，见表6-9。

表6-9 数控加工刀具卡片

产品名称或代号：			零件名称：抛物线轴			零件图号：	
序号	刀具号	刀具规格及名称	材质	数量	加工表面		备注
1	T01	90°外圆车刀	P10	1	粗、精车外圆、圆锥及抛物线		
2	T02	4mm 切断刀	P10	1	切断		
编制：			审核：				

4. 量具选用

1）直钢尺：0～200mm。
2）游标卡尺：0.02mm/0～150mm。
3）外径千分尺：0.01mm/25～50mm。
4）表面粗糙度样板。

 任务实施

1. 确定加工工艺

分析如图6-9所示的零件，此零件需全形加工，加工难度不大，关键点是抛物线的编程加工。图6-9的抛物线在解析几何学中的曲线表达式为 $y^2 = -4x$。该抛物线方程的坐标原点恰好是曲线的顶点。因此可把零件的编程原点设在最右端，让它与抛物线的原点重合，这样，不管在编程坐标系还是抛物线方程坐标系下，Z 值总是相同。将该抛物线方程转换为车床坐标系的表达式为 $x^2 = -4z$。工艺路线安排如下：

1）车削零件右端面。
2）粗车零件的 φ20mm 外圆柱面、锥面和 φ28mm 外圆柱面，留 0.5mm 精加工余量。
3）粗车零件的抛物线，留 0.5mm 精加工余量。
4）半精车零件的抛物线，留 0.5mm 精加工余量。
5）精车零件的抛物线、φ20mm 外圆柱面、锥面和 φ28mm 外圆柱面至尺寸要求。
6）切断工件，保证总长尺寸合要求。

制订加工工艺卡片，见表6-10。

表6-10 数控加工工艺卡片

零件名称	抛物线轴		零件图号		工件材质	45 钢
工序号	程序编号		夹具名称		数控系统	车间
1	O0001		自定心卡盘		GSK980TD	
工步号	工步内容		刀具号	主轴转速 /(r/min)	进给量 /(mm/r)	背吃刀量 /mm	备注
1	车右端面		T01	800	0.15	1	自动
2	粗车零件 φ20mm、φ28mm 外圆柱面及圆锥面		T01	800	0.2	2	自动

(续)

工步号	工步内容	刀具号	主轴转速 /(r/min)	进给量 /(mm/r)	背吃刀量 /mm	备注
3	粗车零件的抛物线	T01	800	0.2	2	自动
4	半精车零件的抛物线	T01	800	0.2		自动
5	精车零件的抛物线、ϕ20mm、ϕ28mm 外圆柱面及圆锥面	T01	1200	0.1	0.5	自动
6	切断工件	T02	500	0.1	4	自动
编制		审核		批准		

2. 程序的编制和输入

抛物线轴的参考程序见表 6-11。

表 6-11 抛物线轴的参考程序

加工程序	程序说明
O0001;	程序号
G40 G99 M03 S800 T0101;	主轴正转，转速为 800r/min，1 号刀及 1 号刀补
G00 X32.0 Z2.0 M08;	刀具快速定位，切削液开
G94 X-2.0 Z0 F0.15;	G94 指令车右端面
G71 U2 R1;	
G71 P1 Q2 U0.5 W0.1 F0.2;	G71 粗车循环加工零件 ϕ20mm、ϕ28mm 外圆及圆锥面
N1 G00 X20.0 S1200;	循环加工起始段
G01 Z-30.0 F0.1;	车 ϕ20mm 外圆柱面
X28 Z-40.0;	车锥面
Z-60.0;	车 ϕ28mm 外圆柱面
N2 X32.0;	退刀
G65 H01 P#203 Q0;	定义抛物线 Z 向起始值
G65 H01 P#204 Q25000;	定义抛物线 Z 向终止值
G65 H01 P#205 Q4000;	定义抛物线的公式系数
G65 H01 P#206 Q2000;	定义粗车 X 向背吃刀量
G65 H01 P#207 Q500;	定义 X 向的精车余量
G65 H01 P#208 Q200;	定义 Z 向的精车余量
G65 H01 P#211 Q500;	定义半精车等间距值
G65 H01 P#212 Q50;	定义精车等间距值
G00 X25.0 Z2.0;	刀具快速定位
G65 H04 P#201 Q#204 R#205;	计算抛物线 X 向最大值
G65 H21 P#201 Q#201;	
N3 G65 H03 P#201 Q#201 R#206;	抛物线 X 向最大值减去 X 向背吃刀量

(续)

加工程序	程序说明
G65 H04 P#202 Q#201 R#201；	计算抛物线 X 每减少一个背吃刀量后的 Z 向值
G65 H05 P#202 Q#202 R#205；	
G65 H04 P#213 Q#201 R2；	计算每一次粗车时 X 向的进刀位置
G65 H02 P#213 Q#213 R#207；	
G65 H03 P#214 Q#202 R#208；	计算每一次粗车时 Z 向的进刀位置
G90 X#213 Z−#214；	依据运算结果分层粗车抛物线成阶台状
G65 H85 P3 Q#201 R#206；	条件式判定构成循环（粗车）
G00 X0；	刀具快速定位
G65 H01 P#221 Q#203；	设定变量#221 为抛物线 Z 向起始值
N4 G65 H04 P#215 Q#221 R#205；	计算抛物线拟合点的 X 值
G65 H21 P#215 Q#215；	
G65 H04 P#216 Q#215 R2；	计算每一次半精车时 X 向的进刀位置
G65 H02 P#216 Q#216 R#207；	
G65 H03 P#217 Q#221 R#208；	计算每一次半精车时 Z 向的进刀位置
G01 X#216 Z−#217；	依据运算结果半精车抛物线，X 向留精车余量 0.5mm，Z 向留精车余量 0.2mm
G65 H02 P#221 Q#221 R#211；	Z 向值等距变化更新
G65 H86 P4 Q#221 R#204；	条件式判定构成循环（半精车）
G00 Z2.0 S1200；	刀具快速定位，改变主轴转速 1200r/min
X−1.0；	
G01 G42 Z0；	建立刀尖圆弧半径右补偿
G65 H01 P#221 Q#203；	设定变量#221 为抛物线 Z 向起始值
N5 G65 H04 P#215 Q#221 R#205；	计算抛物线拟合点的 X 值
G65 H21 P#215 Q#215；	
G65 H04 P#216 Q#215 R2；	计算每一次精车时 X 向的进刀位置的直径值
G01 X#216 Z−#221 F0.1；	依据运算结果精车抛物线
G65 H02 P#221 Q#221 R#212；	Z 向值等距变化更新
G65 H83 P5 Q#221 R#204；	条件式判定构成循环（精车）
G01 X20.0 Z−25.0；	车刀到达抛物线终点
Z−30.0；	精车 ϕ20mm 外圆
X2.0 Z−40.0；	精车零件右端圆锥面
Z−54.0；	精车 ϕ28mm 外圆
G40 G01 X30.0；	取消刀尖圆弧半径补偿
G00 X100.0 Z100.0；	快速退刀至安全换刀点
T0202 M03 S500；	换 2 号刀及 2 号刀补，改变主轴转速为 500r/min
G00 X35.0 Z−54.0；	刀具快速定位

(续)

加工程序	程序说明
G01 X-1.0 F0.1;	切断工件
G00 X100.0;	快速退刀至安全换刀点
Z100.0;	
M30;	程序结束,光标返回程序头

- 抛物线的加工精度与编程时所选择的步距有关。步距值越小,加工精度越高;但是减少步距值会造成数控系统工作量加大、运算繁忙,影响进给速度的提高,从而降低加工效率。因此必须根据加工要求合理选择步距值。一般在满足加工要求前提下,尽可能选取较大的步距值。

3. 工件与刀具的安装

工件装夹在自定心卡盘上,毛坯右端面伸出60mm左右,装夹要牢固。车刀安装时不宜伸出过长,刀尖高度应与机床中心等高(尤其是切断刀)。

4. 对刀并输入刀补值

5. 数控加工与精度控制

(1) 加工 首件加工应单段运行,通过机床控制面板上的"倍率选择"按钮修正加工参数,然后自动运行加工,当程序暂停时可以对加工尺寸检测,以保证精度要求。

(2) 精度控制 加工过程中,各尺寸精度都要保证在公差范围之内,如出现误差可采用刀补修正法进行修正。

6. 零件检测

1) 修整工件,去毛刺等。

2) 尺寸精度检测。用游标卡尺零件总长,阶台、锥面各部尺寸,用外径千分尺检测外圆尺寸。

3) 表面质量检测。用粗糙度样板对比检测零件加工表面质量。

根据零件加工过程中出现的问题,同学们讨论如何解决并提出解决方案。

抛物线轴的编程与加工评分标准见表6-12。

表6-12 抛物线轴的编程与加工评分标准

姓名		零件名称		抛物线轴	时间	90min	总得分	
项目	序号	技术要求	配分	评分标准		检测记录		得分
零件加工 (50分)	1	外圆、阶台尺寸正确	10	不正确每处扣2分				
	2	圆锥直径、长度尺寸正确	8	不正确每处扣2分				

(续)

项目	序号	技术要求	配分	评分标准	检测记录	得分
零件加工 (50 分)	3	抛物线形状尺寸正确	10	不正确每处扣 3 分		
	4	倒角尺寸合格	2	不合格全扣		
	5	表面粗糙度符合图样要求	20	每处降低一级扣 3 分		
程序与 工艺 (25 分)	6	程序正确、完整	6	不正确每处扣 1 分		
	7	程序格式规范	5	不规范每处扣 0.5 分		
	8	工艺合理	5	不合理每处扣 1 分		
	9	程序参数选择合理	4	不合理每处扣 0.5 分		
	10	指令选用合理	5	不合理每处扣 1 分		
机床操作 (15 分)	11	零件装夹合理	2	装夹不合理每次扣 1 分		
	12	刀具选择及安装正确	2	不正确每次扣 1 分		
	13	对刀及坐标系设定正确	4	不正确每次扣 1.5 分		
	14	机床面板操作正确	4	误操作每次扣 1 分		
	15	意外情况处理合理	3	不正确每次扣 1.5 分		
文明生产 (10 分)	16	安全操作	5	违反安全操作规程全扣		
	17	机床整理	5	不合格全扣		
记录员		监考人		检验员	考评人	

扩展知识

如图 6-9 所示的抛物线是 Z 向有偏移的凸抛物线的编程实例。对于 X、Z 向均有偏移的凹抛物线的编程而言，可套用实例的编程格式，两者的区别在于抛物线形状的凸凹、中心点的偏移位置及变量起止点的计算。编程时考虑抛物线形状的凸凹情况，两者区别在于直线插补逼近抛物线程序段中的 X 坐标变化。

考证要点

1. 选择题

（1）执行程序段 N10 G65 H01 P#204 Q60.0；N20 G65 H01 P #206 Q - 40.0；N30 G01 X [#204] Z [#206] F0.1；后，刀具所在位置的坐标为（ ）（GSK980TD 系统）。

　　A. X#204，Z#206　　　　　　　　B. X204.0，Z206.0

　　C. X60.0，Z26.0　　　　　　　　D. X60.0，Z - 40.0

（2）在运算指令中，形式为 G65 H03 P#200 Q#202 R#203 表示的功能是（ ）（GSK980TD 系统）。

　　A. 赋值　　　B. 加法　　　C. 减法　　　D. 乘法

（3）宏程序中大于的运算符代码为（ ）（GSK980TD 系统）。

　　A. H83　　　B. H84　　　C. H85　　　D. H86

（4）执行程序段"G65 H81 P100 Q#201 R#202"，当指定条件满足时，则执行（ ）（GSK980TD 系统）。

　　A. 后续程序段　　　　　　　　B. 转到 N100 程序段

C. O1000 程序　　　　　D. 程序结束复位

(5) 在变量使用中,下面选项（　　）的格式是对的（GSK980TD 系统）。

A. O#201　　　　　　　B. /#202 G00 X100.0

C. N#203 X200.0　　　　D. #205 = #201 − #203

2. 根据如图 6-12 所示零件完成以下任务：

(1) 分析并制订工件加工工艺。

(2) 合理选择刀具。

(3) 完成零件的编程与加工。

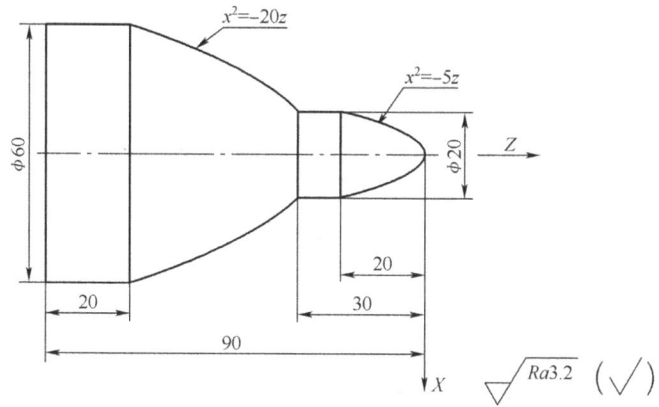

图 6-12　零件图

单元7 综合零件的编程与加工

知识目标：
1. 能够根据零件图样的要求，正确分析和制订加工工艺。
2. 掌握相关的计算，正确计算坐标点的坐标值。
3. 会选择合适的编程指令编写零件的加工程序。
4. 会分析零件加工过程中产生废品的原因并能提出解决方法。

技能目标：
1. 能选择工件的装夹方法、刀具及切削用量。
2. 能在数控机床上完成零件的加工。
3. 能正确测量零件尺寸。

任务1 加工球头轴

 任务描述

图7-1 所示为一球头轴零件图。图7-2 所示为球头轴实体图。它的生产类型为单件或小批量生产，无热处理工艺要求，试正确设定工件坐标系，制订加工工艺方案，选择合理的刀具及切削工艺参数，正确编制数控加工程序并完成零件的加工。

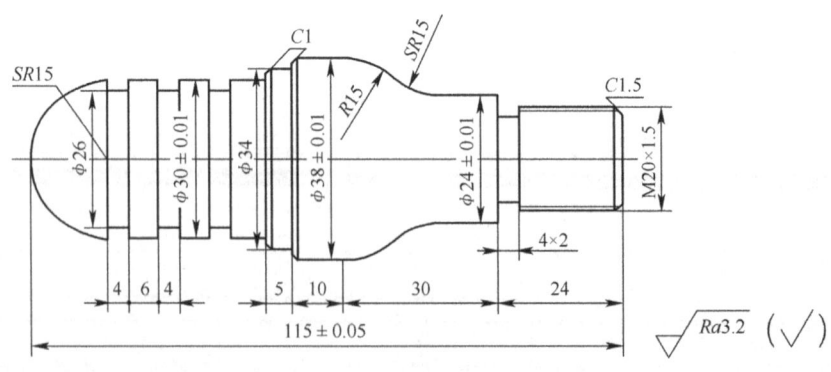

图7-1 球头轴

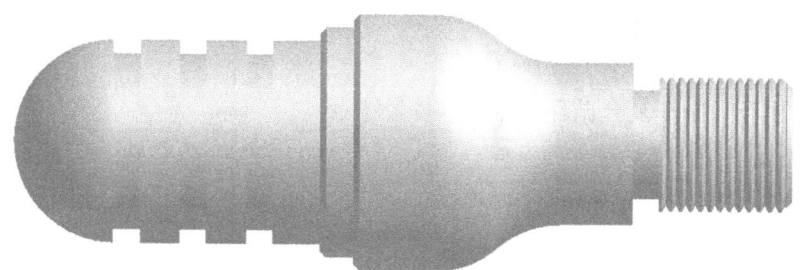

图 7-2 球头轴实体图

任务分析

球头轴为一综合练习件，加工内容包括外圆、阶台、圆弧、槽、螺纹等。其中，$\phi24 \pm 0.01mm$、$\phi38 \pm 0.01mm$、$\phi30 \pm 0.01mm$ 外圆尺寸精度要求较高，表面粗糙度值均为 $Ra3.2\mu m$，要求一般。两个 $R15$ 圆弧连接处切点和 $R15$ 圆弧与 $\phi24mm$ 外圆切点的 Z 轴坐标需要计算，其他点坐标明确。此零件外形符合单调性变化的规律，因此外圆的粗加工可选用轴向粗车循环指令 G71，槽的加工可用径向车槽多重循环指令 G75，螺纹的加工可采用螺纹切削固定循环指令 G92 加工。

为了保证加工质量，在加工过程中需选用合适的刀具（包括刀具类型、刀具材料），合理选择切削用量，正确使用刀尖圆弧半径补偿（G40、G41、G42）功能。

问题与思考

1）加工本零件应选用什么刀具？刀具角度有哪些？刃磨有什么技巧？
2）加工综合类零件时，制订加工工艺应注意些什么？
3）对于综合类零件的加工应如何选择编程指令？

相关知识

1. 加工刀具选择

由于零件外形符合单调性变化规律，车削外圆时不存在刀具干涉问题，为增加刀头刚性，选择 90°外圆右车刀；车槽时选择刀宽 4mm 的切槽刀；车螺纹时选用刀尖角为 60°的三角形螺纹车刀。

2. 编程指令的选择

（1）快速定位指令
G00 X_ Z_。
（2）直线插补指令
G01 X_ Z_ F_。
（3）圆弧插补指令
G02（G03）X_ Z_ R_ F_。
（4）程序暂停指令
G04 X_。

(5) 径向切削固定循环指令

G94 X_Z_F_。

(6) 轴向粗车、精车复合循环指令

G71 U_R_;

G71 P_Q_U_W_;

G70 P_Q_。

(7) 径向切槽多重循环指令

G75 R_;

G75 X_Z_P_Q_F_。

(8) 螺纹切削固定循环指令

G92 X_Z_F_。

3. 相关计算

(1) 计算外螺纹 M20×1.5 相关编程尺寸 已知螺纹公称直径 $d = 20\text{mm}$,螺距 $P = 1.5\text{mm}$,进行以下计算:

1) 螺纹大径的计算

$$d_{大} \approx d - 0.13P = (20 - 0.13 \times 1.5)\text{mm} \approx 19.8\text{mm}$$

2) 螺纹总切削深度的计算

$$t \approx 0.65P = (0.65 \times 1.5)\text{mm} = 0.975\text{mm}$$

(2) 圆弧切点坐标的计算 如图 7-3 所示为零件圆弧部分计算示意图。工件编程坐标原点定在工件右端面与轴线的交点处。如图 7-3 中 B 点处的 X、Z 坐标值和 C 点 Z 坐标值未知,需要计算得出,下面就来求解它们的数值。

作辅助线连接两个 SR15 圆弧的圆心 O_1、O_2,与圆弧交于 B 点,B 点即为两圆弧的切点,连接切点 A 与 O_1 并延长至轴线交于点 D,连接 O_2 与切点 C 并延长至轴线交于点 F,过圆弧切点 B 作垂线交轴线于点 E,过 O_1 作轴线的平行线分别交 BE、CF 于点 G、H。

在 Rt△O_1BG 中,$O_1B = R = 15\text{mm}$。在 Rt△O_1O_2H 中,$O_1O_2 = 2R = 30\text{mm}$。

因为

$$O_1A = R = 15\text{mm}$$

所以

$$HF = GE = O_1D = AD - O_1A = \left(\frac{38}{2} - 15\right)\text{mm} = 4\text{mm}$$

$$CH = CF - HF = \left(\frac{24}{2} - 4\right)\text{mm} = 8\text{mm}$$

$$O_2H = O_2C + CH = (15 + 8)\text{mm} = 23\text{mm}$$

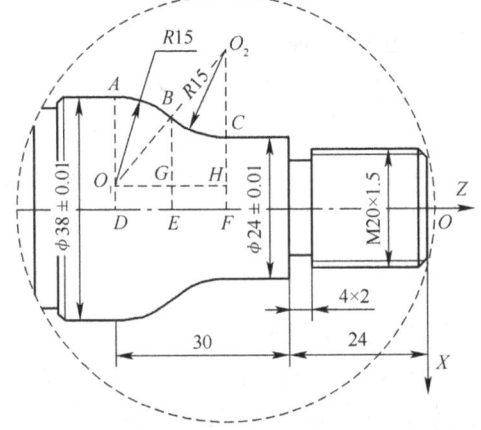

图 7-3 圆弧切点坐标计算示意图

因为
$$\text{Rt}\triangle O_1BG \backsim \text{Rt}\triangle O_1O_2H$$
所以
$$\frac{BG}{O_2H} = \frac{O_1B}{O_1O_2}$$
$$BG = \frac{O_2H \cdot O_1B}{O_1O_2} = \frac{23 \times 5}{30}\text{mm} = 11.5\text{mm}$$
$$BE = BG + GE = (11.5 + 4)\text{ mm} = 15.5\text{mm}$$

在 $\text{Rt}\triangle O_1BG$ 中，由勾股定理得
$$O_1G^2 = O_1B^2 - BG^2 = (15^2 - 11.5^2)\text{ mm} = 92.75\text{mm}$$
所以
$$O_1G = \sqrt{92.75}\text{mm} \approx 9.631\text{mm}$$

进而 B 点的坐标为：$X31\text{mm}$，$Z-44.369\text{mm}$。

在 $\text{Rt}\triangle O_1O_2H$ 中，由勾股定理得
$$O_1H^2 = O_1O_2^2 - O_2H^2 = (30^2 - 23^2)\text{ mm} = 371\text{mm}$$
所以
$$O_1H = \sqrt{371}\text{mm} \approx 19.261\text{mm}$$

进而 C 点的坐标为：$X24\text{mm}$，$Z-34.739\text{mm}$。

注意事项

- 根据零件的不同形状和尺寸要求，合理选择刀具与编程指令，是保证零件质量、提高加工效率的有效方法。
- 坐标计算的题目，能运用数学知识正确作出辅助线是解决问题的关键。

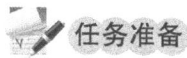任务准备

1. 设备选择

选用 GSK980T 系统数控车床；选用计算机及仿真软件；采用自定心卡盘装夹。

2. 零件毛坯

选用 $\phi 40\text{mm} \times 120\text{mm}$ 圆棒料，毛坯材质为 45 钢。

3. 刀具类型

制订刀具卡片，见表 7-1。

4. 量具选用

1）钢直尺：0～300mm。

2）游标卡尺：0.02mm/0～150mm。

3）外径千分尺：0.01mm/0～25mm/25～50mm。

4）R 规：R15。

5）M20×1.5 螺纹环规。

6）表面粗糙度样板。

表 7-1 数控加工刀具卡片

产品名称或代号：			零件名称：球头轴		零件图号：	
序号	刀具号	刀具规格及名称	材质	数量	加工表面	备注
1	T01	90°外圆车刀	P10	1	粗车外圆、端面、圆弧面	$R0.2$
2	T02	90°外圆车刀	P10	1	精车外圆、端面、圆弧面	$R0.2$
3	T03	4mm 切槽刀	P10	1	车槽	
4	T04	60°三角形螺纹车刀	P10	1	切削螺纹	
编制：			审核：			

任务实施

任务实施可分为两部分进行：先在数控仿真软件上模拟加工操作，操作较为熟练后再在数控车床上进行加工。

1. 确定加工工艺

本零件两端都要加工，加工完一端后，调头再加工另一端，坐标原点分别设在两端面与工件轴线的交点处，采用先加工零件左端再加工右端的方法，工艺路线安排如下：

1）自定心卡盘夹持工件右端，伸出长度 60mm 左右，车削零件左端面。

2）粗车零件 $\phi30 \pm 0.01$mm、$\phi34$mm 外圆、阶台、两处 $C1$ 倒角及 $R15$ 半球面，留精加工余量 0.4mm。

3）切三个宽 4mm、深 2mm 外槽至尺寸。

4）精车零件 $\phi30 \pm 0.01$mm、$\phi34$mm 外圆、阶台、两处 $C1$ 倒角及 $R15$ 半球面至尺寸要求。

5）调头自定心卡盘夹持左端 $\phi30 \pm 0.01$mm 外圆并找正，车削零件右端面，保证工件总长尺寸合格。

6）粗车零件右端 $\phi38 \pm 0.01$mm、$\phi24 \pm 0.01$mm、$\phi20$mm 外圆及两处 $R15$ 圆弧面，留精加工余量 0.4mm。

7）切 4mm×2mm 螺纹退刀槽至尺寸要求。

8）精车零件右端 $\phi38 \pm 0.01$mm、$\phi24 \pm 0.01$mm、$\phi20$mm 外圆，两处 $R15$ 圆弧及 $C1.5$ 倒角至尺寸要求。

9）加工 M20×1.5 螺纹至尺寸。

制订加工工艺卡片，见表 7-2。

表 7-2 数控加工工艺卡片

零件名称	球头轴		零件图号		工件材质		45 钢
工序号	程序编号		夹具名称		数控系统		车间
1	O0001		自定心卡盘		GSK980T		
工步号	工步内容		刀具号	主轴转速 /(r/min)	进给量 /(mm/r)	背吃刀量 /mm	备注
1	车左端面		T01	900	0.15	1	自动
2	粗车 $\phi30 \pm 0.01$mm、$\phi34$mm 外圆、阶台及 $R15$ 半球面		T01	900	0.2	1.5	自动
3	切三个 4mm×2mm 外槽		T03	600	0.1	4	自动
4	精车 $\phi30 \pm 0.01$mm、$\phi34$mm 外圆、阶台、$SR15$ 半球面及倒角		T02	1100	0.1	0.2	自动

(续)

工序号	程序编号		夹具名称	数控系统	车间	
2	O0002		自定心卡盘	GSK980T		
工步号	工步内容	刀具号	主轴转速 /(r/min)	进给量 /(mm/r)	背吃刀量 /mm	备注
1	车端面,保证总长尺寸	T01	900	0.15	1	自动
2	粗车 $\phi 38 \pm 0.01$mm、$\phi 24 \pm 0.01$mm、$\phi 20$mm 外圆及两处 R15 圆弧	T01	900	0.2	1.5	自动
3	切 4×2mm 螺纹退刀槽	T03	600	0.1	4	自动
4	精车 $\phi 38 \pm 0.01$mm、$\phi 24 \pm 0.01$mm、$\phi 20$mm 外圆、两处 R15 圆弧及 C1.5 倒角至尺寸要求	T02	1100	0.1	0.2	自动
5	车螺纹 M20×1.5	T04	500			
编制			审核	批准		

2. 程序的编制和输入

球头轴的程序编制,见表 7-3 和表 7-4。

表 7-3 球头轴的加工程序 1(零件左端)

加工程序	程序说明	实物图
O0001;	程序号	
G99 M03 S900 T0101 F0.15;	机床正转,转速为 900r/min,1 号刀及 1 号刀补	
G00 X41.0 Z3.0;	车刀快速到达循环起点	
G94 X-1.0 Z1.0 F0.15;	G94 指令车左端面	
Z0;		
G71 U1.5 R0.5;	G71 复合循环粗车工件左端外表面	
G71 P1 Q2 U0.4 W0.03;		
N1 G00 X0;	零件左端精加工程序	
G01 G42 Z0 F0.1;		
G03 X30.0 Z-15.0 R15.0;		
G01 Z-46.0;		
X32.0;		
X34.0 Z-47.0;		
Z-51.0;		
X36.0;		
X39.0 Z-52.5;		
Z-62.0;		
N2 G01 G40 X41.0;		
G00 X120.0 Z100.0;	快速退刀	

(续)

加工程序	程序说明	实物图
M00;	程序暂停,测量工件尺寸	
T0303 M03 S600;	换3号刀及3号刀补,转速为600r/min	
G00 X31.0 Z3.0;	切槽刀快速靠近工件	
Z-19.0;	切槽刀到达循环起点	
G75 R0.5;	G75径向车槽复合循环切槽	
G75 X26.0 Z-39.0 P1000 Q10000 F0.1;		
G00 X100.0 Z100.0;	快速退刀	
T0202 S1100;	换2号刀及2号刀补,转速为1100r/min	
G00 X41.0 Z3.0;	车刀快速到达循环起点	
G70 P1 Q2;	G70精加工复合循环	
G00 X100.0 Z100.0;	快速退刀	
M30;	程序结束,光标返回程序头	

表7-4 球头轴的加工程序2(零件右端)

加工程序	程序说明	实物图
O0002;	程序号	
G99 M03 S900 T0101 F0.15;	机床正转,转速为900r/min,1号刀及1号刀补	
G00 X41.0 Z3.0;	车刀快速到达循环起点	
G94 X-1.0 Z1.0 F0.15;	G94指令车右端面	
Z0;		
G71 U1.5 R0.5;	G71复合循环粗车工件右端外表面	
G71 P3 Q4 U0.4 W0.03;		
N3 G00 X16.8;		
G01 G42 Z0F0.1;		
X19.8 Z-1.5;		
Z-22.0;		
X24.0;	零件右端精加工程序	
Z-34.739;		
G02 X31.0 Z-44.0369 R15.0;		
G03 X38.0 Z-54.0 R15.0;		
G01 Z-65.0;		
N4 G01 G40 X39.0;		
G00 X120.0 Z100.0;	快速退刀	

（续）

加工程序	程序说明	实物图
T0303 S600;	换3号刀及3号刀补,转速为600r/min	
G00 X26.0 Z3.0;	切槽刀快速靠近工件	
Z-24.0;	快速到达切削起点	
G01 X16.0 F0.1;	切槽	
G04 X0.3;	切槽刀暂停0.3s	
G00 X26.0;	径向快速退刀	
X100.0 Z100.0;	切槽刀快速退刀,远离工件	
T0202 S1100;	换2号刀及2号刀补,转速为1100r/min	
G00 X41.0 Z3.0;	快速到达循环起点	
G70 P3 Q4;	G70循环精加工零件右端	
G00 X100.0 Z100.0;	快速退刀	
T0404 S500;	换4号刀及4号刀补,转速为500r/min	
G00 X25.0 Z5.0;	快速到达车螺纹循环起点	
G92 X19.0 Z-21.0 F1.5;		
X18.3;	G92指令车削M20×1.5外螺纹	
X18.05;		
G00 X100.0 Z100.0;	快速退刀	
M30;	程序结束,光标返回程序头	

3. 零件加工模拟

按下机床锁定和辅助功能锁定按钮,指示灯亮后,进入自动方式进行程序运行模拟,判断程序正误。球头轴加工过程模拟如图7-4a、图7-4b所示。无误后可进行机械回零操作。

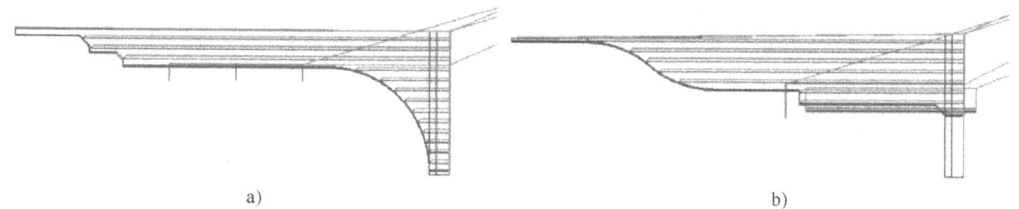

图7-4 球头轴加工过程模拟
a) 工件左端　b) 工件右端

4. 工件与刀具的安装

工件装夹在自定心卡盘上,装夹要牢固。刀具安装在刀架上,号码应与程序中的刀具号一致,切槽刀的中心线应与工件中心线垂直,以保证副偏角的对称。

5. 对刀并输入刀补值

4把刀分别对刀,然后正确输入对应的刀补值。

6. 数控加工与精度控制

（1）加工　首件加工应单段运行,通过机床控制面板上的"倍率选择"按钮适当降低刀具运动速度,第一件加工无误后方可正常运行加工,当程序暂停时可以对加工尺寸检测,以保证尺寸精度要求。

（2）精度控制　加工过程中,各尺寸精度都要保证在公差允许范围之内,如出现误差应及时修改程序或修改刀补予以解决。

7. 零件检测

1）修整工件,去毛刺等。

2）尺寸精度检测。用游标卡尺测量零件外圆、槽、倒角、阶台长度及总长等尺寸;用外径千分尺检测精度要求高的外圆;用R规检测圆弧的形状、尺寸精度;用螺纹环规检测螺纹尺寸精度。

3）表面质量检测。用粗糙度样板对比检测零件表面加工质量。

小组讨论

综合类零件加工过程中容易出现哪些问题？应如何解决？

师傅说现场

如何做好综合零件的编程与加工？

对于刚刚步入工作岗位或刚开始顶岗实习的同学,经常会听到这样的抱怨:加工形状比较单一的零件还可以,一旦遇到综合零件的加工,就显得力不从心,总觉得无处插手,不知怎样做,不知从哪里做起,其实这是很正常的。综合零件的特点是:一般零件两端都需要加工,加工的内容较多,零件的尺寸精度和表面粗糙度要求往往也较高,尤其是有的零件坐标需要计算,并且有的还有位置精度的要求,让人一看到图纸确实有点为难。不过我们仔细来分析一下,综合件无非是各单项内容的集合,只要同学们肯于踏下身子、认真钻研、刻苦练习,就一定能做好。就这个问题希望同学们做到以下两点:

1. 夯实基础、狠练基本功

同学们之所以感到综合零件难加工,其根本原因在于基础知识不够扎实,基本功不强所至。综合零件加工过程中往往要用到多门功课的知识,比如工件材料、热处理、刀具材料、刀具角度、切削原理、加工工艺、编程指令选择、操作技巧等等,如果这些基础知识知之甚少,就难免会陷入束手无策的困境。因此平时学习中要加强基础知识的巩固和基本技能的练习。

2. 敢于实践、善于总结、勤于讨论

我们所学的知识最终要应用于实践中去,通过实践才能验证知识的正确与否,才能加深对知识的理解。机械零件加工是一门实践性很强的学科,因此实践就显得更加重要。在学习和实践中不要得过且过,要善于总结、勤于讨论,这样不但使所学知识经久不忘,而且可以推陈出新,开辟新的蹊径,俗话说,实践出真知就是这个道理。曙光就在前面,同学们努力吧！

单元 7　综合零件的编程与加工

检查评议

球头轴的评分标准见表 7-5。

表 7-5　球头轴的评分标准

姓名			零件名称	球头轴	时间	120min	总得分	
项目	序号	技术要求		配分	评分标准		检测记录	得分
零件加工 (55 分)	1	各外圆形状、尺寸正确		10	不正确每处扣 3 分			
	2	各阶台及总长尺寸正确		7	不正确每处扣 2 分			
	3	槽各部尺寸正确		6	不正确每处扣 2 分			
	4	半球及圆弧形状尺寸正确		6	不正确每处扣 2 分			
	5	螺纹尺寸合要求		8	螺纹环规检测不合格全扣			
	6	倒角尺寸合格		3	一处不合格扣 1 分			
	7	表面粗糙度符合图样要求		15	每处降低一级扣 3 分			
程序与工艺 (25 分)	8	程序正确、完整		6	不正确每处扣 1 分			
	9	程序格式规范		5	不规范每处扣 0.5 分			
	10	工艺合理		5	不合理每处扣 1 分			
	11	程序参数选择合理		4	不合理每处扣 0.5 分			
	12	指令选用合理		5	不合理每处扣 1 分			
机床操作 (15 分)	13	零件装夹合理		2	不合理每次扣 1 分			
	14	刀具选择及安装正确		2	不正确每次扣 1 分			
	15	对刀及坐标系设定正确		4	不正确每次扣 1.5 分			
	16	机床面板操作正确		4	误操作每次扣 1 分			
	17	意外情况处理合理		3	不正确每次扣 1.5 分			
文明生产 (5 分)	18	安全操作		2.5	违反操作规程全扣			
	19	机床整理		2.5	不合格全扣			
记录员			监考人		检验员		考评人	

扩展知识

数控机床故障的判断与处理

1. 数控机床常见故障种类

1）系统性故障和随机性故障。
2）诊断显示故障和无诊断显示故障。
3）破坏性故障和非破坏性故障。
4）硬件故障和软件故障。
5）数控机床运行特性的质量故障。

2. 数控机床的故障诊断方法

(1) 数控机床机械故障的诊断方法　见表 7-6。
(2) 数控机床 CNC 故障常采用的诊断方法

表 7-6 数控机床机械故障的诊断方法

类型	诊断方法	原理及特征	应用
简易诊断技术	听、摸、看、问、嗅	借用简单工具、仪器,如指示表(如百分表)、水准仪、光学仪等检测。通过人的感官,直接观察形貌、声音、温度、颜色和气味的变化,根据经验来诊断	需要有丰富的实践经验,目前,被广泛采用于现场诊断
精密诊断技术	温度监测	接触型:采用温度计、热电偶、测温贴片、热敏涂料直接接触轴承、电动机、齿轮箱等装置的表面进行测量 非接触型:采用先进的红外测温仪、红外热像仪、红外扫描仪等遥测不宜接近的物体。具有快速、正确、方便的特点	用于机床运行中发热异常的检测
精密诊断技术	振动监测	通过安装在机床某些特征点上的传感器,利用振动计巡回检测,测量机床上特定测量处的总振级大小,如位移、速度、加速度和幅频特性等,对故障进行预测和监测	振动和噪声是应用最多的诊断信息,首先是强度测定,确认有异常时,再做定量分析
精密诊断技术	噪声监测	用噪声测量计、声波计对机床齿轮、轴承在运行中的噪声信号频谱中的变化规律进行深入分析,识别和判别齿轮、轴承磨损失效故障状态	
精密诊断技术	油液分析	通过原子吸收光谱仪,对进入润滑油或液压油中磨损的各种金属微粒和外来杂质等残余物形状、大小、成分、浓度的分析,判断磨损状态、机理和严重程度,有效掌握零件磨损情况	用于监测零件磨损
精密诊断技术	裂纹监测	通过磁性探伤法、超声波法、电阻法、声发射法等观察零件内部机体的裂纹缺陷	疲劳裂纹可导致重大事故,测量不同性质材料的裂纹应采用不同的方法

1)启动诊断(Start Diagnostics):启动诊断是指 CNC 系统每次从通电开始到进入正常运行准备转台为止,系统内部诊断程序自动执行的诊断。

2)在线诊断(On-Line Diagnostics):在线诊断是指通过 CNC 系统的内装程序,在系统正常运行的情况下所进行的自诊断。在 CRT 上的故障信息显示有上百条,甚至上千条。这些信息大都以报警号和适当注释的形式出现。

3)离线诊断(Off-Line Diagnostics):离线诊断是指停止加工和停机进行故障检查的方法。离线诊断的主要目的是将故障定位在尽可能小的范围内,以便进行维修。现代的 CNC 系统离线诊断用的软件可由维修人员在键盘上按规定调用,若违反规定可能给机床和系统造成严重故障。

3. 数控机床的故障处理

数控机床一旦发生故障,操作人员首先应采取急停措施,停止系统运行,保护好现场,并对故障进行尽可能详细的记录,及时通知维修人员。数控机床产生故障的原因往往比较复杂,故障处理的一般方法与步骤如下:

(1)调查故障现场,充分掌握故障信息 主要信息包括:报警号和报警提示;系统所处工作状态;故障发生时所处的程序段、指令、操作;故障发生时的运动速度、工作位置;类似故障发生的记载、现场的异常情况、故障的重复发生情况等。

(2)分析故障原因,确定检查的方法和步骤 通常采用归纳法和演绎法进行分析,从故障现象开始,根据故障机理,列出多种可能产生该故障的原因,然后对这些原因逐个进行分析,排除不正确的原因,最后确定故障点。

(3)故障的检测和排除 在故障的检测排除中应遵循以下原则:

1）先外部后内部：即当数控机床发生故障后，应先采用望、听、嗅、问、摸等方法由外向内逐一进行检查。

2）先机械后电气：因机械故障较易察觉，而数控系统的故障较难诊断，因此排除故障首先应排除机械性故障。

3）先静后动：先在机床断电的静态，通过观察测试、分析，确认为非恶性故障或非破坏性故障后，方可给机床通电，在工况下运行，进行动态观察、检验和测试。对恶性的破坏性故障，必须先行排除危险后，方可进行机床通电和工况动态诊断。

4）先公用后专用：因公用性的问题影响全局，专用性的问题只影响局部，因此先解决影响一大片的主要矛盾，局部的、次要的矛盾才能迎刃而解。

5）先简单后复杂：当出现多种故障相互交织掩盖，一时无从下手时，应先解决容易的问题，后解决难度较大的问题。

6）先一般后特殊：在排除某一故障时，应先考虑最常见的可能原因，然后再分析很少发生的特殊原因。

 考证要点

1. 判断题

(1) 只有在录入或编辑方式下，才能进行程序的输入操作。（　　）

(2) 在开环和半闭环数控机床上，定位精度主要取决于进给丝杠的精度。（　　）

(3) 在程序自动运行过程中，严禁使用主轴倍率调整旋钮来调节主轴转速，以防损坏变速齿轮。（　　）

(4) 在切削时，车刀出现溅火星属于正常现象，可继续进行加工。（　　）

(5) 任何数控机床开机后都必须进行回机床零点操作。（　　）

2. 选择题

(1) 点位控制数控机床可以是（　　）。
A. 数控冲床　　　　B. 数控铣床　　　　C. 数控车床　　　　D. 加工中心

(2) 对数控机床维护与保养时，必须（　　）清除导轨副和防护装置上的切屑。
A. 每小时　　　　B. 每天　　　　C. 每周　　　　D. 每月

(3) 数控系统所规定的最小设定单位是（　　）。
A. 数控机床的传动精度　　　　B. 机床的加工精度
C. 数控机床的运动精度　　　　D. 脉冲当量

(4) 梯形螺纹测量一般采用三针测量法测量螺纹的（　　）。
A. 中径　　　　B. 小径　　　　C. 底径　　　　D. 大径

(5) MDI 方式是指（　　）方式。
A. 手动数据输入　　B. 自动加工　　C. 空运行　　D. 单段运行

3. 完成如图 7-5 ~ 图 7-7 所示零件的编程和加工。要求如下：

(1) 合理选择工件坐标系。

(2) 分析并制订工件加工工艺。

(3) 编写零件加工程序并完成加工过程。

提示：图中长度 8.5mm 为槽端面到圆锥母线与 ϕ16mm 外圆母线假想交点的距离，本题两

个 R5 圆弧切点处的坐标值需计算,难度较大,关键是要正确作出辅助线,利用三角函数求解,也可在 CAD 软件上查询所求点坐标。

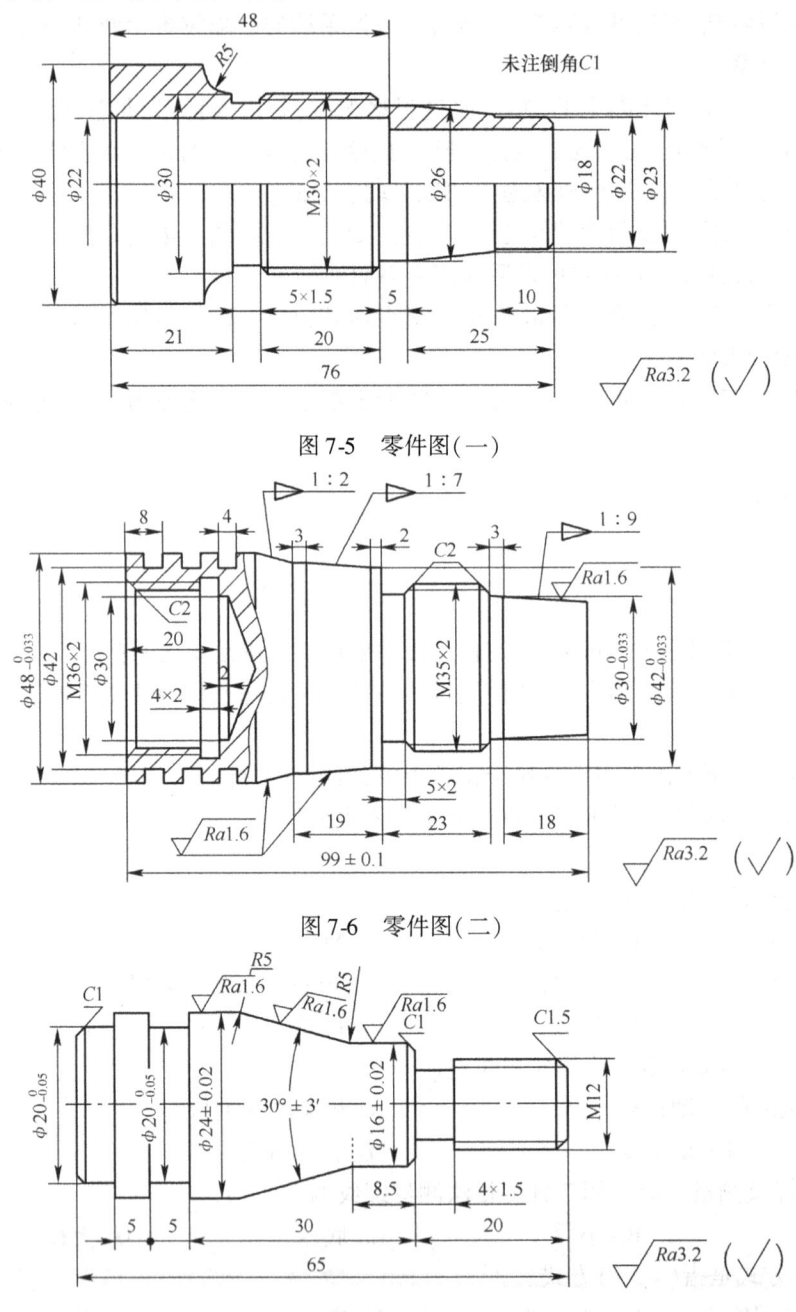

图 7-5 零件图(一)

图 7-6 零件图(二)

图 7-7 零件图(三)

任务2 加工把手的编程与加工

任务描述

图 7-8 所示为把手零件图。图 7-9 所示为把手实体图。它的生产类型为单件或小批量生

产,无热处理工艺要求,试正确设定工件坐标系,制订加工工艺方案,选择合理的刀具和切削工艺参数,编写数控加工程序并完成零件的加工。

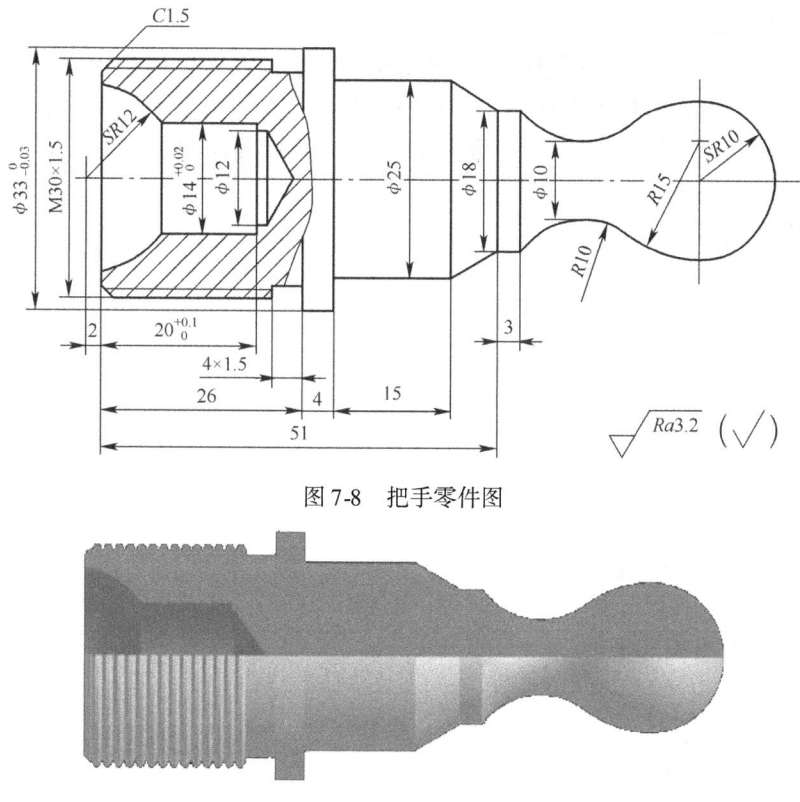

图 7-8　把手零件图

图 7-9　把手实体图

任务分析

本零件加工内容包括外圆、阶台、内孔、内外圆弧面、螺纹等,除 $\phi33_{-0.03}^{0}$ mm 外圆和 $\phi14_{0}^{+0.02}$ mm 内孔尺寸有精度要求外,其他尺寸精度要求一般,表面粗糙度值全部为 $Ra3.2\mu m$,要求不高。零件左端球面 $SR12$ 与 $\phi14_{0}^{+0.02}$ mm 孔的交点 Z 坐标未知,右端 $R15$ 圆弧与 $R10$ 圆弧切点坐标及 $R10$ 圆弧与 $\phi18$mm 外圆交点 Z 坐标未知,需要计算得出,其他点坐标值明确。零件右端外形不符合单调变化的规律,因此外圆加工时应选择合适的刀具,防止发生干涉现象。编程指令应选择封闭切削循环指令 G73,零件左端加工编程指令可选择轴向粗车循环指令 G71,螺纹的加工可选用螺纹切削固定循环指令 G92 加工。要正确制订零件的加工工艺,否则会增加零件的加工难度。

问题与思考

1)加工本零件应选用什么刀具?为什么?
2)制订本零件加工工艺时应注意些什么?
3)本零件加工时应选择哪些编程指令?

相关知识

1. 加工刀具选择

由于零件外形不符合单调变化规律,如选用90°外圆车刀,车削时会因副偏角过小发生刀具干涉现象,因此工件外形加工应选择35°外圆车刀;内孔车刀选用90°不通孔车刀;车槽时选择刀宽4mm切槽刀;车螺纹时选用刀尖角为60°的三角形螺纹车刀。

2. 编程指令的选择

(1)快速定位指令

G00 X_Z_;

(2)直线插补指令

G01 X_Z_F_;

(3)圆弧插补指令

G02(G03) X_Z_R_F_;

(4)程序暂停指令

G04 X_;

(5)径向切削固定循环指令

G94 X_Z_F_;

(6)轴向粗车复合循环指令

G71 U_R_;

G71 P_Q_U_W_;

(7)封闭切削循环指令

G73 U_W_R_;

G73 P_Q_U_W_;

 注意事项

- GSK980TA 系统中,G73 指令中 R(切削刀数)的值应为计算值的千分之一倍。

(8)精加工复合循环指令

G70 P_Q_;

(9)螺纹切削固定循环指令

G92 X_Z_F_;

3. 相关计算

(1)计算外螺纹 M30×1.5 相关编程尺寸 已知螺纹公称直径 $d=30$mm,螺距 $P=1.5$mm,进行以下计算:

1)螺纹大径的计算

$$d_{大} \approx d - 0.13P = (30 - 0.13 \times 1.5)\text{mm} \approx 29.8\text{mm}$$

2)螺纹总切削深度的计算

$$t \approx 0.65P = (0.65 \times 1.5)\text{mm} = 0.975\text{mm}$$

(2)未知坐标值的计算

1)零件左端未知坐标值的计算。如图 7-10 所示为零件左端局部示意图。加工零件左端时,坐标原点定在工件左端面与轴线的交点处,图中的球面为非半球面,C 点 X 坐标值虽然未知,但无需计算,车削球面时把起点坐标定在 X24mm、Z2mm 处即可。SR12 球面与 $\phi14^{+0.02}_{\ 0}$ mm 孔的交点 Z 坐标值(即图中 B 点 Z 坐标值)未知,需要计算得出。

在如图 7-10 中作辅助线连接 O 点(球面圆心)与 B 点,在 Rt△OAB 中,OB = R = 12mm, AB = 14mm/2 = 7mm,由勾股定理得

$$OA = \sqrt{OB^2 - AB^2} = \sqrt{12^2 - 7^2}\text{mm} = \sqrt{95}\text{mm} \approx 9.747\text{mm}$$

所以

$$AD = OA - OD = 9.747\text{mm} - 2\text{mm} = 7.747\text{mm}$$

则 B 点的坐标为:X14.01mm,Z - 7.747mm。

2)零件右端未知坐标值的计算。如图 7-11 所示为把手右端局部示意图。右端球体分别由 R15 和两个 R10 圆弧相切形成。加工零件右端时,编程坐标原点定在工件最右端,即 SR10 球面右端象限点处。图中需求出 R15 圆弧与 R10 圆弧切点 A 的 X、Z 坐标值、R10 圆弧与 ϕ18mm 外圆交点 E 的 Z 轴坐标值。

作辅助线连接 R15 与 R10 圆弧圆心点 O_1O_2,交圆弧于 A 点(两圆弧切点),过 O_1 点向下作垂线分别交 R10 圆弧于 F 点与 D 点,连接 DO_2,过 A 点向下作垂线分别交轴线、直线 DO_2 于 B、C 两点,连接 EO_1,过 E 作轴线的平行线交 DO_1 于 G 点。

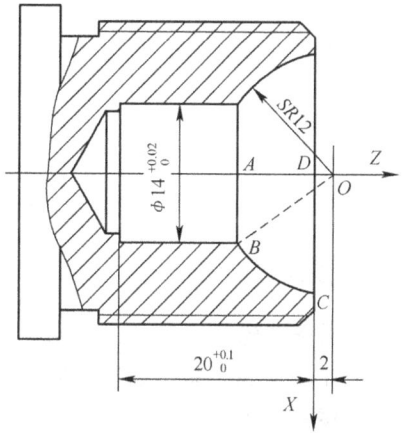

图 7-10 零件左端局部示意图

由图 7-11 可知

$$\text{Rt}\triangle O_2AC \sim \text{Rt}\triangle O_2O_1D$$

所以

$$\frac{AC}{O_1D} = \frac{O_2A}{O_2O_1}$$

$$AC = \frac{O_1D \cdot O_2A}{O_2O_1} = \frac{20 \times 15}{25}\text{mm} = 12\text{mm}$$

$$AB = AC - BC = 12\text{mm} - 5\text{mm} = 7\text{mm}$$

在 Rt△O_2AC 中,由勾股定理得

$$O_2C = \sqrt{O_2A^2 - AC^2} = \sqrt{15^2 - 12^2}\text{mm} = 9\text{mm}$$

所以 A 点的坐标值为:X14mm,Z - 19mm。

下面来求 E 点的 Z 坐标值:在 Rt△O_2O_1D 中,由勾股定理得

$$O_2D = \sqrt{O_2O_1^2 - O_1D^2} = \sqrt{25^2 - 20^2}\text{mm} = 15\text{mm}$$

在 Rt△O_1EG 中

$$O_1G = O_1F - FG = 10\text{mm} - \frac{18 - 10}{2}\text{mm} = 6\text{mm}$$

由勾股定理得

$$EG = \sqrt{O_1E^2 - O_1G^2} = \sqrt{10^2 - 6^2}\,\text{mm} = 8\,\text{mm}$$

所以 E 点的 Z 坐标值为

$$-10\,\text{mm} - 15\,\text{mm} - 8\,\text{mm} = -33\,\text{mm}$$

则 E 点的坐标为:$X18\,\text{mm}, Z-33\,\text{mm}$。

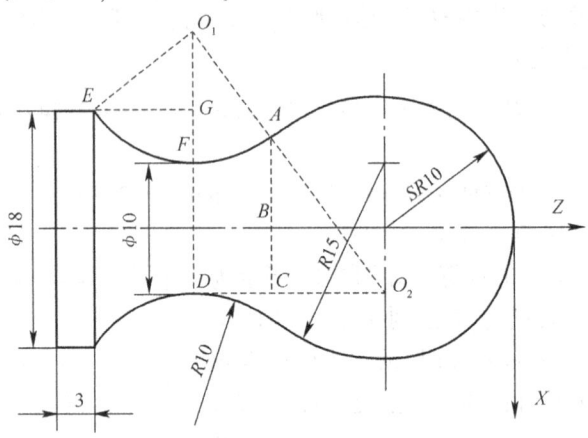

图 7-11 零件右端局部示意图

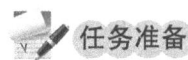

1. 设备选择

选用 GSK980T 系统数控车床;计算机及仿真软件。

2. 零件毛坯

选用 $\phi35\,\text{mm} \times 92\,\text{mm}$ 圆棒料,毛坯材质为 45 钢。

3. 刀具类型

制订刀具卡片,见表 7-7。

表 7-7 数控加工刀具卡片

产品名称或代号:			零件名称:把手		零件图号:	
序号	刀具号	刀具规格及名称	材质	数量	加工表面	备注
1	T01	35°外圆车刀	P10	1	粗、精车外圆、圆弧面	R0.2
2	T02	4mm 切槽刀	P10	1	车螺纹退刀槽	
3	T03	60°三角形螺纹车刀	P10	1	车 M30×1.5 三角螺纹	
4	T04	90°内孔车刀	P10	1	粗、精车内孔及内圆弧面	R0.2
编制:			审核:			

4. 量具选用

1) 钢直尺:0~300mm。

2) 游标卡尺:0.02mm/0~150mm。

3) 外径千分尺:0.01mm/0~25mm/25~50mm。

4) R 规:R10、R12、R15。

5) $\phi14\,\text{mm}$ 塞规。

6) M30×1.5 螺纹环规。

7）表面粗糙度样板。

1. 确定加工工艺

本零件两头都需要加工，采用先加工零件右端再加工左端的方法。工艺路线安排如下：

1）自定心卡盘夹持工件左端，伸出长度70mm左右，车削零件右端面。

2）粗车零件 $\phi 33_{-0.03}^{0}$ mm、$\phi 25$mm、$\phi 18$mm 外圆、SR15 及两处 R10 圆弧面，留精加工余量 1.2mm。

3）精车零件 $\phi 33_{-0.03}^{0}$ mm、$\phi 25$mm、$\phi 18$mm 外圆、SR15 及两处 R10 圆弧面至尺寸要求。

4）工件调头，自定心卡盘夹持 $\phi 25$mm 外圆并找正，钻孔 $\phi 12$mm，深 25mm 左右。

5）车零件左端面，保证总长尺寸合要求。

6）粗车 $\phi 14_{0}^{+0.02}$ mm 内孔及 SR12 球面，留精加工余量 0.2mm。

7）精车 $\phi 14_{0}^{+0.02}$ mm 内孔、SR12 球面及阶台长度 $20_{0}^{+0.1}$ mm 至尺寸要求。

8）粗车 M30×1.5 螺纹外圆，留精加工余量 0.4mm。

9）精车 M30×1.5 螺纹外圆至尺寸 $\phi 29.8$mm 并倒角 C1.5。

10）车 4mm×1.5mm 螺纹退刀槽至尺寸。

11）加工 M30×1.5 外螺纹至尺寸。

制订加工工艺卡片，见表7-8。

表7-8 数控加工工艺卡片

零件名称	把手		零件图号		工件材质	45 钢
工序号	程序编号		夹具名称	数控系统	车间	
1	O0001		自定心卡盘	GSK980T		
工步号	工步内容	刀具号	主轴转速/(r/min)	进给量/(mm/r)	背吃刀量/mm	备注
1	车右端面	T01	900	0.15	1	自动
2	粗车工件右端外圆及圆弧面，留余量0.4mm	T01	900	0.15	1.5	自动
3	精车右端外圆及圆弧面至尺寸	T01	1000	0.1	0.2	自动
工序号	程序编号		夹具名称	数控系统	车间	
2	O0002		自定心卡盘	GSK980T		
工步号	工步内容	刀具号	主轴转速/(r/min)	进给量/(mm/r)	背吃刀量/mm	备注
1	调头，钻孔 $\phi 12$mm		400			手动
2	车左端面，保证总长尺寸	T01	900	0.15	1	自动
3	粗车内孔及内圆弧面	T04	800	0.1	0.8	自动
4	精车内孔及内圆弧面	T04	900	0.08	0.1	自动
5	粗车左端螺纹外圆	T01	900	0.2	1.5	自动
6	精车左端螺纹外圆	T01	1000	0.1	0.2	自动
7	切 4mm×1.5mm 退刀槽	T02	500	0.1	4	自动
8	车螺纹 M30×1.5	T03	400			自动
编制			审核		批准	

2. 程序的编制和输入

把手的程序编制见表7-9和表7-10。

表7-9 把手的加工程序1（零件右端）

加工程序	程序说明	实物图
O0001；	程序号	
G99 M03 S900 T0101 F0.15；	机床正转，转速为900r/min，1号刀及1号刀补	
G00 X37.0 Z3.0；	车刀快速到达循环起点	
G94 X-1.0 Z1.0 F0.15；	G94指令车右端面	
Z0；		
G73 U16.3 W0 R0.012；	G73复合循环粗车工件右端外表面	
G73 P1 Q2 U1.2 W0；		
N1 G00 X0；	零件右端精加工程序	
G01 G42 Z0 F0.1；		
G03 X20.0 Z-10.0 R10.0；		
G03 X14.0 Z-19.0 R15.0；		
G02 X18.0 Z-33.0 R10.0；		
G01 Z-36.0；		
X25.0 Z-42.0；		
Z-57.0；		
X33.0；		
Z-62.0；		
N2 G01 G40 X36.0；		
S1000；	调整转速为1000r/min	
G70 P1 Q2；	G70指令精车右端外表面	
G00 X100.0 Z100.0；	快速退刀	
M30；	程序结束，光标返回程序头	

表7-10 把手的加工程序2（零件左端）

加工程序	程序说明	实物图
O0002；	程序号	
G99 M03 S900 T0101 F0.15；	机床正转，转速为900r/min，1号刀及1号刀补	
G00 X37.0 Z3.0；	车刀快速到达循环起点	
G94 X11.0 Z1.0 F0.15；	G94指令车左端面	
Z0；		
G00 X100.0 Z100.0；	快速退刀	
M00；	程序暂停，测量总长尺寸	
T0404 M03 S800 F0.1；	换4号刀及4号刀补，转速为800r/min，进给量0.1mm/r	

（续）

加工程序	程序说明	实物图
G00 X11.0 Z3.0;	4号刀快速到达循环起点	
G71 U0.8 R0.3;	G71复合循环粗车内孔，留余量0.4mm	
G71 P3 Q4 U-0.2 W0.03;		
N3 G00 X24.0;	零件左端内孔精加工程序	
G01 G41 Z2.0 F0.08;		
G03 X14.0 Z-7.747 R12.0;		
G01 Z-20.0;		
N4 G01 G40 X11.0;		
S900;	主轴转速为900r/min	
G70 P3 Q4;	G70指令精加工内孔	
G00 X100.0 Z100.0;	快速退刀	
M00;	程序暂停，测量内孔尺寸	
T0101 M03 S900;	1号刀及1号刀补，主轴转速为900r/min	
G00 X37.0 Z2.0;	车刀快速到达循环起点	
G90 X30.2 Z-24.0 F0.2;	G90指令粗车左端外圆	
G00 X26.8;	精车工件左端外圆	
G01 G42 Z0 F0.1;		
X29.8 Z-1.5;		
Z-24.0;		
X36.0;		
G00 G40 X120.0 Z100.0;	1号刀快速远离工件，取消刀尖圆弧半径补偿	
T0202 S500;	换2号刀及2号刀补，转速为500r/min	
G00 X36.0 Z2.0;	2号车刀快速靠近工件	
Z-26.0;	到达切槽起点	
G01 X27.0 F0.1;	车槽4mm×1.5mm	
G04 X0.3;	切槽刀暂停0.3s	
X37.0;	切槽刀径向退刀	
G00 X100.0 Z100.0;	切槽刀快速退刀	
T0303 S400;	换3号刀及3号刀补，主轴转速为400r/min	
G00 X38.0 Z5.0;	3号车刀快速到达循环起点	

(续)

加工程序	程序说明	实物图
G92 X29.0 Z-23.5 F1.5;	G92 循环指令车削 M30×1.5 外螺纹	
X28.3;		
X28.05;		
G00 X100.0 Z100.0;	螺纹车刀快速退刀	
M30;	程序结束,光标返回程序头	

3. 零件加工模拟

按下机床锁定和辅助功能锁定按钮,指示灯亮后,进入自动方式进行程序运行模拟,判断程序正误,无误后可进行机械回零操作。把手加工过程模拟如图 7-12 和图 7-13 所示。

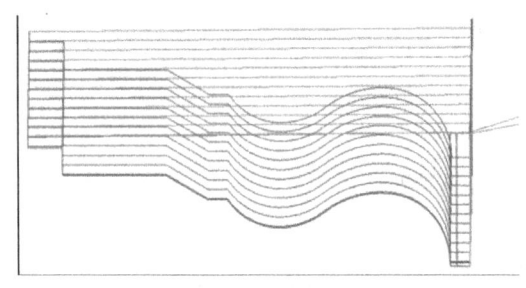

图 7-12 把手右端模拟图　　　　　图 7-13 把手左端模拟图

4. 工件与刀具的安装

工件装夹在自定心卡盘上,装夹要牢固。刀具在刀架上安装时,号码应与程序中的刀具号一致,刀尖高度应与机床主轴中心等高,切槽刀的中心线必须与工件中心线垂直,以保证副偏角的对称;螺纹车刀应与工件轴线垂直,可用螺纹车刀样板辅助安装。

5. 对刀并输入刀补值

4 把刀分别对刀,然后正确输入对应的刀补值。

6. 数控加工与精度控制

(1)加工　首件加工应单段运行,通过机床控制面板上的"倍率选择"按钮适当降低刀具运动速度,第一件加工无误后方可正常运行加工,当程序暂停时可以对加工尺寸检测,以保证尺寸精度要求。

(2)精度控制　加工过程中,各尺寸精度都要保证在公差允许范围之内,如出现误差应及时修改程序或修改刀补予以解决。

7. 零件检测

1)修整工件,去毛刺等。

2)尺寸精度检测。用游标卡尺检测 $\phi18mm$、$\phi25mm$、$\phi30mm$ 外圆、4mm×1.5mm 槽、孔深、阶台、总长等尺寸;用外径千分尺检测 $\phi33_{-0.03}^{0}mm$ 外圆;用塞规检测 $\phi14_{0}^{+0.02}mm$ 孔的尺寸;用 R 规检测圆弧及球面尺寸;用螺纹环规检测螺纹尺寸精度。

3)表面质量检测。用粗糙度样板对比检测零件表面加工质量。

检查评议

把手的编程与加工评分标准见表7-11。

表7-11 把手的编程与加工评分标准

姓名		零件名称		把手	时间	120min	总得分	
项目	序号	技术要求		配分	评分标准		检测记录	得分
零件加工 (55分)	1	各外圆形状、尺寸正确		8	不正确每处扣3分			
	2	各阶台及总长尺寸正确		7	不正确每处扣2分			
	3	孔各部尺寸正确		6	不正确每处扣2分			
	4	槽各部尺寸正确		3	不正确每处扣2分			
	5	半球及圆弧形状尺寸正确		7	不正确每处扣2分			
	6	螺纹各部尺寸合要求		8	环规检测不合格全扣			
	7	倒角尺寸合格		1	不合格扣全扣			
	8	表面粗糙度符合图样要求		15	每处降低一级扣2分			
程序与工艺 (25分)	9	程序正确、完整		6	不正确每处扣1分			
	10	程序格式规范		5	不规范每处扣0.5分			
	11	工艺合理		5	不合理每处扣1分			
	12	程序参数选择合理		4	不合理每处扣0.5分			
	13	指令选用合理		5	不合理每处扣1分			
机床操作 (15分)	14	零件装夹合理		2	装夹不合理每次扣1分			
	15	刀具选择及安装正确		2	不正确每次扣1分			
	16	对刀及坐标系设定正确		4	不正确每次扣1.5分			
	17	机床面板操作正确		4	误操作每次扣1分			
	18	意外情况处理合理		3	不正确每次扣1.5分			
文明生产 (5分)	19	安全操作		2.5	违反安全操作规程全扣			
	20	机床整理		2.5	不合格全扣			
记录员			监考人		检验员		考评人	

教你一招

工件坐标系设定——G50指令的用法

在数控车床编程中,G50指令有两种功能,第一种是设定机床主轴最高速,即:G50 S____;此指令用于使用G96指令(主轴恒线速)加工不等径表面或端面时,限制主轴最高转速;第二种是设定工件坐标系功能。下面我们讲解使用G50指令设定工件坐标系的方法。

1. 指令格式

G50 Xα　Zβ;

其中，α、β为基准刀具试切时，对刀点到工件坐标系原点的有向距离。

G50指令建立工件坐标系后，数控系统会记忆基准刀对刀点坐标值为（Xα、Zβ）的坐标系，（所谓基准刀就是用来试切和建立工件零点的车刀，一般用01号刀位作为基准车刀）其后的加工程序就在此坐标系中运行。该指令建立坐标系时，刀具并没有产生运动，但系统会自动存储用来建立工件坐标系的基准刀具的补偿值。同时其他刀具对刀后跟基准刀产生了联系。

2. 用基准刀试切工件并建立工件坐标系

以工件右端面与轴线交点为零点建立工件坐标系，如图7-14所示。建立工件坐标系的步骤如下：

1）在手动方式下，用基准刀试切工件右端面，然后刀具沿X轴正方向退出，Z坐标方向不得移动，主轴停止。

2）按"位置"按钮，进入"现在位置（相对坐标）"界面，然后按"W"键→"取消"键，把相对坐标"W"值零，如图7-15所示。

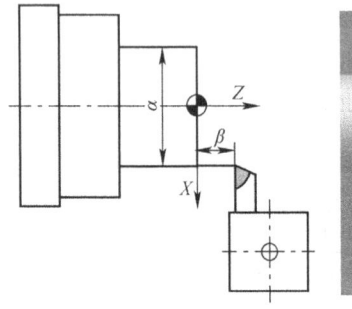
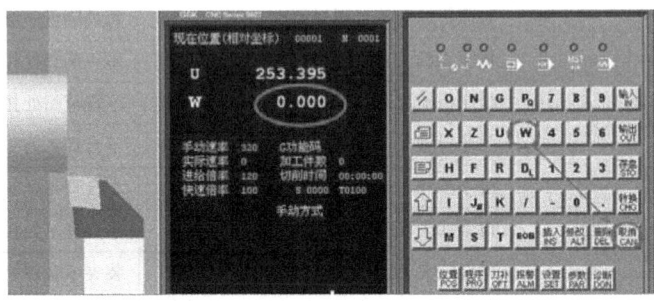

图7-14 建立工件坐标系　　　　　图7-15 相对坐标"W"值零

3）在手动（或手轮）方式下，用基准刀试切工件一段外圆后，然后使刀具沿Z轴正方向离开右端面β的长度（相对位置界面可显示W坐标），如图7-14所示，X轴方向不得移动，主轴停止。

4）用外径千分尺测量试切的外径α并记录，在录入方式下输入"G50 Xα Zβ"，然后按"循环启动"键，工件坐标系零点就建立了。

以上工件坐标系零点建立后，在录入方式下比如输入"G00 X100.0 Z100.0"，然后输入"T0101"，按循环起启键，刀架快速移动到X100mm、Z100mm的位置，绝对坐标显示"X100、Z100"，这一点可以作为换刀点。

3. 非基准刀的对刀和刀补值设置

1）手动或手轮方式下换2号车刀，主轴正转，移动2号刀，使刀尖与工件右端面刚好接触。

2）刀具不动或沿X轴退出，然后按"刀补"键→"翻页"键，显示刀具补偿号页面，移动光标到102号下，输入"Z0"，按"输入"键，在2号刀Z坐标值中会显示刀补数值。

3）用手动或手轮方式移动2号刀，使刀尖与1号刀车过的外圆表面刚好接触。

单元 7 综合零件的编程与加工

4) 在"刀补"界面,将光标移动到 102 号下,输入"Xα"值,按"输入"键。此时在 2 号刀补的 X 坐标中显示刀补数值。

经过上述步骤的操作,2 号刀的刀补值就设置好了。其他刀具的对刀方法与 2 号刀的对刀方法相同。此后就可以运行程序自动加工了。

取消 G50 指令(坐标系设定)的方法:进行机械回零操作即可。

G50 指令(坐标系设定)适合于多品种不同尺寸零件的加工和多刀加工的场合。实际生产中有时零件的种类较多,长度尺寸不一致,更换不同尺寸的零件后,只要调整好基准刀的位置,通过基准刀设定好工件坐标系,即可直接运行程序进行加工,其他刀具无须重新对刀。

 扩展知识

数控加工工艺的发展

1. 数控加工工艺的发展方向

数控加工工艺自适应性较差,加工过程中可能遇到的所有问题必须事先精心考虑,否则会导致严重的后果。随着计算机技术突飞猛进的发展,数控技术正不断采用计算机、控制理论等领域的最新技术成就,使其朝着高速化、高精化、复合化、智能化、高柔性化及信息网络化等方向发展。整体数控加工技术向着 CIMS(计算机集成制造系统)方向发展。

高速加工技术是自 20 世纪 80 年代发展起来的一项高新技术,其研究应用的一个重要目标是缩短加工时的切削与非切削时间,对于复杂形状和难加工材料及高硬度材料减少加工工序,最大限度地实现产品的高精度和高质量。由于不同加工工艺和工件材料有不同的切削速度范围,因而很难就高速加工给出一个确切的定义。目前,一般的理解为切削速度达到普通加工切削速度的 5~10 倍即可认为是高速加工。

高速加工与传统的数控加工方法相比没有什么本质的区别,两者涉及同样的工艺参数,但其加工效果相对于传统的数控加工有着无可比拟的优越性。高速加工有利于提高生产率,有利于改善工件的加工精度和表面质量,有利于延长刀具的使用寿命和应用直径较小的刀具,有利于加工薄壁零件和脆性材料,使经济效益显著提高,简化了传统加工工艺。受高生产率的驱使,高速化已是现代机床技术发展的重要方向之一,主要表现在数控机床主轴高转速、工作台高快速移动和高进给速度。

高精加工是高速加工技术与数控机床的广泛应用结果。以前汽车零件的加工精度要求在 0.01mm 数量级,现在随着计算机硬盘、高精度液压轴承等精密零件的增多,精整加工所需精度已提高到 0.1μm,加工精度进入了亚微米世界。

机床的复合化加工是通过增加机床的功能,减少工件加工过程中的多次装夹、重新定位、对刀等辅助工艺时间,来提高机床利用率。

2. CAPP 概述

CAPP 是计算机辅助工艺过程(Computer Aided Process Planning)的简称,是利用计算机技术辅助工艺人员设计零件从毛坯到成品的制造方法,是将企业产品设计数据转换为产品制造数据的一种技术。

随着制造业生产技术的发展和多品种、小批量的要求，特别是现代集成制造技术的发展与运用，传统的工艺设计方法已经远远不能满足自动化和集成化要求。CAPP克服了传统工艺设计的许多缺点，借助计算机技术来完成从产品设计到原材料加工成产品所需的一系列加工动作及对资源需求的数字化描述。CAPP在现代制造业中具有重要的理论意义和广泛迫切的实际需求。CAPP系统的应用不仅可以提高工艺规程设计效率和设计质量，缩短技术准备周期，为将广大工艺人员从烦琐、重复的劳动中解放出来提供了一条切实可行的途径，使工艺人员可以更多地投入工艺试验和工艺攻关，而且可以保证工艺设计的一致性、规范化，有利于推进工艺的标准化。更重要的是工艺数据，它是指导企业物资采购、生产计划调度、组织生产、资源平衡、成本核算等的重要依据。CAPP系统的应用将为企业数据信息的集成打下坚实的基础。

国内自20世纪80年代初就开始CAPP的应用研究，虽然经过了二十多年的发展历程，但至今仍是计算机辅助技术领域的薄弱环节和企业实施推广制造业信息化技术的"瓶颈"所在。究其原因，传统的CAPP过分强调对零件信息的自动获取，强调工艺决策的自动化。近几年，CAPP的研究开始注重工艺基本数据结构及基本设计功能，开发重点从注重工艺过程的自动生成，向从整个产品工艺设计的角度为工艺设计人员提供辅助工具，同时向为企业的信息化建设服务的方向发展。这使CAPP软件产品得到了迅速发展，产生了人机交互为主的新一代CAPP工具系统，并在企业实际应用中取得了良好的成效。

一个CAPP系统应具有以下功能：检索标准工艺文件，选择加工方法，安排加工路线，选择机床、刀具、量具、夹具等，选择装夹方式和装夹表面，优化选择切削用量，计算加工时间和加工费用，确定工序尺寸和公差及选择毛坯，绘制工序图及编写工序卡。有的CAPP系统还具有计算刀具轨迹，自动进行NC编程和进行加工过程模拟的功能，有些专家认为这些功能属于CAM的范畴。

考证要点

1. 判断题

（1）因为毛坯表面的重复定位精度差，所以粗基准一般只能使用一次。　　　　（　　）

（2）用G50设定工件坐标系时，起刀点与工件坐标系的位置无关。　　　　　　（　　）

（3）在编辑方式下，按"RESET"键即可使光标跳到程序头。　　　　　　　　（　　）

（4）在自动加工的空运行状态下，刀具的移动速度与程序中指令的进给速度无关。

（　　）

（5）当机床出现超行程报警时，按下复位按钮"RESET"即可使超程报警解除。

（　　）

2. 选择题

（1）下列（　　）指令代码功能规定的动作是由CNC装置的PLC部分完成的。

A. M09　　　B. G01　　　C. G90　　　D. G00

（2）球头车刀加工凹曲面时，其球头半径通常要（　　）被加工曲面的曲率半径。

A. 大于　　　B. 小于　　　C. 等于　　　D. 不受限制

（3）若要对数控加工程序进行修改，数控系统的工作方式应在（　　）状态下。

A. MDI　　　B. EDIT　　　C. AUTO　　　D. JOG

(4)一般而言,为了有效地降低切削振动,应增大工艺系统的(　　)。

A. 强度　　　B. 硬度　　　C. 精度　　　D. 刚度

(5)数控机床是在(　　)诞生的。

A. 日本　　　B. 美国　　　C. 德国　　　D. 中国

3. 完成如图 7-16 ~ 图 7-19 所示零件的编程和加工。要求如下：

(1)合理选择工件坐标系。

(2)分析并制订工件加工工艺。

(3)编写零件加工程序并完成加工。

提示：本题圆弧连接及圆角处切点的坐标计算有一定难度,需运用相似三角形和勾股定理来求解,正确作出辅助线是关键。也可在 CAD 软件上查得。

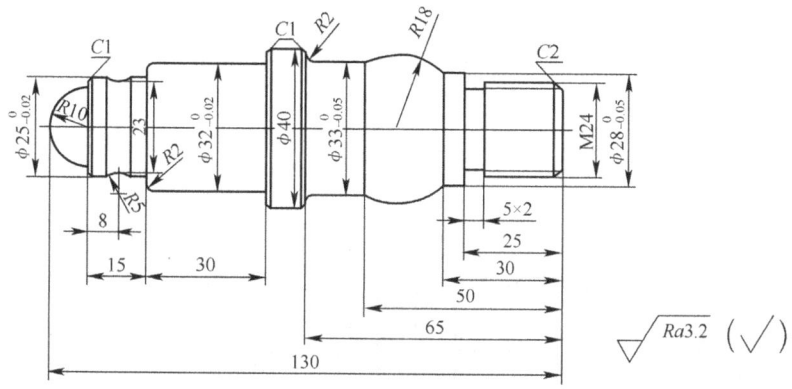

图 7-16　零件图（一）

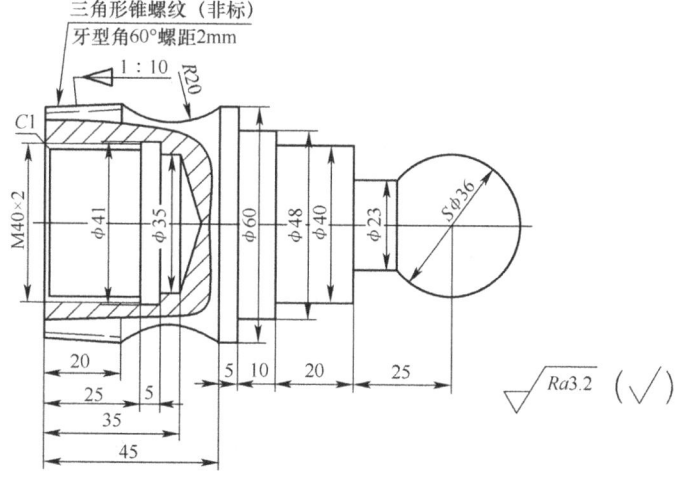

图 7-17　零件图（二）

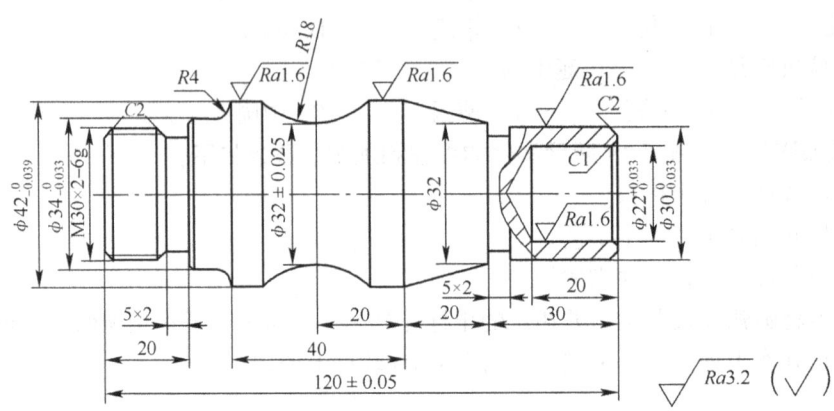

图 7-18 零件图（三）

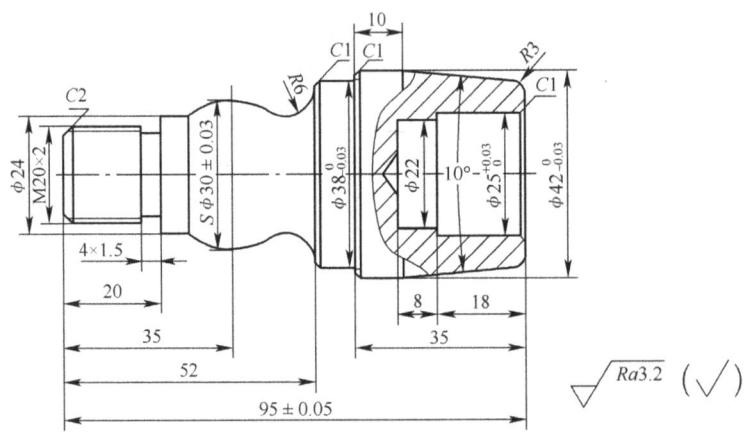

图 7-19 零件图（四）

任务 3　加工三零件装配体

任务描述

图 7-20 所示为三零件装配体加工图。加工要求为：不准用砂布和锉刀等修饰表面；未注倒角 C1，锐角倒钝 C0.2；未注尺寸公差按 GB/T 1804-m；允许钻中心孔；材质为 45 钢；加工时间为 360min。三零件配合要求为：圆锥配合接触面不小于 70%；螺纹配合应旋入灵活。试正确设定工件坐标系，制订配合的加工工艺方案，选择合理的刀具和切削工艺参数，正确编制数控加工程序并完成零件的加工和装配。

单元 7　综合零件的编程与加工

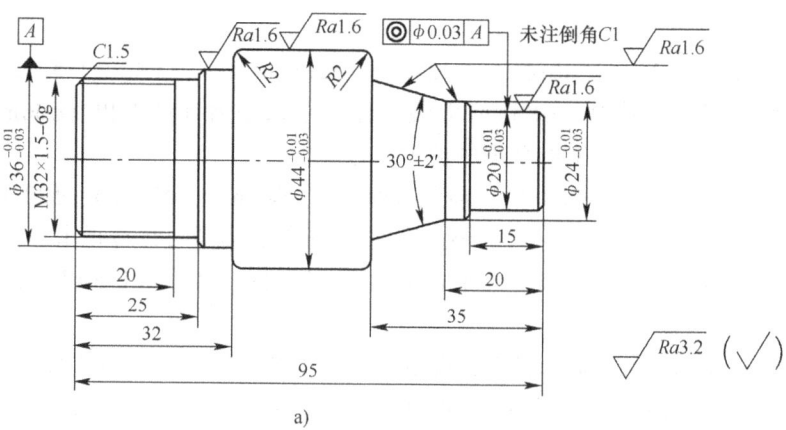

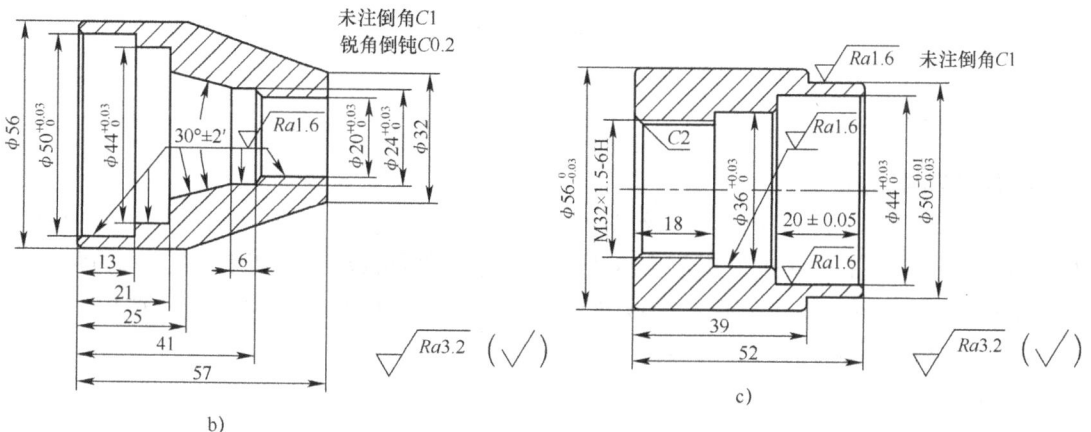

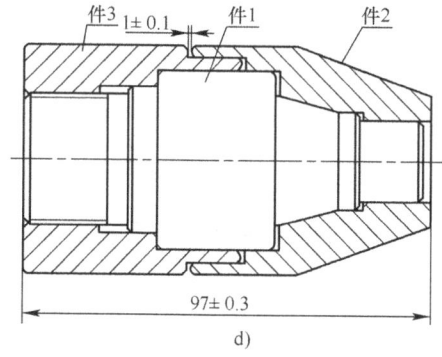

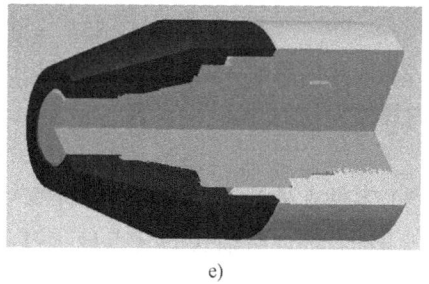

图 7-20　三零件装配体加工图

a) 件 1　b) 件 2　c) 件 3　d) 装配图　e) 实体装配图

任务分析

零件 1 由 $\phi32m$、$\phi36mm$、$\phi44mm$、$\phi24mm$、$\phi20mm$ 圆柱，M32×1.5-6g 外螺纹，30°圆锥及倒角等结构组成。其中，30°圆锥大端直径尺寸未知需计算得出，$\phi36mm$ 与 $\phi20mm$ 圆柱有同轴度要求，加工时应采取合理的加工工艺。

零件 2 由 $\phi56mm$ 圆柱，右端外圆锥面，$\phi50mm$、$\phi44mm$、$\phi24mm$、$\phi20mm$ 内孔，30°内圆锥及倒角等结构组成。其中 30°内圆锥大端直径未知，需通过计算得出。

零件 3 由 $\phi56mm$、$\phi50mm$ 圆柱，$\phi36mm$、$\phi44mm$ 内孔，M32×1.5-6H 内螺纹及倒角等结构组成。

零件 1 与零件 2 通过圆柱面、圆锥面配合，零件 1 与零件 3 通过圆柱面、螺纹配合，零件 2 与零件 3 通过圆柱面配合。三零件装配在一起，形成了装配总长度尺寸 97±0.3mm。

问题与思考

为保证三零件正确配合，制订零件加工工艺时应注意什么？

相关知识

1. 加工刀具选择

零件 1 由圆柱、阶台、圆锥、螺纹等结构组成，因此可选用 90°外圆车刀和刀尖角为 60°的螺纹车刀来加工；零件 2 可选用 90°外圆车刀加工外部形状，选用 90°内孔车刀加工内孔、内圆锥及阶台等；零件 3 可选用 90°外圆车刀加工外部形状，90°内孔车刀加工阶台孔，刀尖角为 60°的内螺纹车刀加工内螺纹。

2. 相关计算

（1）计算外螺纹 M32×1.5 相关尺寸

1）外螺纹大径的计算（经验公式）

$$d_大 \approx d - 0.13P = 32mm - 0.13 \times 1.5mm \approx 31.805mm$$

2）螺纹总切削深度的计算（经验公式）

$$t \approx 0.65P = 0.65 \times 1.5mm = 0.975mm$$

（2）计算内螺纹 M32×1.5 相关尺寸

内螺纹大径的计算

$$D_大 = D - P = 32mm - 1.5mm = 30.5mm$$

（3）零件 1 外圆锥大端直径的计算 图 7-21 所示为零件 1 外圆锥计算示意图。坐标原点定在工件右端面与轴线的交点处，过 A 点作平行于轴线的辅助线，交左端面于点 C，在 Rt△ABC 中则有

$$BC = AC \times \tan\angle BAC = 15mm \times \tan15° \approx 4.019mm$$

所以

$$X_B = 24 + 2BC = 24mm + 2 \times 4.019mm = 32.038mm$$

则 B 点的坐标为：X32.038mm，Z-35mm。

（4）零件 2 内圆锥大端直径的计算 图 7-22 所示为零件 2 内圆锥相关计算示意图。计

算方法同上，这里不再赘述。E 点的坐标为：$X31.502\text{mm}$，$Z-21\text{mm}$。

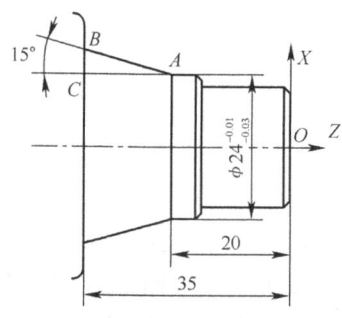

图 7-21 零件 1 外圆锥计算示意图

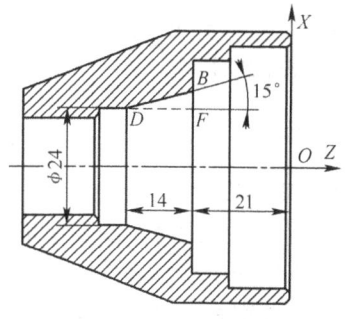

图 7-22 零件 2 内圆锥计算示意图

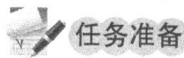

1. 设备选择

选用 GSK980T 系统数控车床。

2. 零件毛坯

分别选用 $\phi48\text{mm}\times100\text{mm}$、$\phi60\text{mm}\times62\text{mm}$、$\phi60\text{mm}\times57\text{mm}$ 圆棒料各 1 根，毛坯材质为 45 钢。

3. 刀具类型

制订加工刀具卡片，见表 7-12。

表 7-12 数控加工刀具卡片

产品名称或代号：			零件名称：三零件装配体		零件图号：	
序号	刀具号	刀具规格及名称	材质	数量	加工表面	备注
1		$\phi4\text{mm}$ 中心钻	高速钢	1	中心孔	
2		$\phi18\text{mm}$、$\phi28\text{mm}$ 麻花钻	高速钢	1	内孔底孔	
3	T01	90°外圆车刀	P10	1	端面及外轮廓	
4	T02	内车孔刀	P10	1	内孔	
5	T03	外螺纹车刀	P10	1	M32×1.5 外螺纹	
6	T04	内螺纹车刀	P10	1	M32×1.5 内螺纹	
编制：			审核：			

4. 量具选用

1) 钢直尺：0~300mm。

2) 游标卡尺：0.02mm/0~150mm。

3) 深度游标卡尺：0.02mm/0~100mm。

4) 外径千分尺：0.01mm/0~25mm/25~50mm/50~75mm。

5) 内径百分表：0.01mm/0~25mm/25~50mm。

6）螺纹环规、螺纹塞规：M32×1.5。

7）游标万能角度尺：0°~320°。

8）塞尺：0.01~1mm。

9）表面粗糙度样板。

任务实施

1. 确定加工工艺

本任务为三零件配合，既要保证单件的加工精度，又要保证三个零件之间的配合精度及三个零件的总装配精度。零件1与零件2的配合中，圆柱面配合是圆锥面配合的前提，若想保证圆锥面完美配合，必须先保证圆柱面能顺利配合。加工过程中可以采用"分解法"，即以零件1为基准，把零件2各部分尺寸分解开，从小到大逐个加工φ20mm、φ24mm、φ44mm和φ50mm，最后加工30°内圆锥。而零件3与零件1的圆柱面、螺纹配合中，螺纹配合是圆柱面配合的前提，为了保证内螺纹和孔同轴，应把它们在一次装夹中加工完成。综合考虑各方面的因素，加工工艺路线安排如下：

1）自定心卡盘夹持零件1毛坯，车φ46mm×30mm的外圆作为定位基准夹持面。

2）调头夹持φ46mm×30mm外圆，车端面，粗、精车零件1左端外螺纹大径、φ36mm、φ44mm外圆及倒角、圆角至尺寸要求。

3）加工M32×1.5-6g外螺纹至尺寸要求。

4）自定心卡盘夹持零件3毛坯，伸出长度42mm左右，车削端面，钻φ4mm中心孔，钻φ28mm通孔，并手动加工C2倒角。

5）粗、精车φ56mm外圆及C1倒角至尺寸要求。

6）调头装夹零件3，粗、精车φ50mm外圆及两处C1倒角至尺寸，并保证总长52mm尺寸合要求。

7）粗、精车φ36mm和φ44mm内孔、内螺纹大径及C1倒角至尺寸要求。

8）加工M32×1.5-6H内螺纹至尺寸要求。

9）不拆卸零件3，将零件1通过螺纹配合安装到零件3上，车端面，保证零件1总长尺寸符合要求，粗、精车零件1右端φ20mm、φ24mm外圆、30°外圆锥、R2圆角及两处C1倒角符合要求。

10）夹持零件2毛坯，手动车削φ58mm×3mm工艺阶台。

11）调头夹持φ58mm×3mm阶台，车端面，钻φ4mm中心孔，采用"一夹一顶"的装夹方式加工。

12）粗、精车零件2外圆锥及φ56mm外圆至尺寸要求。

13）调头，装夹零件2，夹持φ56mm外圆，钻φ18mm通孔，车端面保证总长符合要求，粗、精车φ20mm、φ24mm、φ44mm、φ50mm内孔、30°内圆锥及倒角至尺寸要求。

制订加工工艺卡片，见表7-13~表7-18。

表7-13 零件1左端数控加工工艺卡片

零件名称	零件1	零件图号		工件材质	45钢
工序号	程序编号		夹具名称	数控系统	车间
1	O0001		自定心卡盘	GSK980T	

(续)

工步号	工步内容	刀具号	主轴转速/(r/min)	进给量/(mm/r)	背吃刀量/mm	备注
1	车零件1左端面	T01	800	0.2	1	自动
2	粗车零件1左端外圆	T01	800	0.25	1.5	自动
3	精车零件1左端各外圆柱面及倒角	T01	1000	0.1	0.2	自动
4	车 M32×1.5 外螺纹	T03	600			自动
编制		审核		批准		

表 7-14 零件 3 左端数控加工工艺卡片

零件名称	零件3	零件图号		工件材质	45钢
工序号	程序编号	夹具名称		数控系统	车间
2	O0002	自定心卡盘		GSK980T	

工步号	工步内容	刀具号	主轴转速/(r/min)	进给量/(mm/r)	背吃刀量/mm	备注
1	钻中心孔,钻 φ28mm 通孔,倒角 C2		800/300			手动
2	加工零件3左端面	T01	800	0.2	1	自动
3	粗车左端 φ56mm 外圆	T01	800	0.25	1.5	自动
4	精车左端 φ56mm 外圆及倒角	T01	1000	0.1	0.2	自动
编制		审核		批准		

表 7-15 零件 3 右端数控加工工艺卡片

零件名称	零件3	零件图号		工件材质	45钢
工序号	程序编号	夹具名称		数控系统	车间
3	O0003	自定心卡盘		GSK980T	

工步号	工步内容	刀具号	主轴转速/(r/min)	进给量/(mm/r)	背吃刀量/mm	备注
1	车端面,保证总长尺寸	T01	800	0.2	1	自动
2	粗车 φ50mm 外圆柱面	T01	800	0.25	1.5	自动
3	精车 φ50mm 外圆柱面及倒角	T01	1000	0.1	0.2	自动
4	粗车 φ44mm、φ36mm 内孔及内螺纹顶径	T02	800	0.15	1	自动
5	精车 φ44mm、φ36mm 内孔、内螺纹顶径	T02	900	0.1	0.2	自动
6	车 M32×1.5 内螺纹	T04	600			自动
编制		审核		批准		

表 7-16　零件 1 右端数控加工工艺卡片

零件名称	零件 1	零件图号		工件材质	45 钢
工序号	程序编号	夹具名称		数控系统	车间
4	O0004	自定心卡盘		GSK980T	
工步号	工步内容	刀具号	主轴转速 /（r/min）	进给量 /（mm/r）	背吃刀量 /mm	备注
1	车端面保证总长尺寸	T01	800	0.2	1	自动
2	粗车 φ20mm、φ24mm 外圆，30° 外圆锥	T01	800	0.25	1.5	自动
3	精车 φ20mm、φ24mm 外圆，30° 圆锥及倒角	T01	1000	0.1	0.2	自动
编制		审核		批准	

表 7-17　零件 2 外轮廓数控加工工艺卡片

零件名称	零件 2	零件图号		工件材质	45 钢
工序号	程序编号	夹具名称		数控系统	车间
5	O0005	自定心卡盘		GSK980T	
工步号	工步内容	刀具号	主轴转速 /（r/min）	进给量 /（mm/r）	背吃刀量 /mm	备注
1	车端面及工艺阶台	T01	800			手动
2	夹持工艺阶台车右端面，钻中心孔	T01	800			手动
3	"一夹一顶"装夹粗车外圆及外圆锥	T01	800	0.25	1.5	自动
4	精车外圆及外圆锥	T01	1000	0.1	0.2	自动
编制		审核		批准	

表 7-18　零件 2 内轮廓数控加工工艺卡片

零件名称	零件 2	零件图号		工件材质	45 钢
工序号	程序编号	夹具名称		数控系统	车间
6	O0006	自定心卡盘		GSK980T	
工步号	工步内容	刀具号	主轴转速 /（r/min）	进给量 /（mm/r）	背吃刀量 /mm	备注
1	夹持 φ56mm 外圆，钻 φ18mm 通孔		800/300			手动
2	车端面保证总长尺寸	T01	800	0.2	1	自动
3	粗车内孔	T02	800	0.15	1	自动
4	精车内孔及倒角	T02	1000	0.1	0.2	自动
5	粗车 30° 内圆锥	T02	800	0.15	1	自动
6	精车 30° 内圆锥	T02	1000	0.1	0.2	自动
编制		审核		批准	

单元 7　综合零件的编程与加工

2. 程序的编制和输入

三件配合各零件的程序编制，见表 7-19 ~ 表 7-24。

表 7-19　零件 1 左端加工程序

加工程序	程序说明
O0001;	程序号
G99 M03 S800 T0101 F0.2;	主轴正转，转速为 800r/min，1 号刀及 1 号刀补，进给量为 0.2mm/r
G00 X49.0 Z2.0;	车刀快速到达循环起点
G94 X-1.0 Z1.0 F0.2;	G94 循环指令车端面
Z0.0;	
G71 U1.5 R0.5;	G71 复合循环粗车
G71 P1 Q2 U0.4 W0.03 F0.25;	
N1 G00 X28.8;	零件 1 左端精加工程序
G01 G42 Z0 F0.1;	
X31.8 Z-1.5;	
Z-25.0;	
X34.0;	
X36.0 Z-26.0;	
Z-32.0;	
X40.0;	
G03 X44.0 Z-34.0 R2.0;	
Z-63.0;	
N2 G01 G40 X45.0;	
S1000;	主轴转速 1000r/min
G70 P1 Q2;	G70 复合循环精加工
G00 X100.0 Z100.0;	快速退刀
S600 T0303;	机床转速为 600r/min，3 号刀及 3 号刀补
G00 X35.0 Z5.0;	快速到达加工螺纹循环起点
G92 X31.0 Z-20.0 F1.5;	G92 循环指令加工 M32×1.5-6g 外螺纹
X30.3;	
X30.05;	
G00 X100.0 Z100.0;	快速退刀
M30;	程序结束，光标返回程序头

表 7-20　零件 3 左端加工程序

加工程序	程序说明
O0002;	程序号
G99 M03 S800 T0101 F0.2;	主轴正转，转速为 800r/min，用 1 号刀及 1 号刀补，进给量为 0.2mm/r
G00 X62.0 Z2.0;	车刀快速到达循环起点

(续)

加工程序	程序说明
G94 X27.0 Z1.0 F0.2; Z0.0;	G94 循环指令车端面
G90 X58.0 Z−40.0 F0.25; X56.6;	G90 循环指令粗车外圆
M00;	程序暂停,测量
M03 S1000 T0101;	机床正转,转速为1000r/min,1号刀及1号刀补
G00 X54.0;	
G01 G42 Z0 F0.1;	
X55.99 Z−1.0;	精车零件3左端外圆
Z−40.0;	
G00 G40 X100.0 Z100.0;	快速退刀,取消刀尖圆弧半径补偿
M30;	程序结束,光标返回程序头

表 7-21 零件 3 右端加工程序

加工程序	程序说明
O0003;	程序号
G99 M03 S800 T0101 F0.2;	主轴正转,转速为800r/min,1号刀及1号刀补,进给量为0.2mm/r
G00 X61.0 Z2.0;	车刀快速到达循环起点
G94 X27.0 Z1.0 F0.2; Z0;	G94 循环指令车右端面
G90 X57.0 Z−13.0 F0.25; X54.0; X50.6;	G90 循环指令粗车外圆
M00;	程序暂停,测量
M03 S1000 T0101;	主轴正转,转速为1000r/min,1号刀及1号刀补
G00 X48.0;	
G01 G42 Z0.0 F0.1;	
X50.0 Z−1.0;	
Z−13.0;	精车零件3右端外圆
X54.0;	
X56.0 Z−14.0;	
G01 G40 X57.0;	
G00 X100.0 Z100.0;	快速退刀
M00;	程序暂停,测量
M03 S800 T0202 F0.15;	主轴正转,转速为800r/min,2号刀及2号刀补
G00 X27.0 Z2.0;	快速到达加工内孔循环起点
G71 U1.0 R0.5; G71 P3 Q4 U−0.4 W0.03;	G71 复合循环粗车内孔

(续)

加工程序	程序说明
N3 G00 X46.0；	内孔精加工程序
G01 G41 Z0 F0.1；	
X44.0 Z-1.0；	
Z-20.0；	
X38.0；	
X36.0 Z-21.0；	
Z-34.0；	
X30.5；	
Z-53.0；	
N4 G01 G40 X28.0；	
G00 X100.0 Z100.0；	快速退刀
M00；	程序暂停，测量
M03 S900 T0202；	主轴正转，转速为900r/min，2号刀及2号刀补
G00 X27.0 Z2.0；	快速到达内孔精车循环起点
G70 P3 Q4；	G70复合循环精车内孔
G00 X100.0 Z100.0；	快速退刀
M00；	程序暂停，测量
T0404 M03 S600；	主轴正转，转速为600r/min，4号刀及4号刀补
G00 X29.0 Z2.0；	快速到达加工内螺纹循环起点
G92 X31.4 Z-55.0 F1.5；	G92指令加工M32×1.5-6H内螺纹
X31.9；	
X32.0；	
G00 X100.0 Z100.0；	快速退刀
M30；	程序结束，光标返回程序头

表7-22 零件1右端加工程序

加工程序	程序说明
O0004；	程序号
G99 M03 S800 T0101 F0.2；	主轴正转，转速为800r/min，1号刀及1号刀补，进给量为0.2mm/r
G00 X49.0 Z2.0；	车刀快速到达循环起点
G94 X-1.0 Z1.0 F0.2；	G94循环指令车端面
Z0.0；	
G71 U1.5 R0.5；	G71复合循环粗车
G71 P5 Q6 U0.4 W0.03 F0.25；	

(续)

加工程序	程序说明
N5 G00 X18.0;	零件1右端外圆精加工程序
G01 G42 Z0 F0.1;	
X20.0 Z-1.0;	
Z-15.0;	
X22.0;	
X24.0 Z-16.0;	
Z-20.0;	
X32.038 Z-35.0;	
X40.0;	
G03 X44.0 Z-37.0 R2.0;	
N6 G01 G40 X45.0;	
G00 X100.0 Z100.0;	快速退刀
M00;	程序暂停,测量
M03 S1000 T0101;	主轴正转,转速为1000r/min,1号刀及1号刀补
G00 X45.0 Z2.0;	快速到达精加工循环起点
G70 P5 Q6;	G70复合循环精加工
G00 X100.0 Z100.0;	快速退刀
M30;	程序结束,光标返回程序头

表 7-23 零件2外轮廓加工程序

加工程序	程序说明
O0005;	程序号
G99 M03 S800 T0101 F0.25;	主轴正转,转速为800r/min,1号刀及1号刀补,进给量为0.25mm/r
G00 X61.0 Z2.0;	车刀快速到达循环起点
G71 U1.5 R0.5;	G71复合循环粗车外轮廓
G71 P7 Q8 U0.4 W0.03;	
N7 G00 X32.0;	零件2外轮廓精加工程序
G01 G42 Z0 F0.1;	
X56.0 Z-32.0;	
Z-57.0;	
N8 G01 G40 X61.0;	
S1000;	精加工主轴转速
G70 P7 Q8;	G70复合循环精加工
G00 X100.0 Z100.0;	快速退刀
M30;	程序结束,光标返回程序头

表 7-24 零件 2 内轮廓加工程序

加工程序	程序说明
O0006;	程序号
G99 M03 S800 T0101 F0.2;	主轴正转,转速为 800r/min,1 号刀及 1 号刀补,进给量为 0.2mm/r
G00 X58.0 Z2.0;	车刀快速到达循环起点
G94 X17.0 Z1.0 F0.2;	G94 循环指令粗车端面
G00 Z-1.0;	精车左端面倒角
G01 G41 X56.0 F0.15;	
X54.0 Z0;	
X17.0;	
G00 G40 X100.0 Z100.0;	快速退刀,取消刀尖圆弧半径补偿
T0202 S800;	转速为 800r/min,2 号刀及 2 号刀补
G00 X17.0 Z2.0;	快速到达循环起点
G71 U1.0 R0.5;	G71 复合循环粗车
G71 P9 Q10 U-0.4 W0.03;	
N9 G00 X52.0;	内孔精加工程序
G01 G41 Z0 F0.1;	
X50.0 Z-1.0;	
Z-13.0;	
X44.0;	
Z-21.0;	
X24.0;	
Z-41.0;	
X22.0;	
X20.0 Z-42.0;	
Z-58.0;	
N10 G01 G40 X19.0;	
S1000;	主轴转速为 1000r/min
G70 P9 Q10;	G70 复合循环精加工内孔
G00 X100.0 Z100.0;	快速退刀
M00;	程序暂停,测量
M03 S800 F0.15;	粗车内圆锥转速为 800r/min
G00 X23.0 Z2.0;	2 号刀快速到达加工内圆锥循环起点
Z-19.0;	
G71 U1.0 R0.5;	G71 复合循环粗车内圆锥
G71 P11 Q12 U-0.4 W0.03;	

(续)

加工程序	程序说明
N11 G00 X31.502;	内圆锥精加工程序
G01 G41 Z-21.0 F0.1;	
X24.0 Z-35.0;	
N12 G01 G40 X23.0;	
S1000;	精车内圆锥转速为1000r/min
G70 P11 Q12;	G70复合循环精车内圆锥
G00 Z100.0;	快速退刀
X100.0;	
M30;	程序结束，光标返回程序头

3. 工件与刀具的安装

本任务由三个零件组成，须多次装夹才能完成加工过程，装夹顺序应严格按照工件的加工工艺要求进行，工件在自定心卡盘上装夹要牢固。刀具在刀架上安装时，号码应与程序中的刀具号对应一致，螺纹车刀可用螺纹样板辅助安装。

4. 对刀并输入刀补值

根据零件加工需要分别对刀，然后输入对应的刀补值，注意同一把车刀加工不同的零件时，由于零件长度尺寸不一致，Z轴刀补值应重新对刀后输入，X轴无须重新对刀。

5. 数控加工与精度控制

（1）加工 首件加工应单段运行，通过机床控制面板上的"倍率选择"按钮适当降低刀具运动速度，第一件加工无误后方可正常运行加工。

（2）精度控制

1）直径与长度尺寸精度控制。当程序暂停时，应及时对加工尺寸进行测量，如出现误差应及时修改程序或修改刀补值予以解决。

2）螺纹加工精度控制。加工零件1外螺纹时可用螺纹环规进行检测，加工零件3内螺纹时可用螺纹塞规进行检测，最后零件1与零件3配合检测，配合应轻松、顺畅。

3）锥度配合精度控制。加工零件1外圆锥时，采用游标万能角度尺检测圆锥半角是否合格，如不合格可修改锥度终点坐标值，直至合格；加工零件2内圆锥时，用零件1外圆锥配合进行涂色检验，如果圆锥配合接触面小于70%，须修改程序坐标值，再执行精加工程序直至合格。

三零件配合后，件2和件3的间距尺寸1 ± 0.1mm可用塞尺检验，如不合格可通过修改刀补值解决。

6. 零件检测

1）修整工件，去毛刺等。

2）尺寸精度检测：用游标卡尺测量总长及零件2外圆，深度游标卡尺检测各阶台长度及内孔深度，外径千分尺检测外圆尺寸，内径百分表检测内孔尺寸，先用螺纹环规检测螺纹尺寸，再相互配合检测，锥度先用游标万能角度尺检测，再采用配合涂色检测，用R规检测圆弧尺寸，用塞尺检测配合后尺寸1 ± 0.1mm。

3) 表面质量检测：用粗糙度样板对比检测零件表面加工质量。

怎样保证零件圆锥、圆弧的配合精度？

本任务零件 1 和零件 2 由圆锥配合，有时也经常会遇到两零件圆弧配合的情景，在加工过程中，怎样才能保证其配合精度呢？

1) 刀具刀尖必须严格对准工件中心。
2) 必须正确使用刀尖圆弧半径补偿功能。
3) 加工起点与终点坐标值采用基本尺寸编程。
4) 配合加工时，为保证接触面的精度要求，可先把整体轮廓 Z 轴正方向移出一段距离（刀补里面设置磨耗），待接触面精度合格后，再运行程序加工至尺寸要求（刀补改回原值）。

三零件配合编程与加工评分标准见表 7-25。

表 7-25 三零件配合编程与加工评分标准

姓名		零件名称	三零件配合	时间	360min	总得分	
项目	序号	技术要求		配分	评分标准	检测记录	得分
零件加工 (85 分)	1	件 1 各外圆尺寸正确		10	每处超差 0.01mm 扣 1 分		
	2	件 1 阶台及总长尺寸正确		7	不正确每处扣 1 分		
	3	件 1 同轴度 ϕ0.03mm 正确		2	不合格不得分		
	4	件 1 外圆锥尺寸正确		2	超差不得分		
	5	件 1 外螺纹尺寸正确		3	不合格不得分		
	6	件 2 外圆、外圆锥直径尺寸正确		2	不合格不得分		
	7	件 2 各孔径尺寸正确		10	每处超差 0.01mm 扣 1 分		
	8	件 2 孔深、外圆锥长度及总长正确		5	不正确每处扣 1 分		
	9	件 3 两处外圆尺寸正确		6	每处超差 0.01mm 扣 1 分		
	10	件 3 两处孔径尺寸正确		6	每处超差 0.01mm 扣 1 分		
	11	件 3 外圆长度、孔深及总长尺寸正确		4	不正确每处扣 1 分		
	12	件 3 内螺纹尺寸正确		3	不合格不得分		
	13	件 1、件 2、件 3 倒角及圆角尺寸合格		5	每处不合格扣 0.5		
	14	表面粗糙度符合图样要求		9	不合格每处扣 0.5 分		
	15	件 1、件 3 螺纹配合		3	不合格不得分		

(续)

姓名		零件名称	三零件配合	时间	360min	总得分	
项目	序号	技术要求		配分	评分标准	检测记录	得分
零件加工 (85分)	16	件1、件2圆锥配合		4	不合格不得分		
	17	件1、件2、件3配合后尺寸 1±0.1mm, 97±0.3mm 正确		4	不合格每处扣1分		
程序与工艺 (10分)	18	程序正确、完整		3	不正确每处扣1分		
	19	程序格式规范		1	不规范每处扣0.5分		
	20	工艺合理		2	不合理每处扣1分		
	21	程序参数选择合理		1	不合理每处扣0.5分		
	22	指令选用合理		3	不合理每处扣1分		
机床操作 (5分)	23	零件装夹合理		1	不合理每次扣0.5分		
	24	机床面板操作正确		2	误操作每次扣1分		
	25	意外情况处理正确		2	不正确全扣		
文明生产	26	安全操作		—	违反操作规程或机床整理不合格 从总分扣3~5分		
	27	机床整理					
记录员		监考人			检验员	考评人	

扩展知识

刀具使用寿命参数的设定方法

数控车床在对工件进行自动加工时，有必要对刀具使用寿命进行设定，以充分发挥刀具的使用性能，提高生产率，保证工件质量。由于实际加工过程中，工件材料、刀具材料、切削性质、产品批量都对刀具的寿命有不同的要求，所以刀具使用寿命没有一个确切的计算方法。实际应用中，要根据切削性质和工件精度的要求，对车刀的磨损极限进行实际测量，来确定刀具的使用寿命。

例如，使用硬质合金车刀精车中碳钢时，刀具的磨损极限 VB 值是 0.3mm，如果使用车刀的前角是 10°，后角是 6°，当刀具达到磨损极限时，刀具将比未磨损时短 0.032mm，操作者可以从使用新刀片开始记录加工工件的数量，当刀补值达到 0.064mm 时，说明刀具已经达到磨损极限，该更换刀片了，这时所加工工件的数量就是刀具加工该工件的寿命。这时，可将该数值输入数控系统，当机床完成这么多工件的加工后，就会报警，提醒操作者更换刀片。

如果工件的加工批量较小，设定刀具使用寿命的参数就应该以刀具的纯切削时间来确定。根据加工性质、刀片型号，累积计算该刀片达到磨损极限的时间，那么，此时间就是该刀片在这种车削条件下的使用寿命。将该参数输入数控系统，当机床完成相应的加工时间后，就会报警，提醒操作者更换刀片。

单元 7　综合零件的编程与加工

> 考证要点

1. 判断题

（1）执行辅助功能 M00 时，数控系统使进给运动停止，但主轴运转，切削液不停止运行。　　　　　　　　　　　　　　　　　　　　　　　　　　　　　　　（　　）

（2）G00、G01 指令的运动轨迹路线相同，只是设计速度不同。　　　（　　）

（3）不同的数控车床可能选用不同的数控系统，但数控加工程序指令都是相同的。
　　　　　　　　　　　　　　　　　　　　　　　　　　　　　　　　　（　　）

（4）程序编制的一般过程是确定工艺路线、计算刀具轨迹的坐标值、编写加工程序、程序输入数控系统、程序检验。　　　　　　　　　　　　　　　　　　　　　（　　）

（5）在数控车床上加工零件，首先要考虑的是加工工艺问题。　　　（　　）

2. 选择题

（1）程序校验与首件试切的作用是（　　）。

A. 检查机床是否正常

B. 提高加工质量

C. 检验程序是否正确及零件的加工精度是否满足图样要求

D. 检查参数是否正确

（2）在数控机床加工过程中，若要进行测量尺寸、手动变速等手工操作时，需要运行（　　）指令。

A. M02　　　　B. M03　　　　C. M00　　　　D. M04

（3）（　　）伺服系统的控制精度最高。

A. 开环　　　　B. 半闭环　　　C. 闭环　　　　D. 混合环

（4）工件定位时，下列（　　）定位是不允许存在的。

A. 欠　　　　　B. 过　　　　　C. 完全　　　　D. 不完全

（5）测量车刀的前角应在（　　）内进行。

A. 基面　　　　B. 切削平面　　C. 正交平面　　D. 前刀面

3. 完成图 7-23～图 7-25 所示零件的编程和加工。要求如下：

（1）分析并制订工件加工工艺。

（2）编写零件加工程序并完成加工过程。

（3）圆锥体配合涂色检验，接触面积>60%。

（4）锐角倒钝。

（5）不允许使用砂布抛光。

提示：图 7-24 所示零件可先加工件 2 内孔及内螺纹，再加工件 1 左端和右端，加工完件 1 右端后不卸件，件 2 安装于件 1 上加工外圆弧部分；图 7-25 所示零件可先加工件 1 左端三外圆及圆锥，再加工件 2 并与件 1 圆锥配合，然后工件 3 左端螺纹部分，最后件 1 与件 3 装配后加工圆球部分。

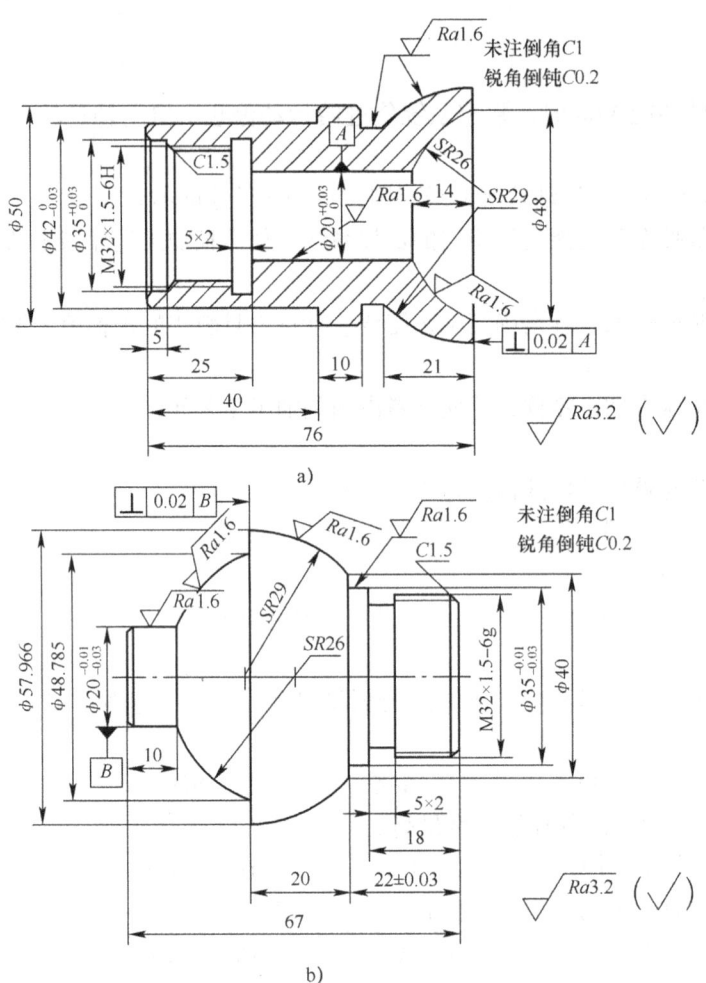

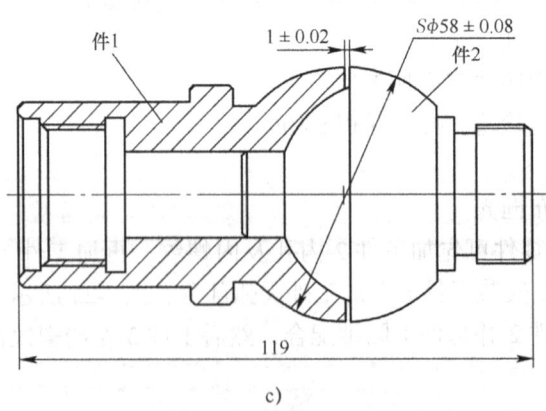

图 7-23 两零件配合（一）
a) 件1 b) 件2 c) 装配图1

单元7 综合零件的编程与加工

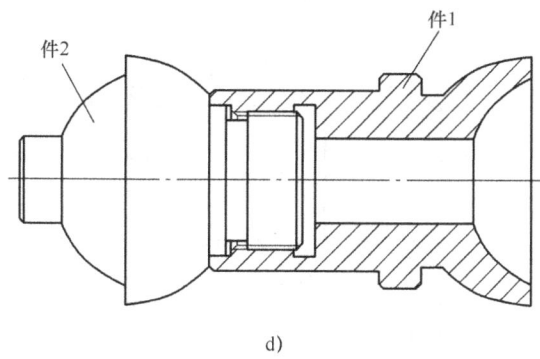

图 7-23 （续）
d）装配图 2

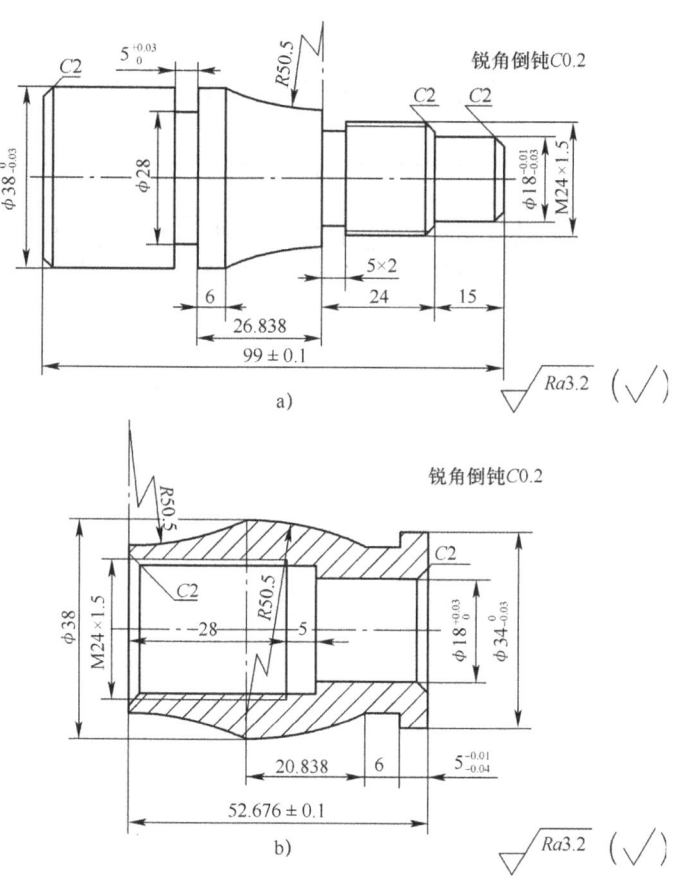

图 7-24 两零件配合（二）
a）件 1 b）件 2

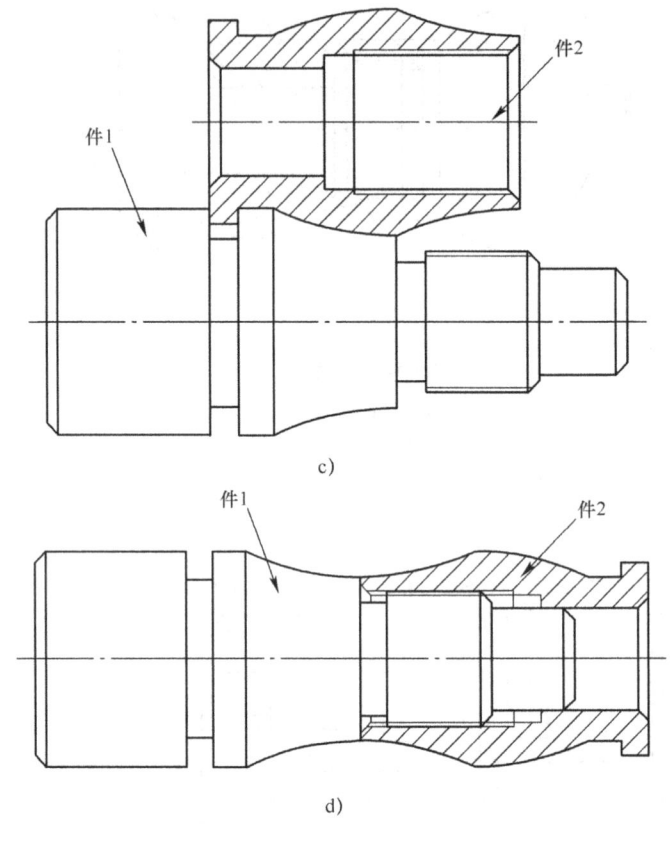

图 7-24 （续）
c）装配图 1　d）装配图 2

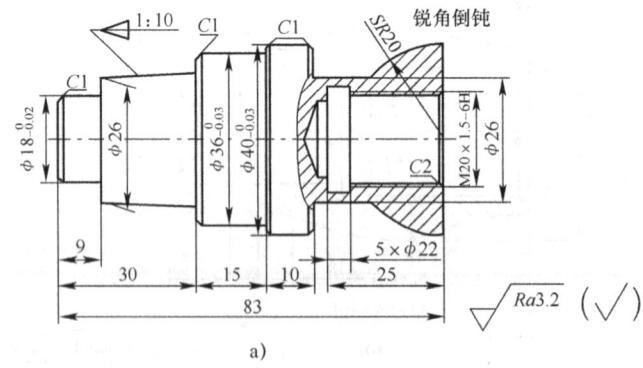

图 7-25　三零件配合
a）件 1

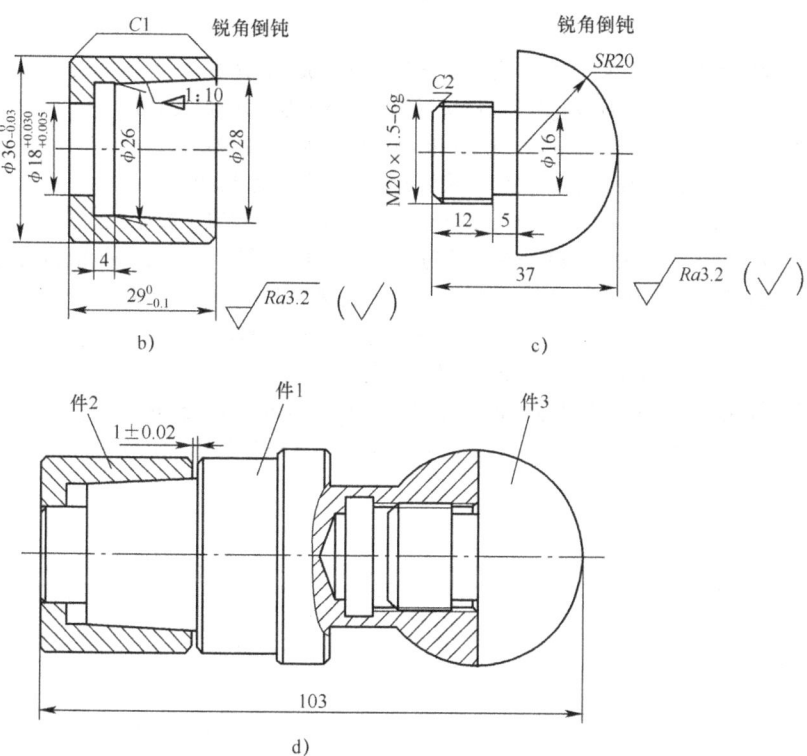

图 7-25 （续）
b）件 2　c）件 3　d）装配图

参 考 文 献

[1] 杨继宏. 数控加工工作手册 [M]. 北京：化学工业出版社, 2007.
[2] 邓集华. 数控车床编程与竞技 [M]. 武汉：华中科技大学出版社, 2010.
[3] 方沂. 数控机床编程与操作 [M]. 北京：国防工业出版社, 1999.
[4] 陈秋霞, 赵金凤. 数控加工技术 [M]. 武汉：武汉大学出版社, 2011.
[5] 杨琳. 数控车床加工工艺与编程 [M]. 北京：中国劳动社会保障出版社, 2005.
[6] 于久清. 数控车床/加工中心编程方法、技巧与实例 [M]. 北京：机械工业出版社, 2011.
[7] 胡家富. 数控技术与 AutoCAD 应用 [M]. 北京：机械工业出版社, 2008.
[8] 夏燕兰. 数控机床维修工 [M]. 北京：机械工业出版社, 2009.
[9] 沈建峰. 数控车工（高级）[M]. 北京：机械工业出版社, 2006.
[10] 王忠斌. 数控车工操作技能问答 [M]. 北京：中国电力出版社, 2008.
[11] 胡如祥. 数控加工编程与操作 [M]. 大连：大连理工大学出版社, 2006.

机械工业出版社

教师服务信息表

尊敬的老师：

您好！感谢您多年来对机械工业出版社的支持与厚爱！为了进一步提高我社教材的出版质量，更好地为职业教育的发展服务，欢迎您对我社的教材多提宝贵意见和建议。另外，如果您在教学中选用了《数控车床编程与加工（广数系统）》（王泉国　王小玲　主编）一书，我们将为您免费提供与本书配套的电子课件。

一、基本信息

姓名：＿＿＿＿＿　　性别：＿＿＿＿　　职称：＿＿＿＿＿　　职务：＿＿＿＿＿

学校：＿＿＿＿＿＿＿＿＿＿＿＿＿＿＿＿＿＿＿＿＿＿＿　系部：＿＿＿＿＿

地址：＿＿＿＿＿＿＿＿＿＿＿＿＿＿＿＿＿＿＿＿＿＿＿　邮编：＿＿＿＿＿

任教课程：＿＿＿＿＿＿＿　电话：＿＿＿＿＿＿＿（O）手机：＿＿＿＿＿

电子邮件：＿＿＿＿＿＿＿＿＿＿　qq：＿＿＿＿＿＿＿＿＿　msn：＿＿＿＿＿

二、您对本书的意见及建议

（欢迎您指出本书的疏误之处）

三、您近期的著书计划

请与我们联系：

100037　机械工业出版社·技能教育分社　王晓洁　王华庆　收

Tel：010 – 88379078/88379743

Fax：010 – 68329397

E-mail：wxj66@126.com　yuxunyueye@163.com